U0949481

比较医学丛书

比较行为学基础

张连峰　秦　川　主　编

主　编　张连峰　秦　川
副主编　梁　虹　张建军
编　者　李　秦　刘　颖　袁树民　周文君

中国协和医科大学出版社

图书在版编目（CIP）数据

比较行为学基础／张连峰，秦川主编. —北京：中国协和医科大学出版社，2010.9
（比较医学丛书）
ISBN 978-7-81136-390-6

Ⅰ. ①比… Ⅱ. ①张…②秦… Ⅲ. ①行为科学-研究 Ⅳ. ①C

中国版本图书馆CIP数据核字（2010）第121957号

比较医学丛书
比较行为学基础

主　　编：张连峰　秦　川
责任编辑：田　奇

出版发行：中国协和医科大学出版社
（北京东单三条九号　邮编100730　电话65260378）
网　　址：www.pumcp.com
经　　销：新华书店总店北京发行所
印　　刷：北京丽源印刷厂

开　　本：787×1092毫米　1/16开
印　　张：13.5
字　　数：280千字
版　　次：2010年7月第一版　2010年7月第一次印刷
印　　数：1—2000
定　　价：80.00元

ISBN 978-7-81136-390-6/R·390

（凡购本书，如有缺页、倒页、脱页及其他质量问题，由本社发行部调换）

前　言

人类的健康与疾病是遗传与环境相互作用的结果，人类个体不同的行为模式可能影响自身的健康，而疾病状态的个体也可能表现出行为异常。行为是神经系统综合活动的复杂表现，研究人类行为的分子机制，进而了解人类行为异常的疾病机制是日益关注身心健康和幸福指数的现代社会的热点之一。

人类和动物行为与其所处的生存环境、种群之间的生存竞争、种群内部的生存竞争以及在进化树的地位等多种因素有关。如何利用动物模型进行人类行为的研究？动物模型在什么程度上可以反映人类的行为或行为异常？哪些观察指标可以反映动物模型行为的正确含义？这些都是在行为研究中经常遇到的问题。比较行为学是比较医学的一个分支，主要内容包括：研究能够在一定程度上反映人类生理行为和病理行为的动物模型；研究动物模型的行为内涵，建立可以评价的行为研究方法以及与人类行为内涵的比较，并为人类病理生理行为研究提供基础。

本书主要内容包括比较行为学研究的医学意义，行为的遗传学倾向，行为的生理基础，动物行为特点和动物行为研究的一般方法，自发和社会行为研究方法，认知行为研究方法，代谢和摄食行为研究方法，阿尔茨海默病动物模型和研究方法，帕金森病动物模型和行为研究方法。

本书的编写和出版得到了卫生部人类疾病比较医学重点实验室比较医学丛书出版基金和《重大新药创制》国家重大科技专项的药物评价动物模型研究与制备关键技术项目的支持。在编写过程中也得到多个同行专家的宝贵意见，感谢 TSE 公司和 Filali M. 博士提供了多幅珍贵图片资料。在此对支持过实验动物事业和正在支持实验动物事业的人们表示衷心的感谢。

张连峰　秦川
中国医学科学院实验动物研究所
卫生部人类疾病比较医学重点实验室
人类疾病模型中心

目 录

第一章　行为遗传学和比较行为学的医学意义

人类和动物的行为与生存环境、种群间相互作用、种群内生存竞争以及进化地位等多种因素有关。如冬眠行为和夏眠行为是动物应对食物短缺或不利条件的一种生存策略。人类和小鼠行为的不同与中枢神经系统的进化程度有关，但是，人类行为和动物行为均具有如下特征：

图 1-1　基因是行为倾向的基础

1. 遗传性　几乎所有的动物具有与生俱来的、可以遗传的本能行为（图 1-1），如呼吸、疼痛、吸吮、惊恐、摄食、母性等（图 1-2）。

2. 获得性　动物的多种行为是在个体发育过程中通过各种学习活动而获得的。

3. 适应性　人或动物为适应生存环境，不断地调整个体的思维、生理功能和

图 1-2　恒河猴的母性行为与社会行为

行为。

4. 社会性　社会性是动物界比较普遍的现象，小到蚂蚁，大到大象等在群体内部都有不同水平的社会分工和社会组织（图 1-3）。

图 1-3　动物的社会行为

5. 能动性　能动性是人类行为的特点，由于人类具有高度发达的大脑，可以通过学习、总结、逻辑推理等对未来的挑战作出合乎逻辑的预判，从而采取主动的行为改变，或利用人类的力量改变自然环境，也是人类所具备的优于其他动物而在应对自然环境时的优势。

达尔文（Charles Darwon）早在1871年就提出，人类智力的传代体现于我们饲养的狗、马及其他家畜中，智力、勇气、脾气等行为都能遗传。这是达尔文对动物和人类长期观察结果的总结，使人们意识到遗传的无形而又无处不在的作用。

目前几乎所有的人都意识到基因能左右健康、智力、自私与慷慨等行为，但是要了解和健康、智力、自私与慷慨等表型分子生物学基础，仅利用人类自身的行为分析是远远不够的，还需要基因功能研究的动物模型（animal model）来接近这一问题的答案。基因工程技术的产生和广泛应用使基因工程小鼠成为研究基因功能的最常用模式动物，也包括基因与行为研究的动物模型。

日本跳舞小鼠和华尔兹小鼠是众所周知的小鼠跳舞运动失调的模型。运动行为缺陷小鼠模型通常用人类疾病特征来命名，包括共济失调毛细管扩张症，脊髓小脑共济失调的1-型与7-型及发作性共济失调1-型，在很多小鼠的小脑功能障碍模型中，其运动和平衡的能力被严重损伤。小鼠小脑的浦肯野细胞中的基因发生突变，如钙结合蛋白，神经识别分子NB-3及谷氨酸受体GluRδ的*Grid2*基因等可作为运动协调行为缺陷模型。在很多自发突变的小鼠中有一些行为异常的现象，如多动症小鼠，癫痫小鼠等。在动物基因组中，存在很多基因控制着的生物体运动行为。这些基因中，任何一个发生突变都可能导致一个异常的运动行为表型。

人类行为的基因控制和小鼠或其他动物模型的行为基因控制有相似性，也与异质性。如大多啮齿类动物焦虑的形式和人类的突发焦虑症类似（人类抑郁症相关的啮齿类动物行为表现是压力诱导的逃避减弱，称之为行为绝望）。又如，人类抑郁综合征包括惊恐障碍、创伤后应激障碍、恐惧症、强迫症、神经性厌食、贪食已经在小鼠身上成功模拟，然而，与抑郁相关的神经化学异常，如血清素、去甲肾上腺素及其代谢物水平偏低，下丘脑-垂体-肾上腺轴中神经递质及激素异常，免疫系统功能等人类的典型症状，不能完全在小鼠身上再现。

模拟精神分裂症啮齿类动物模型可以表现运动活性增加、精神兴奋、紧张性刺激及对安定药多巴胺拮抗剂的应答、惊跳反射弱刺激抑制。但是像幻听和幻觉诸如此类的症状很难找到一种动物来模拟感官信息加工缺陷。而阴性症状，认知损害，神经化学异常，感觉运动门控障碍和注意缺陷多动障碍在小鼠身上则显得更加容易模拟。

研究人员不可能真正了解一只小鼠是否感到害怕、焦虑或者是沮丧，主要的精神类疾病涉及的神经回路可能是人类独有的。例如，精神分裂症主要发生于前额叶皮层，该区在人脑高度扩展。因此，人类精神疾病的异常行为可能在啮齿类动物身上不能以认知模式发生。不能将小鼠人格化！情感是自体的、内在的、高度种属特异的。了解动物模型建立的准则和局限性是正确、合理地解释小鼠行为学测试结果的基础。设计一种好的动物模型首先要知道人类精神类疾病的整套诊断标准及某种疾病特有的症状。

比较医学（Comparative Medicine）是以模式动物或疾病动物模型研究生命基本规律和疾病发生机制，并同人类生命的基本规律和疾病的发生机制进行比较，为了解人类本身和人类相应疾病的发生、发展规律及其预防、诊断、治疗提供依据的一门综合科学。研究内容包括两个方面，一是模拟人体正常与疾病生命现象的模式动物或疾病动物模型的研制，二是利用这类动物对生命规律和疾病发生机制的类比研究。它是实验动物学和西医、中医、兽医交叉的科学，同时也是实验动物科学的一个分支学科。

比较行为研究是包括两部分内容，一是建立可以在一定程度上反映人类生理行为和病理行为的动物模型，二是研究动物模型的行为内涵，建立可以评价的行为研究方法与人类行为内涵的比较，并为人类行为研究提供基础。

比较行为研究是人类行为研究与动物模型行为研究的结合点，他的意义在于：

（1）通过基因表达或关闭研究基因对行为的影响。

（2）通过药物、手术、物理刺激等研究行为的生理机制。

（3）为医药研究提供动物模型和研究方法。

分子生物学的最新成就是对 DNA 化学结构、三级结构、复制、传递方式的了解以及整个基因组序列的测序。我们不得不承认，虽然我们完成了人类基因组计划，但是人类基因组和基因生物学功能之外，还有一个巨大的障碍等待科学家去翻越，在了解生命奥妙的意义上，人类还艰难地跋涉在由脱氧核糖核酸构成的广袤的沙漠之中。

（张连峰）

第二章　行为的遗传学基础

第一节　行为遗传学

一、行为遗传学回归

弗朗西斯·高尔顿（Francis Galton）是行为遗传学研究的第一人。受堂兄查尔斯·达尔文（Charles Darwin）著作《物种起源》的启发，弗朗西斯高尔顿对不同动物种群进行了调查，他采用自己开发的新的人口量化特征统计分析方法追踪特殊行为特征的遗传性，并发表了第一份研究报告，高尔顿站在了研究遗传和行为关系的长路的起点上。

随着 20 世纪初期孟德尔遗传学的出现以及它在动物上的应用，早期的一些研究试图追溯行为特征的遗传性，事实上，大多数情况下，研究者把行为表型作为检验孟德尔遗传定律的手段。

冷泉港的 Charles B. Davenport 开创了人类的单基因变异体的研究工作。Davenport 假设人类行为是由遗传的“单位性状”所决定（如亨廷顿症），这在当时来看是正确的，但是，用现代的生物观点看，是不全面的。

1901 年，哈佛大学的 William E. Castle 在实验室首次进行对果蝇的研究，检测果蝇进行同系繁殖和选择的耐受程度，并探测它的一些简单行为应答。1905 年，Castle 的学生 F. W. Carpenter 对发现果蝇具有积极的趋光性，消极的趋地性，机械刺激可以诱导其移动。1906 年，Castle 和他的学生出版了他们对果蝇的主要研究工作，其中阐述道果蝇可以在相当大的程度上耐受同系繁殖，通过选择可以改善生育率，果蝇喜欢戊醇或乙醇和乙酸或乳酸的气味，它们主要依靠嗅觉寻找食物。在首次对遗传变异体的求爱期的研究中，A. H. Sturtevant 利用突变果蝇的研究发现雄性果蝇用翅膀吸引雌性；视觉在果蝇的求爱中是不必要因素。

20 世纪 20 年代见证了遗传学走向一个成熟的科学学科的过程，也是优生学最繁荣的时期。当时，社会科学中的人类学、社会学和行为学还处于发展的初级阶段，根本没有文化或环境影响的概念以反对长期存在的遗传学假设，当时大多数实验遗传学家认为将人类的所有行为全部归功于简单的孟德尔因素的结论是不合理的。在摩尔根的果蝇实验中，他们研究的许多基因已经开始呈现复杂性和多效性。

20 世纪之交，孟德尔遗传学这门新科学被迅速用于行为特征的遗传研究，与此相同，几十年后定量遗传学的出现也产生了一门新的学科和一种具有复杂遗传模式的行为特征分析模式。Jerry Hirsch 是将定量遗传分析法用于行为研究的先驱者。Hirsch 概括了“基因构造”的研究方法，认为不论是自然种群还是人工选择的品系，行为表型几乎是复杂的、多基因的需要定量地描述它的行为。至此，从遗传和行为的研究中得出的唯一的结论就是：基因型可以影响表型。

在克隆小鼠自发引起的运动失调或步态异常的突变体中，华尔兹小鼠是第一个被发现的具有遗传的孟德尔遗传模式的小鼠。在接下来的几十年里，散在地发现了新的运动失调或盲眼突变体，但是直到 20 世纪 60 年代才对它们进行了正式地研究，小鼠的神经突变体显示有解剖上的缺陷，这些缺陷通常源于发育或生理的异常。

二、小鼠和人类基因组的比较

地球上形形色色的生命都是由基因组（genome）携带的生命信息决定的。多数的基因组由 DNA 组成，只发现少数病毒的基因组是由 RNA 组成的。人类基因组计划旨在阐明人类基因组 30 亿个碱基对的序列，发现所有人类基因并确定其在染色体上的位置，破译人类全部遗传信息。开始于 1991 年的人类基因组计划经过 13 年世界范围内的科学家的共同努力，于 2003 完成的人类基因组序列图。在揭示人类生命奥秘、认识自我的漫漫长路上又迈出了重要的一步。人类基因组计划研究发现：①人类基因数目同其他哺乳类的差异很小，约为 3 万个；②生命复制过程是三联体密码构成的数字化传递过程，是准确的而不是相似的复制；③非编码 DNA 序列和生物的复杂程度有关，原核生物 25%，低等真核生物 25%～50%，脊椎动物 50%，人类 98.5%。

人类和小鼠在进化道路上的分化发生在大约 7500 万年前，如此长时间的进化历程使得人类和小鼠的基因组产生了明显差异。在每两个核苷酸中几乎就有一个发生了替换，同时还有删除和插入的参与。

小鼠的基因组大小约为 25 亿 bp，大鼠 27.5 亿 bp，人类基因组约为 30 亿 bp，人类的近亲黑猩猩的基因组有 31 亿 bp。基因组的大小并不能直接说明物种的进化程度，通过基因组的比对，小鼠和人相比在重复序列上要少。而重复序列在基因组中存在的意义是值得关注的，并且是进一步了解基因组功能的基础。

在基因水平，人类和小鼠各约有 3 万余个蛋白编码基因，其中 90% 以上的基因相互对应。不同物种之间有一些基因是无法在对方基因组中找到同源物基因。在小鼠基因组测序完成之初，人们就发现了这样一些基因。在我们实验室的研究过程中，称这类基因为种属特异的基因。在 NCBI 的 Homologene 数据库中，人类基因组中大约有 2700 多项记录在小鼠的同源库中找不到，而也有同样数量的小鼠基因在人类的基因组中不能寻找到相似基因。而这种种属特异基因的比较在人类与黑猩猩的比较中大约只有 300 多个，大鼠和小鼠的比较也少得多，以上的比较可以说明不同物种在基因水平上的差异一方面是在相似基因的序列本身上，再有就是每个物种在进化的长河中都沉淀了自己种属特有的基因（表 2-1）。

表 2-1　几种物种同源基因的比较

物种的比较	同源基因数	差异基因数
小鼠基因组和人基因组比较	16587	2822
人基因组和小鼠基因组比较	16587	2770
大鼠基因组和小鼠基因组比较	16797	1071
小鼠基因组和大鼠基因组比较	16797	2612
猿基因组和人基因组比较	15853	1085
人基因组和猿基因组比较	15853	3504

小鼠没有一条染色体可以和人类相匹配的染色体。但是有一些区段基因在染色体的排列顺序还是相一致的，如小鼠的 X 染色体和人的 X、Y 染色体及 19 号染色体，基因在染色体的排列上有一定的相似性。

小鼠的基因数目和人类相似，这些蛋白质编码基因在整个基因组中的比例约为 1%，还有更大比例的基因组序列即以往认为的“垃圾序列”，实际上这些序列本身却有着更多的信息存在。这些序列现在可以统一称为非编码序列。其中有一部分，它们也是从基因组转录出 RNA，但是这些 RNA 并不编码蛋白序列，它们的功能不是通过蛋白质来实现的，这样一类就称为非编码 RNA，或是非编码基因。属于其中的有一些是 tRNA，或是核糖体 RNA，它们存在的意义似乎不是直接和蛋白编码对应，而是在基因的表达控制方面。它们或是参与基因组的印迹，或是调控基因组网络。

许多小鼠特异的基因存在着假基因化的不活动状态，如小鼠的 OR 基因家族。小鼠的 OR 蛋白表达在嗅上皮上，是 G 蛋白偶联的受体。可以将嗅觉信号传递给大脑的嗅球。大约有 20% 的 OR 基因假基因化。这在人类中的比例更高，大约有 60% 到 70%，这也是人类嗅觉比较差的原因。

在物种的长期进化过程中生命是如何改变来适应环境，或是通过改变来实现物种的多样性进而在整个生态系统中各占其位来实现其存在？这一切变化必须固定于遗传物质中。每个蛋白编码基因在人和小鼠的基因组中近乎都有存在，虽然这些基因有着或多或少的差异，但是这些基因内部的差异可能并不能完全解释两个物种表型上的巨大不同和各种行为差异的遗传基础。

三、行为的遗传性

（一）种属性行为差异

在和人类的基因组进行比较之后我们发现一些小鼠特异存在的基因，同样在人类的基因组中也存在着一些特异基因，即使和人类的近亲黑猩猩相比，在基因组上我们也存在着许多差异基因。而小鼠和大鼠的亲缘关系虽近，他们的基因也不尽相同。这些种属特异基因的存在，一方面有可能是因为不同物种分别单独进化，虽然最后都具有了完成一定生命功能的元件蛋白，但是这些蛋白差异较大，没有同源性。还有在自然界的选择过程中每个现存物种都有自己的生态位，因此在生活习性等方面就会存在差异，这些差异的种属特异基因就是揭示不同物种生性差异的遗传因素之一。例如，很多人类的传染病，我们很难在小鼠身上复制，就是因为人类和小鼠之间存在着差异，从生活的习性和行为，到传播的途径，到病毒受体，再到免疫系统，各有一套。所以人类的 HIV 感染和 HBV 感染不能在小鼠感染发病。

研究这些基因可以较好的揭示不同物种的进化历程，也可以指导我们有目的的改造实验动物，复制较好的人类疾病模型，帮助我们理解疾病的发生发展以及治疗等。

小鼠特异基因簇是在啮齿类基因库中新近进化出现的一类基因，据 KA/KS 比率，这些基因处在相对松弛的选择压力下，因此和周围序列相比会发生相对快的序列进化。这一基因簇中有以下几类值得关注。嗅觉味觉相关的基因；繁殖相关的基因；免疫和防御相关的基因和转录调节相关基因。

嗅觉关系到动物的生理和行为。嗅觉受体基因（OR）快速重复和失活是在小鼠基因组中值得关注的事件。小鼠基因组中有 46 个 OR 基因簇，它们的快速进化产生是和啮齿类的繁殖相关的。如 V1r 亚类，它就和动物的激素诱导的社会和生殖行为相关。据报道，小鼠有 25 类非 OR 基因簇，在人类的基因组中找不到同源物。其中 14 类和生殖相关，他们影响到激素代谢、性行为和胎盘形成。其中有一类 MHC1b 基因，在人和小鼠中分别进化，MHC 相关的信息素影响着配偶选择、发情周期、发情抑制、雄性诱导的妊娠终止和青春期的发生速度。MHC1b 基因有可能是一个联系 MHC 与气味和生殖行为的关键分子。另外一个例子是男性激素结合蛋白 α 类似物（androgen binding protein alpha homoogues）。ABPα 是一个唾液激素，影响到小鼠的择偶行为。它的存在将避免亚种之间的交配。有两种相对的机制调控着遗传的异质性和稳定性。一方面 MHC 的性别选择维持着遗传的差异性，特别是在一些孤立的种群之中。另一方面 ABPα 可以维持遗传的稳定性以适应某一特定的生态位。

在所有器官中胎盘被认为是异质性最大的一个。在小鼠的 13 号染色体中有一群泌乳素相关基因，而人类只有一个单一的对应物。而小鼠的这群基因影响着胎盘血管的生发，血供稳定性和免疫系统，母性行为等。行为表型是复杂的生理活动的表现，参与这些生理活动的基因是多方面的。行为倾向是多基因参与的结果。同样的，在机体内一个基因也可以影响多个生理过程和该生理过程导致的行为表型。

（二）行为的遗传倾向性

社会互动影响人类和动物的生活的多个方面，包括向异性的献媚、拉拢，对后代的哺育、培养，对工作场合的成就感等。现代医学研究已经证实，复杂的社会行为具有分子调节网络，并且社会行为调节的分子机制在很多物种中是相似的。催产素（oxytoxin）、加压素（vasopressin）以及他们的受体是目前社会行为研究的热点。在哺乳动物，催产素在生殖方面的作用已经研究了一个世纪，直到 20 世纪 70 年代，科学家发现催产素在行为方面具有重要的作用。如果在大鼠的大脑给予催产素，可以使对崽鼠有攻击行为的处女鼠产生经产雌鼠的母性行为，而分娩可以刺激催产素的分泌。

有些人认为社会尴尬源于焦虑基因，司机违章是因为“勇士”基因。那么以自杀闻名的海明威家族的忧伤、消沉是因为一个坏的多巴胺受体基因吗？在田鼠一夫一妻制中起关键作用的加压素基因的变异能够解释不轨行为吗？

基因对我们的行为有强烈的影响是毫无疑问的。但是科学家发现，把某个基因与一些独特的个性行为联系在一起极其困难的。通过几十年的对双胞胎及家族研究表明，约一半的行为特点变化源于遗传。迄今为止我们知道的是，行为相关的基因不是独立的，是许多基因间相互协调的结果。任何一种单一的基因都可能在几种看似不同的行为中发挥作用。每种基因都具有多种情况，存在序列上有不同程度差异的等位基因。一个等位基因可能有助于获得个性，而另一个可能提高精神疾病的风险。环境对基因也有影响，能中和甚至彻底消除某些基因的作用。另外基因之间的相互作用也是难以预测的。

1. 多情是基因控制的吗　一种关于婚姻成功基因的筛选是提供检测你或你配偶的后叶加压素受体基因，该基因一再以“无情基因”“离婚基因”而被广泛关注。后叶加压素是一种与交配和繁衍密切相关的激素。草原田鼠对它们的配偶专一，草甸田鼠和山地田鼠则不专一。草原田鼠的后叶加压素基因调控区有特殊的碱基序列，它能影响后叶加压素在大脑中的释放位置以及释放量。在田鼠中，注射加压素可以影响夫妻行为，包括对伴侣的关怀，雄性的护卫行为、后叶加压素使田鼠对伴侣独占欲更强，对雌性只选择一个雄性的行为趋势等。在人类精氨酸加压素（arginine vasopressin，AVP）的受体（arginine vasopressin receptor，AVPR）家族包括AVPR1A、AVPR1B、AVP2R 和 OXT 等。通过 G 蛋白偶联激活 PI3K/Ca^{2+} 第二信使系统，介导细胞收缩、生长、血小板凝集等，该基因和人的自私性相关。

人类后叶加压素受体基因的变异会使其行为活动变得更加复杂（图 2-1）。对双胞胎的研究发现，后叶加压素受体基因的多态性与夫妻关系的好坏有关。行为自私的人有相同的后叶加压素受体基因变异。一些科学家怀疑这种小的基因突变可能与自闭症有关。

图 2-1　多情和基因有关

2. 存在脸皮厚基因吗 有些人的喜怒哀乐都表现在脸上，而另一些人正相反，就像《厚黑学》中的高官。这种不同的根源可能与一种控制羟色胺的基因有关，它是一种与情绪的起伏有关的脑传导信号。该基因被称为羟色胺转运体（SERT）。一部分有抑郁和焦虑倾向的人，往往有基因突变，而大多数人是正常的。在人类和动物中，短突变均能增加羟色胺在神经突触的分泌，进一步导致焦虑。当然，羟色胺转运与许多疾病均有联系，如心脏病、睡眠障碍、精神分裂症、抑郁症、多动症、自闭症等。目前还不能确定它就是厚脸皮基因，但起码和厚脸皮行为相关（图 2-2）。

图 2-2 厚脸皮、吹牛和害羞等都是有遗传倾向的行为

3. 但愿我拥有数学基因 最近的研究发现，胆碱能毒蕈碱受体 2（CHRM2）与智商（IQ）有关，该基因翻译的蛋白涉及与学习、记忆、问题解决等有关的通路。当然有许多与能力障碍相关的基因，但是类似数学能力这样特异性等位基应似乎是不存在的，至少不是一个或几个基因控制的。

4. 勇士是遗传的吗 新西兰毛利人有好战传统。2006 年，发现单胺氧化酶 A（MAO-A）基因的一个等位基因能增强毛利人的冒险性和攻击行为，并且在该民族中有很大一部分人携带这一等位基因。动物实验显示该等位基因与攻击行为有关，是所谓的“勇士”基因。有 60% 的亚洲人和 40% 的白种人携带“勇士”基因。另外，睾酮对“勇士”行为似乎起着激励作用，低水平的 MAO-A 和高水平睾酮共同作用导致反社会行为。“勇士”基因当然不能作为社会弊病的根源，但是他仍然是一种与行为有关的重要基因。也许，项羽家族就具有“勇士”基因（图 2-3）。

图 2-3 勇敢、好斗和遗传有关

5. 贪婪的基因 科学家推测大脑中多巴胺缺乏可导致欲望上升，使人们产生通过多种不健康的方式来满足自己的倾向。尤其 D_2 多巴胺受体和贪婪、酗酒、吸烟、赌博以及暴食等行为的具有明显的作用。携带 D_2 多巴胺受体 A1 等位基因的个体对滥用药物易感和暴力行为易感。携带 D_2 多巴胺受体 A2 等位基因比正常人更容易与政治产联系，也有人称之为“第一党派基因”。

6. 焦虑有易感性吗 大量的研究指出额叶皮质能分泌儿茶酚邻位甲基转移酶（COMT），是一种能够降解多巴胺的酶，这种酶的两种主要基因编码变异，在小鼠中高活性的 COMT 即神经突触处的多巴胺更少，使其记忆能力下降，疼痛敏感度减低，而在敲除该基因的多巴胺高表达的小鼠中显示了较高对惊奇和焦虑的反应（图 2-4）。

在人类中，该基因不同等位基因与认知和情绪有关，耶鲁大学 2005 年的一项研究表明，COMT 基因低活性的学生更神经质而且性格内向。在 96 名女性学生中，低 COMT 活性的人易产生剧烈的惊慌反应。在对 100 名正常成年人的脑成像研究中，发现低 COMT 活性的人有更密集的神经突触连接。推测，在额叶皮质提高的多

图 2-4 焦虑有遗传倾向

巴胺能加强神经元的临时连接，使思想更集中，但是降低了应变能力，使行为更加僵化。其结果是使人过分的紧张，所以科学家认为，该基因的不同等位基因使人获得更好的认知能力的同时使人变得焦虑。

四、遗传病

DNA 是遗传密码的载体，人类行为如智力、发育、精神分裂、孤独症、躁狂-抑郁症、阅读障碍、多动症、注意力缺损、同性恋、甚至 HIV 病毒易感性等均与遗传有关。行为倾向而非行为本身具有遗传性，行为是遗传因素和环境因素相互作用的结果，如暴力倾向行为，可能与低能、易怒、对挫折的耐受力低有关，在特定环境的刺激下可导致暴力行为。例如，躁狂-抑郁症（ADD）的症状表现为患者在快感和痛苦的两种情绪中摇摆，具有明显的家族倾向，已有证据表明已有 ADD 患者的家族中，家族成员患病的概率是普通家庭的 5 倍。已有证据显示，人类 11 号染色体的一系列基因与该病有关。但是躁狂-抑郁症导致的暴力倾向和自杀行为和个体所处环境有关。再如，精神分裂症的发病率为 6%，特征是思维混乱、狂想、幻觉和逃避社会交往。根据调查，同时患病的概率在单卵双生中高达 32%，而异卵双生中仅7%。研究显示，它可能和人类5号染色体的一些基因相关。遗传病粗略的划分为孟德尔遗传病、多基因遗传病、染色体病、序列不稳定扩增导致的疾病等几个方面。

1. 孟德尔遗传病　为孟德尔遗传病又称单基因遗传病，包括显性遗传病、隐性遗传病和伴性遗传病，目前发现的显性单基因遗传病包括心肌病、软骨发育不全、醛固酮增多症等多种疾病。隐性单基因遗传病包括部分心肌病、白化病、半乳糖血症、苯丙酮尿症。伴性遗传病包括X连锁维生素D佝偻病，X连锁红绿色盲、血友病、进行性肌营养不良、睾丸女性化和自毁容貌综合征等。

2. 多基因遗传病　常见的多基因遗传病包括精神分裂症、高血压、糖尿病、肥胖症等，现在有科学家把肿瘤也归于多基因遗传病。这些疾病的发生和多种基因有关，具有遗传易感性（liability）。相关基因的不同多态性位点可能导致对这些疾病的易感性增加，称之为易感基因（susceptibility gene）。在人类疾病的研究中我们目前关注的遗传易感因素有一部分精力集中在了SNP（单核苷酸多态性）上。单核苷酸多肽性是指DNA序列内部的单个碱基变化。因为小鼠和人类许多基础生物学和行为学过程都很相似，Perlegen研究人员利用2003年的C57BL/6J小鼠品系（第一个经过DNA测序的小鼠品系）DNA测序结果作为标准比对，针对129S1/SvImJ、A/J、AKR/J、BALB/cByJ、BTBR T + tf/J、C3H/HeJ、CAST/EiJ、DBA/2J、FVB/NJ、MOLF/EiJ、KK/HlJ、NOD/LtJ、NZW/LacJ、PWD/PhJ和WSB/EiJ等15个小鼠品系的DNA进行分别测序。测序发现了大约830万个单核苷酸多形性（single nucleotide polymorphisms，SNPs）。每个小鼠品系都有其遗传特异性。理清了这些小鼠品系的DNA差异，可以将患有某种遗传疾病的小鼠品系的基因组，与其他没有此疾病的小鼠品系的基因组比较，以了解人类某些相似的发病过程。这些数据有助于研究人类对帕金森病、癌症、糖尿病、心脏病、肺部疾病、生殖系统疾病、哮喘等200多种疾病的易感性，这些疾病都受到接触的环境物质的影响。

3. 染色体病　由于染色体畸变产生的遗传性疾病，称为染色体病，如猫叫综合征，唐氏综合征（21-三体），XXX综合征、超雄综合征（XYY）等。

4. 序列不稳定扩增导致的疾病　DNA重复序列不稳定扩增，称之为动态突变，这种重复序列不稳定扩增可导致一些疾病，如部分帕金森综合征、部分痴呆症、部分地中海贫血等。

五、常见的神经退行性疾病的相关基因

神经退行性疾病（neurodegeneration disorders，ND）是一组以原发性神经元变

性为特征的慢性进行性神经系统疾病，主要影响患者的认知功能和运动功能，包括阿尔茨海默病（Alzheimer disease，AD）、帕金森病（Parkinson disease，PD）、亨廷顿病（Huntington disease，HD）、肌萎缩侧索硬化症（Amyotrophic Lateral Sclerosis，ALS）等。神经退行性疾病的病因涉及多种因素，不良的环境和遗传因素都在神经退行性疾病的发生中起作用，少数神经退行性疾病为家族遗传性。神经退行性疾病具有复杂的遗传背景，近年来随着分子生物学技术的飞速发展及其向神经学科的不断渗透，发现了大量与ND发生密切相关的基因（表2-2）。

表2-2　几种常见的神经退行性疾病和相关基因

疾病类型	基因名称	主要功能
阿尔茨海默病（Alzheimer disease，AD）	APP	在正常人脑内，APP由α-分泌酶水解后释放到胞外区，在此过程中将Aβ分裂为两半，从而阻止Aβ的形成。当APP基因发生突变时，导致其代谢异常，易为β-分泌酶水解，并在γ-分泌酶作用下形成游离Aβ。游离Aβ具有细胞毒性作用，Aβ共聚体可形成成不溶性的沉淀，最终导致SP的形成。Aβ沉积是各种因素诱发AD的共同特征，是AD形成和发展的关键因素。
	PS-1；PS-2	PS蛋白可通过其对γ-分泌酶的作用来调节APP的加工，导致Aβ蛋白前体代谢异常，最终产生过量的Aβ蛋白，引起SP的形成和神经元的退行性变。此外，PS蛋白也可通过干扰细胞的钙稳态增加细胞对损伤的敏感性来介导神经元的凋亡或死亡。
	Apo E	在脑内，ApoE主要在星形胶质细胞和小胶质细胞表达，在胆固醇的转运，神经元的细胞膜和髓鞘的修复中发挥重要作用。目前已公认ApoE等位基因ε4是AD的危险因素，与散发性和迟发家族性AD关系密切，并与AD发病率呈剂量-依赖性关系，使发病年龄提前。ε2在散发性AD中起保护作用可降低AD的发病风险，推迟发病年龄。
	A2M	A2M基因包括36个外显子，定位于人染色体12p12.3-q13.3，编码一种能调节Aβ的降解和清除的蛋白酶抑制剂。当A2M基因发生突变时，可以减慢淀粉样蛋白的清除，从而导致这种蛋白质的堆积而产生毒性作用。A2M-2外显子的缺失使AD患病风险增加4倍。此外，A2M与APP、ApoE相互影响，ApoE的过量表达妨碍A2M对淀粉样蛋白的清除和降解，两者协同作用，可引起淀粉样蛋白的急剧堆积。
	Tau	Tau蛋白是AD特征性病变神经原纤维缠结（NFT）中异常的超微结构双螺旋丝（paired helicalfilament，PHF）的主要成分，除了高度聚积外，该病理状态的Tau蛋白有过度磷酸化以及糖基化、异常截断作用等异常修饰。
帕金森病（Parkinson disease，PD）	α-synuclein	突触核蛋白突变使得蛋白质分子的α螺旋空间结构改变，使其不能被正常降解，异常堆积的不溶性α-synuclein蛋白形成Lewy小体，引起神经元变性。

续 表

疾病类型	基因名称	主要功能
	Parkin	在日本常染色体隐性遗传性青少年型帕金森综合征家系中定位并克隆了AR-JP的致病基因，命名为parkin基因。Parkin基因突变是早发型PD患者发病原因之一，Parkin基因突变导致Parkin蛋白缺失、功能障碍、酶活性减弱或消失，造成细胞内异常蛋白的累积，最终导致多巴胺能神经元损伤。
	PINK1	PINK1是一种线粒体蛋白激酶，PINK1可以保护神经元免于应激引起的线粒体功能障碍和细胞凋亡，这种保护作用可能是通过磷酸化线粒体蛋白来完成的，而突变体不具备这种功能。
	DJ-1	DJ-1基因功能有：参与细胞周期的调节、精子成熟和受精、控制基因转录、调节mRNA稳定性和参与细胞应激反应等。到目前为止，已发现DJ-1有10余种不同的突变，包括错义突变、截短突变、剪切位点突变和大片段缺失等与PD发生有关。
	UCH-L1	UCH-L1基因属于泛素C端水解酶家族，具有水解泛素分子和其他蛋白质之间的肽键的活性。在常染色体显性遗传的帕金森家系中发现UCH-L1基因C277G的错义突变，后来研究发现UCH-L1基因的多态现象与PD易感性有关。
	LRRK2	LRRK2基因属于ROCO家族，主要在神经元和胶质细胞中表达。LRRK2蛋白的生理功能还不是十分清楚，但是在多个PD家系中发现，G2877510A突变，I2012T突变、I2020T突变、Y1699C突变、I2020T突变。
	Nurr1	Nurr1在中脑优势表达，作为基因转录调控蛋白与黑质多巴胺能神经元的发育、发展和生存有密切的关系，与PD的发生和进展也有重要的联系。
家族性ALS (familial amyotrophic lateral sclerosis, FALS)	SOD；ALS；Tau；TTD	家族性ALS（FALS）大多数为常染色体显性遗传病，ALS与8种基因有关，其中研究最多的是AIS1基因，即人SOD-1基因，另外有ALS2基因（ALSin基因）、ALS3基因、ALS4基因、ALS5基因、ALS6基因、Tau基因和FTD基因。
遗传性脊髓小脑共济失调（spinocerebeller ataxia, SCA1）	SCA-1	SCA-1基因全长450kb，SCA-1基因外显子中含有CAG重复序列，正常人CAG数目在很大范围内变动，且有种族差异，一般重复25～36次，对应产物164～221bp，SCA-1患者突基因CAG重复数扩展为43～91，对应产物242～356 bp，异常增加的CAG重复数与发病年龄、病情程度、父系或母系遗传不同及种族等有关。
亨廷顿病 (huntington disease, HD)		亨廷顿基因（huntington基因表达蛋白），正常人群huntington基因表达蛋白广泛存在于大脑、睾丸、心脏、肝和肺中。胚胎发育、造血以及神经形成过程中，huntington基因表达蛋白是必需的。huntington基因表达蛋白可促进脑源性神经营养因子的转录从而发挥其抗凋亡作用。另外，它可与促凋亡蛋白huntington基因表达蛋白结合蛋白1（HIP1）结合调控caspase28依赖的凋亡途径。从亨廷顿氨基末端第17位氨基酸残基开始有一段重复的谷氨酰胺（polyQ）序列，其在正常人群中有10～25个，而在HD患者这一序列的延长超过36个。

第二节 行为与表观遗传学

一、基因的表观遗传控制

生命体作为一个开放的复杂系统，生命活动的调节是多层次和多因素的。不仅遗传物质携带的生物信息可以遗传，而且遗传物质的化学修饰对基因的表达有重要的调节作用，并在一定程度上在细胞或个体间遗传。这种通过有丝分裂或减数分裂传递非 DNA 编码信息的现象叫做表观遗传（epigenic inheritance）。表观遗传学（epigenetics）研究范畴涵盖了基因的可遗传修饰、基因的时空表达调节、基因到表型的机制等。常见的表观遗传现象包括：DNA 甲基化、遗传印迹、组蛋白修饰、RNA 调控、负突变和等位反式互补等，择其重要简单介绍。不同物种动物个体间的相互帮助的行为现象时有报道，如海豚就是特别爱帮助同类甚至人的海洋动物。此外，我们还看到过由狗养育的小猫（图 2-5），与猫打成一片的小鼠，特别是雌狮居然收养失去了妈妈的羚羊等行为。英国科学家发现，这一现象和表观遗传学的遗传印迹有关，在动物出生和成长的过程中，由于动物间的相处，改变了对行为具有重要影响的 DNA 甲基化等遗传过程，使他们相互认同为同类。

图 2-5　动物相互帮助和遗传印迹有关

1. DNA甲基化 DNA甲基化（DNA methylation）是指通过DNA甲基转移酶（DNMTs）在DNA的碱基上添加甲基。如果给怀孕的母鼠喂食富含甲基的食物，黄色的母鼠可产下褐色的子鼠，并且可以遗传给下一代。甲基化是基因组DNA的一种主要表观遗传修饰形式，是调节基因组功能的重要手段。在脊椎动物中，CpG二核苷酸是DNA甲基化发生的主要位点。CpG常成簇存在，人们将基因组中富含CpG的一段DNA称为CpG岛（CpGisland），通常长度为1～2kb。CpG岛常位于转录调控区附近，DNA甲基化的研究与CpG岛的研究密不可分。在DNA甲基化过程中，胞嘧啶突出于DNA双螺旋并进入与胞嘧啶甲基转移酶结合部位的裂隙中，该酶将S-腺苷甲硫氨酸（SAM）的甲基转移到胞嘧啶的5′位，形成5-甲基胞嘧啶（5-methylcytosine，5MC）。体内甲基化状态有3种：持续的低甲基化状态，如持家基因；诱导的去甲基化状态，如发育阶段中的一些基因；高度甲基化状态，如女性的一条缢缩的X染色体。

DNA甲基化主要是通过DNA甲基转移酶家族（DNAmethyltransferase）来催化的。DNA甲基转移酶分两种：一种是维持甲基化酶，Dnmtl；另一种是重新甲基化酶，如Dnmt3a和Dnmt3b，它们使去甲基化的CpG位点重新甲基化。在细胞分化的过程中，基因的甲基化状态将遗传给后代细胞。但在哺乳动物的生殖细胞发育时期和植入前胚胎期，其基因组范围内的甲基化模式通过大规模的去甲基化和接下来的再甲基化过程发生重编程，从而产生具有发育潜能的细胞。

DNA甲基化影响到基因的表达，也与肿瘤的发生密切相关。甲基化状态的改变是致癌作用的一个关键因素，它包括基因组整体甲基化水平降低和CpG岛局部甲基化程度的异常升高，这将导致基因组的不稳定。把癌基因组学与表观遗传学的研究结合起来，是癌症研究的发展趋势。人类的一些癌症常出现整个基因组DNA的低甲基化，但人们并不清楚这种表观遗传变化是肿瘤产生的诱因还是结果。研究者构建了携带低表达水平Dnmtl基因的小鼠，对它的研究结果显示，DNA低甲基化可能通过提高染色体的不稳定性来促进肿瘤的形成。同时指出，通常使用DNA甲基转移酶抑制剂来治疗人和小鼠的癌症，其疗效可能是由于这些抑制剂恢复了肿瘤抑制基因的活性。但是这种导致DNA低甲基化的治疗方式，可能在防止一些癌症发生的同时，也会造成基因组的不稳定并增加其他组织罹患癌症的风险。这些都是需要继续深入研究的问题。

2. 遗传印迹 来自亲本的两套基因在通过配子传给下一代时，发生了表观遗传学修饰，使其后代仅表达两个亲本中一方的等位基因，谓之遗传印迹（gene imprinting）或者基因组印迹（genomic imprinting）。印迹基因的异常表达可引发多种人类疾病。印迹基因控制的表型不符合孟德尔自由分配定律。人类疾病普拉德-威利综

合征（Prade Willi syndrome，PWS）（智力低下，行为异常，性腺功能减退，生长失调）和安吉尔曼综合征（Angelman syndrome，AS）（面容特殊，嘴大、呆笑、红面颊、步态不稳、癫痫及严重智力低下）都与第15号染色体长臂1区1至3带的缺失有关。当患儿缺陷染色体来自父亲则患PWS，若来自母亲，则患AS。90年代中期，人们已发现在转基因小鼠中约有1/4的转基因在子代中表达依赖于传递该基因的亲本性别。当基因从雄性小鼠（第Ⅱ代）传给子代（第Ⅲ代）时，在子代中表达，但在第Ⅲ代中有基因表达的雌鼠，再将该基因传给她的子代（Ⅳ代）时则不表达，由不表达（第Ⅳ代）的雄性小鼠产生的子代（第Ⅴ代）中，该基因又表达。因而称之为母源基因组印记。

Cattanach等发现：拥有2条雌性亲代第11号染色体的小鼠在胚胎期要比正常小鼠小，而拥有2条雄性亲代第11号染色体的小鼠在胚胎期要比正常小鼠大，但这两种小鼠胚胎都死于发育阶段。McCrath等（1984）利用人工孤雌或孤雄生殖的方法产生了两种特殊类型的小鼠胚胎：一种小鼠胚胎的全套染色体全部来自雄性亲本，另一种小鼠胚胎的全套染色体全部来自雌性亲本，但它们都在发育期死亡了，而雌雄双方各一套基因组的小鼠胚胎能正常生长，证明了父源和母源染色体上的某些基因对胚胎发育具有不同的作用。后来的研究表明，父源的遗传信息对维持胎盘和胎膜十分必要，而母源的遗传信息则对受精卵的早期发育是很关键的。Swain等（1984）将癌基因C. myc转移到小鼠胚胎中，追踪分析转基因小鼠的家系发现，正常情况下C. myc在小鼠心肌细胞中表达，但当该基因由母方传给子代时，则在子代心肌细胞中不表达。

转基因小鼠的母源基因组印记现象会受多方面因素的影响，如被转移基因的拷贝数、基因大小及插入位置以及来源等。染色体的印记可以只影响基因组的部分区域，如一些染色体或一些基因。有实验证明小鼠基因组分为被印记和非印记区域。印记的形成一般发生在哺乳动物配子形成期，并且是可以逆转的。它不是一种突变，也不是永久的变化，但持续在一个个体的一生中，在下一代配子形成时旧印记可以消除，并发生新的印记。因此可以说基因组的印记是一种修饰，有利于产生生物表型多样性，有利于维持杂种优势，有利于生物进化。如母方的某些基因在受精和胚胎发育中必须“沉默”，以此来调节不同亲本来源基因的差异表达，从而有可能出现基因型相同但表型不一样的情况。

人们在研究中发现，来自双亲的某些等位基因，在子代的表达不同，有些只有父源的基因有转录活性，而母源的同一基因则始终处于沉默状态，另一些基因的情况则相反。这是由于源自某一亲本的等位基因或它所在染色体发生了表观遗传修饰，导致不同亲本来源的两个等位基因在子代细胞中表达不同。在基因组中的这类现象就是基因组印记。印记基因在发育过程中扮演重要的角色，它们一般在染色体上成簇分布。在小鼠和人体中已知有八十多种印记基因。等位基因的抑制（allelic repression）被印记控制区（imprinting control regions，ICRs）所调控，该区域在双亲中的一个等位基因是甲基化的。ICR 在不同区域中对印记的调控存在差异。在一些区域中，未甲基化的 ICR 组成一个绝缘子阻止启动子和增强子间的相互作用；在其他区域中，可能有非编码 RNA（non-codingRNAs）的参与，这种沉默机制与 X 染色体失活相似。在配子形成时期，非组蛋白和附近的序列单元可以影响到差异甲基化的建立。在基因印记维持的研究中，人们注意到表观印记的反常可能在人体中导致复杂的疾病；胚胎培养、体细胞核移植和体外繁殖过程都会影响到印记；一些环境因素，比如食物中的叶酸也会破坏印记。但人们对于这些过程的机制知之甚少。

基因组印记的研究促使人们去重新思考遗传学的“中心法则”。人们知道环境可以影响到由遗传因素所决定的表型，“中心法则”向人们阐述了遗传因素的作用原理，但无法说明环境因素作用于基因表达过程的分子机制。基因组印记给了研究者合理的解释：环境变化可以促成基因表观修饰，表观修饰也可能引起基因突变，这种变化可以发生在生殖细胞中，并传递给下一代。这样就很好地解释了环境因素对于遗传的影响过程。我们对“获得性”性状和“返祖”现象可以这样去认识：这些现象可能是因为一组基因，它们的活性已经被表观修饰所抑制了，后来由于一些因素的作用造成它们表观修饰的变化而恢复了活性。

3. RNA 调控

（1）RNAi：细胞内产生的21-23bp 的 dsRNA 片段，可以和有互补序列的 mRNA 结合，在一系列核酸酶的作用下降解目标 mRNA，从而调节基因的表达。

（2）miRNA：细胞内一些 RNA 能够产生发卡结构，一些核酸酶可以将发卡结构切开，产生 21 ~25bp 的小片段 RNA（microRNA），可以和 mRNA 形成部分配对，诱发目标 mRNA 降解或抑制它的翻译，从而调节基因的表达。

4. 组蛋白密码 染色体的多级折叠过程中需要 DNA 同组蛋白（H3、H4、H2A、H2B 和 H1）结合在一起。组蛋白在进化中是保守的，但它们并不是通常认为的静态结构。组蛋白在翻译后的修饰中会发生改变，从而提供一种识别的标志，为其他蛋白与 DNA 的结合产生协同或拮抗效应，它是一种动态转录调控成分，称为组蛋白密码（histone code）。这种常见的组蛋白外在修饰作用包括乙酰化、甲基化、磷酸化、泛素化、糖基化、ADP 核糖基化、羰基化等，它们都是组蛋白密码的基本元素。

与 DNA 密码不同的是，组蛋白密码和它的解码机制在动物、植物和真菌类中是不同的。我们从植物细胞保留有发育成整个植株的全能性和去分化的特性中，就

可以看出它们在建立和保持表观遗传信息方面与动物是不同的。在组蛋白的修饰中，乙酰化、甲基化研究最多。乙酰化修饰大多在组蛋白 H3 的 Lys9、14、18、23 和 H4 的 Lys5、8、12、16 等位点。对这两种修饰结果的研究显示，它们既能激活基因也能使基因沉默。甲基化修饰主要在组蛋白 H3 和 H4 的赖氨酸和精氨酸两类残基上。研究也显示，在进化过程中组蛋白甲基化和 DNA 甲基化两者在功能上被联系在一起。

二、表观遗传与行为的关系

DNA 胞嘧啶甲基化（CpG）是一种表遗传学修饰，甲基化 CpG 区可抑制转录因子与特定靶基因结合，引起转录抑制；甲基化 CpG 结合蛋白（MBD）结合甲基化 CpG，吸引 HDAC 抑制复合物最终引起基因表达抑制。在大脑发育过程中，DNA 甲基化在调控神经干细胞增殖，继而分化为神经元和胶质细胞中有重要作用。

BDNF 可影响神经可塑性，从而影响学习和记忆功能。BDNF 基因调控区 CpG 甲基化降低后，BDNF 在神经元内合成增多。MeCP2 结合甲基化的 BDNF 启动子后使基因表达沉默。BRINP（BMP/RA1，2，3）。BRINP1 在哺乳动物神经系统不同部位广泛而高度表达，BRINP 参与神经细胞分裂后期细胞周期的抑制，神经元细胞 BRINP1 的 CpG 岛存在高度甲基化状态。

神经元内的某些蛋白可通过影响 DNA 的甲基化而影响神经元细胞的分化大脑和其他组织的 DNA 甲基化是由 DNA 甲基转移酶（DNMT）介导的，在神经元有丝分裂后期，细胞内富含 DNA 甲基酶 DNMT1. DNMT1，3a，3b 在嗅觉神经元发育的不同阶段的表达不同。给神经元细胞培养基中加入蛋氨酸（甲基供体），Dnmt1 对 reelin 和 GAD67 基因的甲基化修饰作用增强。Dnmt1 基因敲除小鼠，神经元干细胞分化功能障碍，出生后容易死亡。甲基化结合蛋白 2（MeCP2）是一种广泛表达的转录抑制因子，在有丝分裂后期的神经元中表达丰富，在调节基因转录过程中起重要作用。MeCP2 突变会引起 Rett 综合征。甲基结合蛋白（MBD）在神经系统发生上也起作用。敲除 MBD1 的小鼠神经系统发育缓慢，空间记忆缺陷和海马的齿状回长时程增强减弱。

组蛋白是组装染色体的亚单位核小体的组成部分，而组蛋白甲基化与神经元功能密切相关。组蛋白甲基化引起的转录抑制在亨廷顿舞蹈病（HD）的致病机制上起重要作用。HD 患者 H3L9 甲基化升高，Mithramycin 可以治疗 HD 的机制是通过抑制 H3 的甲基化来起作用的。组蛋白甲基化随着神经元的分化是呈动态分布的，它们与神经元细胞分化和有丝分裂有关。G9a 是组蛋白 H3K9 的甲基转移酶，对胚胎发育很重要。GLP 是和 G9a 相互作用的转移酶。敲除 GLP 的胚胎，H3K9 去甲基化严重下降，可引起致死性胚胎。Makoto Tachibana 的研究揭示了 G9a 和 GLP 共同发挥 H3K9 甲基转移酶的功能，对神经元的分化起调控作用。

（一）痴呆症与表观遗传学

痴呆症（AD）患者组织病理学改变表现为淀粉样蛋白 Aβ 聚集而形成的斑块，和 tau 蛋白聚集形成的神经纤维缠绕。在 AD 的致病过程中，甲基循环功能发生障碍，与甲基循环密切相关的叶酸盐和 HCY 起了重要的作用。

SAM/HCY 循环 SAM/HCY 循环是体内的甲基循环途径，SAM 是 DNA 甲基化的主要供甲基来源。DNA 胞嘧啶甲基化是在甲基转移酶的催化下由 S 腺苷蛋氨酸（SAM）提供甲基。在转移甲基过程中 SAM 脱甲基变成 S 腺苷同型半胱氨酸（SAH），SAH 可被水解成 HCY。在维生素 B_{12}催化下 5 甲基甲氢叶酸盐（5MeTHF）把甲基递给 HCY 使其变成蛋氨酸。蛋氨酸和 ATP 反应生成 SAM，整个甲基循环就完成。正常蛋氨酸饮食不能满足甲基化反应的需求，因此有一部分甲基是由叶酸盐合成。而叶酸盐只能由食物中获得，如绿色植物，柑橘，动物肝和谷物等。食物中叶酸盐的形式主要为 5MeTHF，要使细胞外 5MeTHF 转变为可被细胞利用的叶酸盐形式四氢叶酸酯（THF）这个过程需要维生素 B_{12}，因此维生素 B_{12} 和叶酸盐是 SAM/HCY 循环正常运行必不可少的。神经元细胞和胶质细胞都表达叶酸盐载体，因此低叶酸盐是 AD 发病的重要致病因素之一。

HCY 与 AD 饮食中叶酸盐和维生素 B_{12}水平降低，可导致 SAM/HCY 甲基化代谢循环发生障碍，SAM 降低。在正常状态下 HCY 维持低水平，叶酸盐缺乏时 HCY 不能获得甲基变成胱硫醚，HCY 水平升高，因此聚集在神经元细胞内，对细胞造成损伤。SAM 是甲基化循环中的主要甲基供体。如果叶酸盐水平降低，SAM 降低引起 DNA 甲基化程度降低，引起基因转录水平升高。早老素基因（PS1）表达过多时，会引起 Aβ 蛋白局部产生增多，形成 AD 老年斑的典型病理变化，而 PS1 的表达受其启动子甲基化情况的影响，甲基循环功能障碍将引起 PS1 启动子低甲基化，表达过多的 PS1，最终引起 Aβ 蛋白聚集。Tau 蛋白高度磷酸化是 AD 发展的中心事件。正常情况下，蛋白磷酸酶 2A（PP2A）三连体的形成使 Tau 蛋白有效的脱去磷酸基。PP2A 的组装需要 SAM 甲基化过程，SAM/HCY 甲基循环发生障碍，HCY 升高，可抑制 PP2A 蛋白的甲基化，PP2A 的活性降低，Tau 蛋白高度磷酸化，引起神经衰退和痴呆。PP2A 甲基化系统将血浆 HCY 水平与 AD 发病联系起来，因此 HCY 可通过 PP2A 的作用促进 AD 的发病进程。HCY 代谢障碍，在细胞内堆积会对细胞产生极大损害。HCY 升高后，加上随着年龄的增加，过氧化物损伤增多，DNA 损伤增加，激活肿瘤抑制蛋白 P53，最终引起神经元细胞发生凋亡。SAM 和 HCY 水平参与 AD 发病，HCY 在 AD 患者血浆中升高，HCY 是甲基循环重要的中间产物，流行病学研究发现血浆 HCY 水平升高是 AD 的危险因素。HCY 升高和叶酸盐缺乏都会损伤和杀死神经元细胞，同时神经元细胞对毒素，氧化物和代谢物的损害敏感性增强。因此即使 HCY 水平中度升高，也会增加神经系统发生年龄相关神经衰退性疾病的概率。

DNA 甲基化最初是在研究肿瘤的过程中发现的，在神经系统的研究近几年逐渐增加。神经元细胞 DNA 甲基化和蛋白质甲基化在神经系统的分化和发育中作用很大。在研究神经系统发育紊乱性疾病时，发现多种疾病与 DNA 或蛋白质的甲基化状态相关，AD 就是其中一种。而由于这方面研究开始不久，许多问题还有待解决，如 AD 的发病与低叶酸盐和低维生素 B_{12} 水平有密切关系，但至今补充叶酸盐和维生素 B_{12} 治疗 AD 的结果仍令人失望，这是否和其他与 AD 相联系的遗传和环境营养因素的干扰及低叶酸盐和维生素 B_{12} 水平造成损害的不可逆有关？这些问题期待着更多的研究者们加入到这个研究领域中来。

（二）帕金森症与表观遗传学

已有证据表明，组蛋白 HDAC 的乙酰化调控多巴胺合成基因的启动子活性，研究人员找到了一个新的 microRNA，miR-133b，并发现它在中脑多巴胺能神经元的成熟、功能和存活上起作用。帕金森症（PD）患者的中脑中，这些 miR-133b 细胞缺乏。miR-133b 与 Pitx3 形成一个反馈圈，Pitx3 是中脑多巴胺能神经元的一个关键的转录调节因子。

（三）精神疾病与表观遗传学

早在 1972 年 Gottesman 就将外遗传这一概念引入精神病遗传学研究，但是当时并没有引起人们重视。在近些年当传统的遗传研究在精神疾病的研究中困难重重时，表观遗传与精神疾病的关系尤其是 DNA 甲基化与精神分裂症的关系的研究提示 DNA 甲基化参与了精神分裂症的发生。20 世纪 70 年代早期的研究发现摄入为甲基化提供甲基的 s-腺苷蛋氨酸的前体蛋氨酸，能恶化一部分精神分裂症精神症状。改变 DNA 去甲基化的药物丙戊酸钠在部分精神分裂症的治疗中有效果，也提示 DNA 甲基化可能参与了精神分裂症病理机制。近年，一些研究人员在精神分裂症患者死后的尸解中发现大脑中 reelin（一种正常神经递质、记忆和突触可塑性所必需的蛋白）的 mRNA 降低了 50%。流行病学研究还发现精神分裂症的遗传模式不符合传统孟德尔遗传，部分研究认为是表观遗传学机制导致了这样的结果，如基因组中富含 CpG 的单拷贝非甲基化基因座超甲基化。DNA 甲基化的部分相关基因正处于某些精神分裂症和性感障碍连锁研究所发现的连锁区域。孤独症和 Angelman 综合征染色体 15 的部分区域甲基化有关。

随着21世纪的到来，进入了基因组学的时代。20世纪遗传学首次公开亮相，现在我们看到了利用新发现的深刻见解来解释任何和所有未知的强烈倾向。自从20世纪60年代以来，对果蝇的行为突变体的分离和成功分析，小鼠的行为突变体的遗传工程以及对影响人类行为的基因多态性的测绘和鉴定，这些都巨大地推动了行为遗传学的复苏。对环境影响因素以及基因与环境的相互作用的研究，尤其是在人类中，也比100年前更加复杂和精密了。现在，我们对这个问题有了更好的认识。行为的遗传学是复杂的，环境起到了重要的作用，一般说来从基因到行为的途径是令人费解的问题。

（张连峰）

第三章 啮齿动物的行为生理学

啮齿动物在分类上属于动物界脊索动物门脊椎动物亚门哺乳纲啮齿目，是哺乳纲中数量及种类最多的一个类群，个体数目远超过其他哺乳动物的总合。主要特征为：体型中小，上下颌各具一对门齿，仅前面被有珐琅质，呈凿状，终生生长。无犬齿，门齿与前臼齿间具有空隙。嚼肌发达，适于啮咬坚硬物质。在自然界中啮齿动物是许多食肉动物的主要食物来源，是陆地上的许多类型的生态系统中的食物链的重要环节，对于维持生态平衡起到了不可替代的作用。啮齿动物与人类关系密切，有许多种类对农、林、牧业有害，有的种类还能传染多种疾病，危害人类生命健康。但也有不少种类具有经济价值，不仅可供肉、毛皮和科学实验用，而且对于人类的卫生防疫、资源利用、环境保护和科学研究等方面具有重要的实际和理论意义。

第一节 啮齿动物的外界信号感知系统

一、啮齿动物的感觉器官

嗅觉通讯在啮齿动物的通讯行为中占主导地位。嗅觉器官是最发达的感觉器官。鼻腔嗅觉上皮细胞和附嗅觉系统犁鼻器官感觉神经元是外界嗅觉信号的生理感受器。双极感觉神经元通过嗅觉神经将信息传递到嗅球，啮齿类动物嗅球的体积大于脑体积。小鼠通过嗅觉来辨别食物、天敌、领域标记、家族气味识别，判断异性繁殖状态、社会等级等。实验小鼠的尿液蛋白具有个体特异性气味标记的作用。啮齿类动物中有许多与气味感受器相关基因。气味感受器的激活诱导 cAMP 的产生，进一步活化 cAMP 离子通道。

啮齿类动物的味觉器官发达。味觉感受过程类似于嗅觉。味觉感受器位于舌表面的味蕾中。味觉感受器通过对酸、甜、苦、咸和鲜的辨别来确定食物资源的特性与质量。实验表明，大鼠和小鼠都会选择食用具有熟悉味道的食物。大鼠群体中的成员通过观察其他大鼠的进食情况或嗅闻其他大鼠吃过的食物来确定其是否安全。

与人类相比，啮齿类动物的视觉相对较弱，其视觉系统的解剖结构与哺乳动物大体类似。视网膜杆状细胞被用于辨别黑白影像，而锥细胞能够辨别颜色。视网膜感觉神经元细胞吸收光子后产生一种神经信号的级联放大，再传递给更高级的视觉神经元细胞。光活化的视杆细胞和视锥细胞受体激活 GTP 结合蛋白—转导蛋白，转导蛋白进一步刺激 cGMP 磷酸化。视网膜感光器通过二阶细胞和神经节细胞将信息传递到视神经。

啮齿动物的听觉系统发达。高频率超声波是幼鼠和母鼠进行交流的主要形式。听觉是通过耳蜗感觉毛细胞进行的，声音信息通过听觉神经元传递到橄榄复合体、外侧丘系、下丘、内侧膝体和听觉皮层。痛苦的发声能给同类传达一种使它们厌恶的信息。

另外，啮齿类动物的胡须和鼻毛的触觉十分敏锐。小鼠处于新环境时总是用它的胡须去碰触物体表面。大鼠和小鼠对直接喷到脸上或身上的气流均表现出强烈的震惊反应。

二、啮齿动物的化学通讯

近 40 年来，对于嗅觉通讯中化学信号在啮齿动物行为、生理等方面的作用，以及由此影响到的动物社群结构、社会等级等的研究发展迅速。目前被研究过的大多数啮齿类动物几乎完全或是主要依靠鼻内器官（以感觉空气中挥发性化学物质的主嗅觉系统和感觉非挥发性化学物质的犁鼻器为主）来感受化学信号，进行种间识别、个体或群体辨别、性别辨别、领域标记、配偶选择、诱导交配行为或攻击行为等。

外激素（pheromone）或称信息素是指动物释放到体外的物质，这种物质是一种或几种化学物质的混合物，同种的其他个体接收后，产生一种或多种特定的反应。啮齿动物的主要气味源有尿、粪便和特化腺体的分泌物。动物的个体气味是来源于身体不同部位的气味信号的混合，而且是带有个体特征的物质。不同来源的气味信号所携带的信息以及它们所产生的作用可能是不同的。脊椎动物对化学信号的接收基本上是经由嗅觉通路感知的。化学感受器可能是最原始的远程感受器，也是绝大多数啮齿类动物赖以搜寻食物、躲避天敌和寻觅配偶的信息接收器。

啮齿类的嗅觉通路主要有两条：主嗅觉系统（main olfactory system），又称基础嗅觉系统和犁鼻系统（vomeronasal system）。主嗅觉系统包括嗅黏膜上的化学感受器、第一对脑神经、主嗅球及其高级神经中枢反射区是具挥发性的小分子化学信号的主要接收器。犁鼻系统由犁鼻器黏膜中的化学感受器、犁鼻神经、附嗅球及其大脑皮层反射区，是不具挥发性的大分子化学信号的接收器。其他与嗅觉有关的器官和神经还有：马赛若中隔器（septal organ of masera）、零神经末梢（terminal endings of the nervous terminals）和三叉神经末梢（terminal ending of trigeminal nerve）。

主嗅觉系统和犁鼻器系统是啮齿类嗅觉通讯中的两种相互独立且功能不同的通路。一般认为，犁鼻器比较确定的功能是作为诱导外激素的感受器官，是气味信号生理诱导效应的关键通道；而诱导行为反应的气味信号主要是通过主嗅觉系统感知的。犁鼻器通路具有性别二型性。在雄鼠中，犁鼻器及其神经反射区要更大一些。附嗅球接受犁鼻神经的轴突，直接投射到边缘皮层，并终止于杏仁核的皮质内侧核。从杏仁核开始，神经纤维束经过视交叉上核（BNST）到达下丘脑腹内侧核和视前核内侧区域。投射区侧中隔（lateral septum）的 BNST 区域中包含有与雄鼠气味识别有关的加压素（VP），而 BNST 又是犁鼻器系统的组成部分，因此推测，犁鼻器可能是与雄鼠识别化学信号有关的神经通路的起点。当给予异性气味信号时犁鼻器是引起性激素释放的中介通路，而并不需要基础嗅觉系统。

主嗅觉通路对于啮齿动物的气味标记行为十分重要，主嗅觉系统的损伤直接影响种内识别机制，其结果是气味标记行为的减少；而犁鼻器系统并不是气味识别的必不可少的嗅觉通路。然而也有一些学者发现，在不同的情况下犁鼻器系统也被动物的气味识别过程所利用。此外，啮齿类社会性气味的识别和记忆过程是高度依赖于海马的整合作用。现已证明侧中隔至少在鼠类的社会识别中，对相关气味信息的加工、存储方面起重要作用。

由于嗅觉在啮齿动物社会行为中的重要作用，所以了解个体如何感知、综合嗅觉信息，并如何使这些信息与社会行为保持协调是十分必要的。对啮齿类化学感受器解剖结构的研究有助于了解犁鼻器和主嗅觉系统的功能差异。从功能上说，基于生理和行为的线索，这两个系统在整合社会相关的化学信号的方式上已经被区分开来。目前，人们认为大分子和引起激素变化的气味信号优先通过犁鼻器系统；而且，犁鼻器系统对动物的繁殖尤为重要。但是，我们不能简单地认为每个系统只控制信息传递中的某一个或某一些方面。复杂的嗅觉信号识别过程优先依赖于一种嗅觉功能系统。这一系统直接投射到海马旁回、海马、新大脑皮层等结构，并在此对气味信息进行整合，然后把整合后的信息与一些关键的变量，如个体以前的经历联系起来，以实现相应的功能。

动物嗅觉通讯中的化学成分组成是由遗传、激素水平、体内微生物和食物等因子的综合作用决定的。食物等环境因素会由于动物所在的地区和所处季节的不同而改变，但由于遗传而产生的成分则不受这些变化因素的影响。由于食物不同而产生的气味差异可能在亲缘识别中也有一定的作用，因为动物会更熟悉那些与其食物相同的个体所产生的某些气味成分；食物中蛋白质的含量也会影响橙腹田鼠的个体气味对种内其他个体的吸引力。同时，动物对个体气味的识别也受到其他非遗传性因子的影响，例如，性激素的多寡会改变动物的个体气味。一些研究工作还发现某些染色体片段上碱基对（基因）的差异是造成小家鼠个体气味不同的根源；而尿液中的一些外激素成分是由于某些胃肠细菌对代谢产物的作用而形成的。此外，实验动物的饲养条件也会影响到大鼠的个体气味。

第二节 行为的神经内分泌调节

一、攻击行为

（一）攻击行为的定义

在野外，攻击行为有利于保护后代、配偶及自己免受入侵者袭击，对领域保护、交配和建立优势从属关系具有重要的作用。攻击行为与实验操作过程中动物的过度反应不同。啮齿动物对于操作所带来的刺激及对实验者的恐惧会促使其做出反应，这种行为更确切的来讲是一种防御行为，真正的攻击行为是同类之间的相互作用。

攻击行为与种群密度有关，20 世纪 60 年代初，马里兰国立精神卫生研究所的 John B. Calhoun 用实验大鼠进行了一个有趣的关于空间胁迫的研究。将一个 10 英尺 × 14 英尺的房子分成四部分，配有隆起的洞穴，蜿蜒的楼梯、隧道，筑窝的盒子，饲料和饮水。随着种群密度的增加，死亡率升高，种群崩溃。幼鼠死亡率达 96%，妊娠过程中断或幼仔出生后死亡。雄鼠间通过攻击行为建立稳定的优势从属关系。优势雄鼠占据较大的领域范围，从属鼠集聚在一起，只有早晨才集体外出取食。优势雄鼠拥有许多雌鼠，这些雌鼠能较成功的繁育后代。其他雌鼠无法筑巢，缺乏衔回后代行为，幼仔很快死亡。由群体密度所引发的社会胁迫具有重要意义，这或许可以作为其他物种的社会组织结构脱离常规方面的模型。另外一个实验结果与此类似，在 30 个月的实验期间，69 米 ×24 米围栏中的小鼠种群变化经历如下波动：种群数量稳步升高，随后数量从数百只下降到 10 只，再迅速增加后种群崩溃。实验中小鼠自由饮食，因此，攻击性行为可能是种群波动的关键因素。

攻击行为与早期发育经历有关，啮齿动物早期社会行为剥夺会导致其行为异常。大鼠出生后12天，将大鼠与其同窝出生的大鼠分开，留在母鼠身边，该大鼠对各种实验处理表现出过度应激，与其他大鼠相比心率增加和体重下降更显著。出生后21天被隔离的大鼠具有异常自我控制，包括频繁的追逐、咬尾以及颤抖和痉挛。与母鼠短暂分离的幼鼠应激性升高，成年后快感缺失。将2月龄小鼠单笼饲养数周，小鼠的攻击行为增加。幼鼠之间的游戏性追逐与扭斗具有成年鼠攻击行为的成分，包括一只小鼠被其他鼠压倒在地。

许多研究对大鼠和小鼠攻击行为的遗传基础进行了探索。结果表明攻击行为是多基因决定的，胁迫和胁迫神经内分泌标记物与小鼠的攻击行为有关，对小鼠攻击行为的遗传学研究证实攻击行为与Y染色体上的基因位点有关。Miczek等和Sluyter等分别选育出了不同攻击性水平的小鼠。Wim Crusio等对隔离诱导攻击行为不同的小鼠进行了交叉繁殖。通过回交10代建立具有不同攻击行为的小鼠品系。

（二）攻击行为的神经内分泌调节

激素是由内分泌腺所分泌的一种化学物质，这类内分泌腺体的特点是没有特定的导管将它所分泌的这些化学物质送去，而是直接运入邻近的血管和淋巴管，通过血液循环，运送到全身各处的器官组织，直接或间接地加速或抑制有机体内原有的代谢过程，从而影响机体的生长、发育、生殖、行为和一系列的生理功能。

雄性睾丸分泌的雄激素是睾酮（testosterone）；雌性卵巢分泌的激素主要是雌激素和孕激素，另外还有少量雄激素，由此形成了性别差异的主要生理基础。内源睾酮水平影响雄鼠的攻击行为。将雄性大鼠隔离饲养可提高其血液睾酮及脑内单胺类神经递质水平，并导致攻击行为增加。隔离饲养诱发的攻击行为是比较不同遗传品系小鼠攻击倾向和研究攻击行为神经解剖学和神经化学机制的标准方法。攻击通常由优势地位雄鼠发起，从属雄鼠面向优势鼠直立，并抬起前爪，做出服从姿势。这种优势从属个体之间的行为表现在很多啮齿动物及其他哺乳动物中均有出现。

性激素对情绪性攻击行为，特别是对雄性动物间争夺配偶的攻击行为具有重要意义。睾酮在动物攻击行为中的作用已被实验研究证实，但在人类攻击行为中的作用却不明确。男性的攻击行为与5-羟色胺（5-hiydroxyptamine，5-HT）功能异常的相关程度比女性高，这可能与性激素对5-HT调节有关。对暴力罪犯的研究发现，反社会性人格障碍患者脑脊液中游离的睾酮较高。

除了性激素之外，肾上腺皮质激素和垂体促肾上腺皮质激素（ACTH）对攻击行为也有一定的调节作用。切除肾上腺的动物，其攻击行为减弱。但这可能直接由肾上腺皮质激素缺乏引起，也可能由于前者在血液中含量不足反射性地引起垂体分泌大量 ACTH 而引起的。血液内 ACTH 含量增高可以减弱攻击行为，而血液内的肾上腺皮质激素能促使在攻击行为中失败的雄性动物产生驯服反应。儿童和成人的攻击与对外部压力的异常适应有关。下丘脑—垂体—肾上腺轴是攻击行为、社会性和压力适应的生理机制，唾液中的氢化可的松浓度能反映个体在这方面的差异。McBurnett 等人用唾液中的氢化可的松作为测量指标，对 38 名行为失调的学龄期男孩进行了 2 ~4 年的追踪研究。唾液中氢化可的松在较低水平与持续的、早期出现的、特别是采集唾液时的攻击行为相关。氢化可的松浓度低的男孩的攻击行为是正常者的 3 倍，攻击性最高的男孩在任一时间点测得的氢化可的松浓度都低于其他男孩。因此，下丘脑—垂体—肾上腺轴（hypothalamic-pituitary-adrenal axis，HPA）活性与男孩和成人的持续攻击呈负相关。并且，氢化可的松持续稳定在低浓度可能比在单一时间点的低浓度更能预示持续攻击，提示攻击行为与 HPA 轴功能低下有关。血液中各种激素水平的变化通过体液调节作用于脑内的受体，引起中枢机制的变化。这是攻击行为神经-体液调节作用的一般途径。

1. 单胺类神经递质

（1）5-羟色胺：5-羟色胺是机体重要的神经递质之一，与人类的行为有着密切的关系。Coppen 等认为抑郁症的发生是中枢神经系统中 5-HT 释放减少，突触间含量下降所致。动物实验提示 5-HT 不仅能直接作用于海马内糖皮质激素受体，还参与了 HPA 轴的激活与反馈调节。临床实验发现抑郁症患者脑内 5-HT 含量降低，且随着药物的治疗和症状的改善，5-HT 含量逐步提高，进一步支持了抑郁症的 5-HT 假说。近期研究发现，背缝神经核（dorsal raphe nucleus，DRN）5-HT 系统在一些应激相关精神障碍的发生中起着重要的作用，动物学实验发现抑郁症大鼠 DRN 中 5-HT 水平低于对照组，还发现缰核在形态学和功能上都与 DRN 有着密切的联系，缰外侧核的损伤可以通过提高 DRN 中 5-HT 的水平来改善抑郁症的行为反应。5-HT 通过 5-HT 受体（5-HTR）发挥作用，所以 5-HTR 功能的改变在抑郁症的发病机制与治疗中具有重要作用。研究发现 5-HT 受体基因的变异可能在重型抑郁症的发病中起着重要的作用。5-HT 受体拮抗剂可增强某种 5-HT 摄取抑制剂的抗抑郁作用，进一步提示 5-HT 在抑郁症发病中占有重要作用。

（2）去甲肾上腺素：研究发现抑郁症患者脑内去甲肾上腺素（NE）含量降低，随着药物治疗和症状的改善，患者脑内 5-HT 及 NE 含量逐步升高。有研究资料提示 NE 生成的减少可能是由于 α_2 受体活性增强所致，动物实验也证实了突触前膜以受体拮抗剂能加强 NE/DA 再摄取抑制剂的作用，从而增加大鼠脑内细胞外 NE 的浓度。但也有报道一些抑郁症患者脑脊液或血浆中 NE 水平升高，以单相抑郁症更为明显，可能是因为抑郁症不是单一疾病或单一类型，而是一组疾病或不同类型。从基因角度，虽然发现去甲肾上腺素转运体（NET）基因可能是中国汉族人群重型抑郁症的一个易感基因，但 NET 基因多态性并不是使中国汉族人重型抑郁症或其临床亚型的易感性增加的主要因素。

（3）多巴胺：生物化学研究表明抑郁症存在着 DA 系统的失调，其脑内的 DA 水平异常低下。国外有研究发现，抑郁症患者 DA 能低下导致海马一额叶皮质突触的可塑性受损，而出现认知功能损害。在健康志愿者的实验中显示，消耗其体内的酪氨酸（DA 合成的前体）后会出现一些抑郁症状。多种抗抑郁药物可以影响脑内 DA 的神经传递，如地昔帕明能使额皮质内 DA 浓度升高。由于 DA 水平减少后会伴随着多巴胺 D2/D3 受体（D2R/D3R）结合位点代偿性增加，小鼠抑郁模型实验提示 DA 受体缺乏可提高动物对抗抑郁药物的敏感性。

（4）神经肽：近来研究发现，神经肽与抑郁症的发病机制也有着一定的关系，目前比较受关注的有神经肽 Y（NPY）、P 物质（sP）和内源性阿片肽等。临床实验发现，NPY 及其受体与一些精神疾病如抑郁症有着密切的联系，单相难治性抑郁症患者脑脊液中 NPY 水平较正常人明显降低。最近研究发现，电惊厥刺激的抗抑郁作用可能是通过 NPY 来发挥作用的。Blier 等研究发现，SP 受体（NK_1）拮抗剂有抗抑郁效应，其持续阻断 NK_1 受体能增加大鼠海马 5-HT 和 NE 的传递，这种作用很可能与其抗抑郁作用有关。临床研究发现抑郁症患者血浆 sP 浓度明显高于正常人，且其对抗抑郁药高反应预示疗效较好。

2. 下丘脑—垂体—肾上腺轴　HPA 轴失调是抑郁症的主要标志，主要表现为 HPA 轴功能的亢进，包括中枢促肾上腺皮质素释放激素（can）分泌增多，外周血促肾上腺皮质激素（ACTH）和皮质醇（CORT）含量升高等。有研究发现抑郁症组血浆基础皮质醇水平明显高于正常对照组。长期较高水平的皮质醇可通过抑制突触传递和减少树突分支来造成海马的损伤，导致抑郁症患者出现认知功能障碍、情绪低落等症状。糖皮质激素是通过糖皮质激素受体（CR）来发挥作用的，GR 分布于多种淋巴组织及脑的各处。是糖皮质激素反馈形成的基础，因而可以调整 HPA 轴的活动。动物实验发现，原发性前脑 GR 缺陷可导致糖皮质激素节律性分泌升高及破坏其对 HPA 轴的负反馈调

3. 下丘脑—垂体—性腺轴　流行病调查发现，女性抑郁症的发病率明显高于男性；强迫游泳实验和慢性温和刺激实验发现，雌性大鼠对外界应激的反应与雄性大鼠存在着一定的差异，这说明抑郁症与性激素存在着一定的联系。临床上女性抑郁症患者催乳素（PRL）含量明显升高，雌二醇（E2）含量明显下降。PRL 与敌对、偏执因子呈负相关性，E2 与人际关系敏感、抑郁呈负相关性，提示女性抑郁症患者可能存在下丘脑—垂体—性腺轴（hypothalamic-pituitary-gonadal axis，HPG）功

能紊乱，其中 PRL 及 E2 与精神症状之间存在交互影响。雌激素可增强单胺类活性和突触后 5-HT 能效应，增加 5-HT 能受体数量和神经递质的转运和吸收。另有报道在治疗更年期妇女抑郁症时发现雌激素具有明显改善抑郁症症状的功效。在男性，抑郁症的发生则与睾酮水平下降有关，给抑郁症血浆雄激素水平低下者补充睾酮对抑郁症起到一定的治疗效果。最近研究发现，血清脱氢表雄酮（DHEA）水平低下可能与抑郁症有关，抗抑郁药物治疗后 DHEA 升高，且其变化与抑郁症状改善相关。

4. 下丘脑—垂体—甲状腺轴　抑郁症患者会出现下丘脑—垂体—甲状腺轴（hypothalamic-pituitary-thyroid axis，HPT）的改变。抑郁症患者中伴随着促甲状腺素释放激素（TRH）神经活动的增强和促甲状腺细胞内 TRH 效应的减弱，皮质醇的增多可能会抑制促甲状腺激素刺激激素（TSH）对 TRH 的反应。在某些抑郁症患者中，HPA 轴功能亢进可能会导致 HPT 轴功能失调。Bmwnlie 等研究发现，甲状腺激素水平的动态下降与抑郁状态发生有关，而其中起主要作用的是游离三碘甲腺原氨酸（FT_3）和游离四碘甲腺原氨酸（FT_4）。重型抑郁症患者血清 TSH 显著升高，而甲亢患者抑郁症或双相性精神障碍的复发率要高于非甲亢患者，提示甲亢症状与长期的精神障碍有一定关系。

二、内分泌激素对性行为的影响

啮齿动物的求偶、排卵、交配、妊娠、生产、哺乳以及双亲哺育行为都是由激素控制的。大鼠和小鼠的发情周期通常 4～6d，分为发情前期、发情期、发情后期和发情间期，在这期间激素水平呈周期性波动。类固醇激素及中枢神经递质对哺乳动物的性腺发育、第二性征形成、性行为发生、妊娠和双亲哺育行为等的发生具有必不可少的作用。睾丸分泌睾酮和双氢睾酮，而卵巢分泌雌二醇和孕酮激素。类固醇激素由性腺释放，通过血液运输到大脑。类固醇是亲脂性激素，能够轻松穿越血脑屏障。啮齿动物大脑中具有雌激素和孕酮高亲和力结合位点，在性双形核中具有高浓度的受体。睾酮、双氢睾酮、雌二醇、孕酮在小鼠大脑中的主要作用位点是下丘脑视前区、弓状核、终纹床核、腹内侧核和室旁核。雌激素受体 ERα 和 ERβ 分布于下丘脑、边缘结构和垂体，这两种受体有激活细胞内的转录过程的作用。

下丘脑神经分泌神经元释放神经肽，包括促甲状腺素释放激素、促性腺激素释放激素、促肾上腺皮质激素释放因子和催产素。这些神经肽经过下丘脑—垂体门脉血管到达脑下垂体前叶，脑下垂体分泌的神经元选择性的被激活，释放特定的垂体激素，包括催乳素、促黄体激素、卵泡刺激激素、促甲状腺激素、促肾上腺皮质激素释放因子、血管、荷尔蒙和催产素。这些激素通过血液循环到达外周内分泌腺体，包括肾上腺、甲状腺、松果体、睾丸和卵巢。激素在这些腺体能够对外周的靶器官进行生理性的调节。

啮齿动物的性行为通过中枢和外周激素进行复杂的正负反馈调节。睾酮升高能够促进雄性性行为。睾酮作用的作用位点是外周器官，包括阴茎龟头的表面受体视前区的下丘脑。雌激素有利于雌性啮齿类动物的性行为，雌激素和孕激素作用于下丘脑的腹内侧核。下丘脑神经元释放的催产素作用于后垂体。在分娩期间和哺乳期间垂体催产素通过循环分别进入子宫和乳腺，从而引发子宫收缩和乳汁分泌。催产素和抗利尿激素能够调解社会性的亲密行为。

啮齿动物的双亲哺育行为包括筑巢、幼仔衔回、辅助幼仔筑巢以及舔饰、哺育和保护幼仔等。新生小鼠无毛、眼睛未睁开且运动能力欠发达，因此双亲的筑巢和幼仔衔回等母体行为对于繁殖成功率至关重要。雌雄鼠对双亲哺育行为都有一定的贡献，甚至对小鼠成年后的行为具有显著影响。在生活史早期与母体的分离使得小鼠成年后对胁迫的反应更加强烈。妊娠期激素水平和新生鼠对母体的刺激对母性行为的诱导和维持至关重要。雌性在第一胎时的母性行为相对较弱，随后的妊娠中母体行为正常，后代存活率提高。

化学通讯是小鼠性行为和双亲哺育行为的重要组成部分。雌性小鼠的尿味能够传送关于性接受能力的信息。幼仔的化学信号对于双亲的衔回行为至关重要。通过鼻内滴入硫酸锌扰乱雌性小鼠的嗅觉功能后，雌性小鼠失去通过嗅觉寻找幼崽的能力。感官缺陷能够阻碍聋哑型或味觉功能缺失的雌性小鼠感知幼仔发出的超声发声和化学通讯。

（梁　虹）

参考文献

1. 周朝昀，张晓斌，沙维伟．攻击行为生物学基础研究现状．中国行为医学科学，2005；14（5）：475－476.
2. 沈政，林庶芝．生理心理学［M］．北京：北京大学出版社，1993．207－211.
3. McBurnett K，Lahey BB，Rathouz PJ，et al. Low salivary cortisol and persistent aggression in boys referred for disruptive behavior. Archives of General Psychiatry，2000；57（1）：38－43.

第四章 动物行为特征及研究方法

动物行为研究的历史可以追溯到古希腊时期，亚里士多德（公元前384～前332）曾记录了540种动物的生活史及行为。17～18世纪，人们开始进行更多物种行为研究，如德国科学家Johann Pernauer研究了不同种鸟类的行为差异，其中涉及社会行为。18世纪末，动物行为学术语“Ethology”在法国科学院的一本出版物中首次被使用，当时该术语主要局限在动物生活方式的研究方面。19世纪达尔文《物种起源》发表，对动物行为学研究具有深远影响的生物进化论被人们广泛接受。法布尔是最早在自然环境中观察并记录动物行为的科学家之一，其著作《昆虫志》一直是人们津津乐道的作品。摩尔根纠正了之前在行为研究中的“拟人说”（也就是对动物行为的研究总不能摆脱人的主观情感）倾向。摩尔根的工作表明，人们可以用更简单的思路去解释动物的活动，最简单阐述动物动作的解说，可能是最正确的。巴甫洛夫对动物高级神经系统研究作出了卓越贡献，并提出条件反射这一重要概念。以上四人被认为是动物行为学的先驱。

20世纪是动物行为学迅速发展和真正诞生的时期。霍布豪斯（Hobhouse）在1901年发现了猴及其他动物能使用一定的工具（棍、箱子）。1906年，动物学家詹宁斯（H. S. Jennings）对原生动物行为进行了详细研究，写出了《原生动物的行为》一书，这是第一本专门论述动物行为的著作。海因罗特（Oskar Heinorth）在1871年至1945年间，研究了多种家禽的运动方式、解剖学特征、社会行为、鸣叫及繁殖行为。他阐述的同源性学说被认为是行为学真正诞生的标志之一。动物学家罗曼内斯（H. S Reimarus）发展了达尔文的思想，正式建立了比较行为学这一学科，为现代行为生物学奠定了基础。随后摩尔根（C. L. Morgun）、杰姆斯（W. James）以及劳埃波（J. Loeb）等都在方法、概念上对行为学的发展作出了贡献。20世纪对行为学贡献最大的3位科学家：卡尔·符瑞西（Karl von Frisch）、尼克·廷伯根（Niko Tinbergen）和康纳德·劳伦兹（Konard Lorenze）由于在行为学研究上的突出贡献，于1973年荣获诺贝尔医学奖。廷伯根和劳伦兹在自然和半自然条件下对动物进行了长期的观察，发表了诸如“社会性鸦的行为学”“鸟类环境世界中的伙伴”“关于本能的概念”“对雁鸭类行为的比较研究”等论文，建立了物种的行为图，提出了显示、位移和仪式化等概念和研究课题。劳伦兹提出的“印记”这一术语极好地说明了先天性和后天获得性行为的结合问题。他们两位被认为现代行为学的奠基人。

中国古代也曾有很多动物行为方面的记载，如李时珍在《本草纲目》中对蚊、蝇和臭虫等动物的形态和生活方式都有比较详细的描述。虽然中国古代的这些研究没有发展成为系统、独立的科学，但还是非常宝贵的知识遗产。

近年来，动物行为学研究获得了蓬勃的发展，动物行为与生命科学许多分支学科相互渗透，形成了许多新的研究领域，从不同的角度进一步完整、系统地阐述动物行为的原因、机制、发生或发育、进化与功能适应等问题。人类疾病相关基因工程小鼠模型的行为异常为相应人类疾病提供了替代研究对象。小鼠模型中行为异常的逆转或预防研究可用于评估遗传性疾病新疗法的疗效。

第一节 动物行为特点

动物行为是指动物个体和动物社群为适应内外环境变化（刺激）所作出的反应，是对内在和外界条件间的关系予以调整及对周围的生物和非生物环境的动态适应。

图 4-1　动物的觅食行为（左）与领域行为（右）

一、动物行为分类与特征

在行为研究中，通常有四种分类方法：①按照因果关系，根据它们所依赖的诱导因素不同，将同一因素引起的活动归为一类。如雄性激素使动物活动频次和强度剧烈增加，这可归类为性行为；②按行为在动物间所行使的功能分类。从进化的意义上说，根据行为所具有的适应性意义可划分为觅食行为、领域行为、迁徙行为、繁殖行为、通讯行为以及社会行为，这也是目前大家较为常用的分类方法；③从历史因素或从发生学的观点划分，按照来源，从行为进化的观点，把具有同一起源的行为划为一类。定型（固定的）行为、趋同和趋异行为等；④根据所获得的途径，把行为分为先天行为和学习获得的行为等。通常而言，动物行为具有如下特征：

1. 动物行为是一种运动、变化的动态过程　运动性具有“定向性”和“主动性”。一种动物或一个物种能否继续存在，决定于该物种个体的行动有效性，因此，动物彼此之间有目的的行动是“定向性”的行动。如猎豹以 120 千米/小时的速度追击羚羊，羚羊虽没有猎豹跑得快，但它善于做 90°的急转弯，迫使猎豹不断改变奔跑方向。耐力有限的猎豹不一定是胜利者。猎豹的追捕与羚羊的过程始终处于一种运动、变化的动态中。

此外，动物的行为绝对不会完全相似，即使同一种动物的同一类行为也会有多种不同的行为方式。每种动物的行为又各有一定的范围。亲缘较远的动物由于生活在极为相似的环境条件下或由于对相似环境的适应，从而表现出相似的行为类型，这种行为称之为“趋同行为”。有时两个在形态上难以区分、亲缘很近的物种可以通过不同的行为类型加以辨识，这种现象称之为“行为趋异”。

2. 动物行为与其生存环境相适应　动物的行为都是在长期进化过程中通过自然选择形成的，因此，它对其生存环境具有良好的适应性。动物的生存环境包括非生物环境和生物环境。动物能随着环境而改变他们的反应。如鸟类的换羽、动物的夏蛰和冬眠，动物的迁徙，动物体色的改变等。这些行为都是自然选择的结果，是动物对其生存环境改变作出的适应性的行为反应。

3. 动物行为是神经系统与内分泌系统协调作用的结果

（1）神经系统与动物的行为：动物行为是动物多种动作的组合。动作一般是神经系统对内外刺激产生的反射活动。狗见到陌生人的狂吠是狗对陌生人这一刺激产生的一系列反射活动协调进行适时配合的表现，陌生人是引起狗狂吠的外部刺激物；刺激也可来自机体内部，如饥饿迫使动物去觅食；或刺激来自内外因素的共同作用，如饥饿动物对食物刺激有特殊敏感性，而饱食的动物对食物就不会有这种反应。

图 4-2 动物的趋同行为（不同水禽具有类似的行为模式）

（2）内分泌系统与动物的行为：动物行为的产生与动物内分泌系统的活动有直接关系，激素对动物行为的影响最显著的表现在繁殖行为上。实验表明，鸟类求偶行为的强烈程度与其体内性激素水平成正相关。摘除动物睾丸会导致繁殖行为的消失；在非繁殖季节对动物施加性激素能诱发繁殖行为。性激素还影响着动物的其他行为，如攻击行为。昆虫的性腺不分泌性激素，性激素是由性腺以外的腺体分泌的，如蟑螂的性激素来自心侧体，而蝗虫则来自咽侧体。在分析动物行为的控制因素时，还必须记住，行为还与环境因素有关，如鸟类的繁殖行为与温度，光照周期有密切关系。

（3）神经内分泌系统综合作用于行为：神经系统和内分泌系统不是相互孤立的，它们对动物行为的控制多是相互影响、协同作用的，同时也受环境因素制约。如鸟类的繁殖行为受性激素、神经系统和环境因素的共同影响。

在实验室饲料条件下，由于受到生活空间限制，饲养环境（如食物，水源，光照，湿度等）的改变，社会交往方式的改变（如群居性动物的单笼饲养）都可能会改变动物固有的一些行为，还可能会产生一些在自然条件下很少出现或者就不存在的行为，这称为行为异化。如有些动物在饲养笼内有翻跟头行为、咬笼行为、原地打转行为和上跳行为等。这些反常行为与饲养环境单一、饲养空间狭小有关。又如室内饲养条件下的杀崽行为可能是由营养不良造成的。所以，为了尽可能得到真实的行为记录，我们就要优化实验室饲养条件和环境，增加动物人道主义和动物福利方面的考虑，如增大笼舍、安装活动轮、梯子和放置一些玩具，这些措施有助于改变动物的精神状态，饲养环境越接近于野生环境，动物的精神就会越接近于正常。

二、小鼠行为特征与常见行为异常

小鼠是夜间活动的动物。笼内活动在昼夜节律周期中的夜间时段比白天时段更频繁。活动水平一般在室内灯光暗下来之后立即升高，并且保持几个小时高水平或者直到室内灯光打开。当小鼠进入陌生环境时通常出现一些异常行为模式，如急速跑动，持续绕圈，过度梳理，过度刻板的嗅闻，过度刻板的头部颤动、弓背和停滞不动。这些异常行为的具体定义如下：

1. 刻板症（stereotypy） 重复不变、反复发生、无特定目的的运动形式被称为刻板行为综合征。安非他明和可卡因等兴奋剂药物可诱导刻板症的发生，其症状包括点头、过度嗅闻和频繁的修饰行为。研究者通常采用标准计量或记分来精确判断刻板行为的类型及程度，目前尚无自动化设备可用于刻板行为的判定。

2. 转圈（circling） 旋转运动是黑质纹状体多巴胺能通路一侧损伤的症状，也是*whirler*等神经系统基因突变的小鼠的表型特征。小鼠转圈的方向通常与神经受损部位一致，如由于6-羟多巴胺确实引起的左侧黑质纹状体束受损小鼠会沿逆时针方向转圈。多巴胺、阿扑吗啡和喹吡罗等多巴胺能兴奋剂能诱导向对侧的转圈行为，这是由于单侧病变引起的受体神经支配超敏感性。

3. 癫痫和前庭功能障碍（seizures and vestibular dysfunction） 肌肉运动失调、静止不动、抽搐、舞蹈、走路摇摆、蹒跚及惊厥等运动异常现象均与内耳前庭功能障碍或癫痫样异常放电有关。自发突变导致运动异常在内耳的迷路，脊椎运动神经元及小脑有特殊的突变或结构缺陷。

当正常小鼠在笼子的角落休息时，展示出一个弓背的姿势，脚折叠在身体下面。小鼠在水平面运动同时四脚移动和胡须颤搐。在一个新环境中，当小鼠伸展向前并且停下来去嗅时，后背保持相对水平并且频繁的伸展拉长身体。竖直的姿势在正常的探索笼壁和测试室时频繁的间隔发生。短距离的步态一般是直线。小鼠频繁地停下来并且改变方向通常是在自发的探索运动时。在小鼠嗅和触碰环境时，会停下头并且胡须可能会快速地活动和游走。完全不动可能代表恐惧导致的呆滞行为。

第二节 动物行为研究方法与实验设计

19 世纪，传统动物行为学研究分为两个学派，即强调实验室研究的学派和主张在自然条件下进行观察的学派，代表前一学派的多是生理学家、遗传学家和心理学家。而代表后一学派的多是具有宏观生态学背景的学者。因此，动物行为研究大致也可划分为在野外研究和实验室研究，大多数行为研究需要这两者的结合。

一、行为学研究方法

动物行为研究方法是多种多样的，并会随着新技术新仪器的出现随之出现新的方法。我们在研究中要注意多种方法的结合，同时，我们也应注意在不同的研究地点、对不同的研究对象以及不同的研究内容有重点的采取科学合理的方法，以期正确理解动物行为的进化和适应意义。按照研究手段的不同，可将常用行为学研究方法分类如下：

1. 观察记录法 观察记录法是最传统也最基础的行为研究方法。许多动物行为特征需要通过“动物活动”来体现，这就需要对所研究的动物进行直接或间接观察。早期的观察方法需要直接通过肉眼对所要研究动物的某种或全部行为进行观察记录。这不仅耗力耗时，而且还限制了所能研究的动物对象，特别对一些夜性型动物来说这种方法更是困难。随着夜视望远镜等仪器的出现使人们有可能对夜性型动物的行为进行研究；借助照相机、录像机或监视器对动物进行观察等方法的改进不仅节省了人力，而且减少了人为活动对动物的影响，使记录数据更为可靠。目前，国内外比较重视对动物行为的自动记录。如窦丰满（1989）首次使用袖珍计算机进行动物活动的自动记录研究。张知彬等（1998）利用计算机设计了一种动物活动及相关行为研究的自组装方法，并对大仓鼠的母幼行为进行了自动记录，取得了较好的效果。蒋志刚（1998）研制了 SJ-1 型手持多功能事件记录器，用于记录特定时间观察对象在特定地点的状态或行为。贾志云等（2000）用此记录器观察了果子狸的交配行为。

观察动物的行为首先要对动物个体进行鉴定和识别，这一点比生物学任何其他领域的研究更为重要，因为行为学研究需要记录每一个个体的行为表现以及个体间的相互行为。有时个体之间外形差异很小，不太容易区分，这就需要鉴别和识别技术。动物个体的识别主要靠标记技术。使用标记技术时，需要考虑到以下几点：①

标记物容易被看到；②标记动物的数量；③标记物作用的持续性或者时效性；④标记物对动物的生存、生活以及行为不会产生影响。根据标记时间的长短，标记方法可以分为永久性标记法、半永久性标记法、暂时标记法和自然标记法。自然标记法即利用动物本身特征进行识别，如个体大小、毛色、伤疤的位置等。永久性标记可以通过打印记、入墨及作一些小手术（如切趾、剪耳和断尾等）来完成。暂时性标记法包括使用一些化学物质及附加物进行标记，如染料、油漆和粉剂。半永久性标记物可使用一到数年，大致可分为项圈、标签、带和环。

2. 比较研究法　比较研究法是对近缘物种的行为和社会组织进行对比研究，找出这些物种的行为差异与它们生态学差异之间的关系，从这些相关分析中就可以推断出行为特征的适应意义。比较研究法开创了从生态学角度科学地解释动物社会组织的新途径和新方法。比较研究法最早在 1958 年被 H. E. Winn 用于河鲈科鱼类的研究，但 Crook（1964）对文鸟科的研究被公认为是应用这一方法研究动物行为的楷模。目前，这一方法被应用于鸟类、灵长类、有蹄动物以及热带鱼等动物的行为研究。这方面的进展可参看 Damuth（1981）、Mace 和 Harvey（1983）、Orians（1980）、Martin（1981）、Jarman（1982）和 Harcourt（1981）的研究资料。

3. 免疫学方法　免疫学方法用于动物行为的研究是近几年的事。目前这方面的研究主要有：Volker stefanski（1998）和 Dantzer 等（1986）利用免疫学方法对鼠类等级地位的研究；Bonne beerda 等（1999）通过免疫反应观察了犬类对社群压力和空间限制的反应；Boccia ML 等（1997）用免疫学方法研究了平顶猴（Bonnet monkey）婴猴对年轻猴存在与否的行为差别、Klein SL &Nelson RJ（1999，1998）通过免疫反应的差别研究了鼠类的婚配制度。

4. 蛋白电泳技术　蛋白电泳技术是 20 世纪 50 年代末发展的一种遗传标记技术。在行为的研究方面，主要应用于动物交配行为。如 Birdsall 等为了搞清楚雌性拉布拉多白足鼠（*Peromyscus maniculatus*）在动情期是否与一个以上的雄性白足鼠交配的问题，采用了蛋白电泳技术，表明大约 10% 的雌白足鼠在交配期有一个以上的配偶（梁红雁等，2000）；同样用此技术，一些学者发现猕猴（*Macaca mulatta*）群间存在大量的基因流动，表明不同种群之间存在个体的迁入和迁出。

5. DNA 指纹图谱技术　近十多年来，DNA 指纹图谱技术已经成为动物学家们在行为学，尤其是动物交配行为研究领域中强有力的工具。与之相关的研究方法包括随机限制性片段长度多态性（RFLP）、随机扩增多态性 DNA（RAPD）、微卫星 DNA 以及线粒体 DNA 的分析。与蛋白电泳技术相比，DNA 指纹图谱技术的准确性更高。此技术在动物行为方面的研究主要有：Wetton 等（1987）对家麻雀（*Passer domesticus*）亲缘关系的研究；Burke 等（1989）对林岩鹨（*Prunella modularis*）雄性繁殖策略的研究；McRae 等（1996）对黑水鸡（*Gallinula chlorropus*）群体中间亲缘关系的研究；Rabenold 等（1990）对纹背曲嘴鹪鹩（*Campylorhynchus nuchalis*）的研究，证明处于辅助地位的雄鸟也会交配繁殖成功；Gilbert 等（1990）对加州灰狐（*Urocyon littoralis*）、Travis et al（1995）对高地草原犬鼠（*Cynomys gunnisoni*）、Faulks&Abbott（1990）对裸鼢鼠（*Heterocephalus glaber*）、Hoagland 等对棕腹田鼠（*Microtus ochrogaster*）、Packer 等（1991）对非洲狮、Schenk&Kovacs（1995）对美洲黑熊（*Ursus americanus*）等哺乳动物也利用此技术对它们的婚配关系进行了研究。这方面的研究进展可参见张树义和李明（1998）的一篇较为详细的综述。

6. 经济学方法　从经济学角度看，动物的任何行为都会给动物带来一定的收益，同时也要付出一定的代价。自然选择总是倾向于使动物从它们的行为中获得最大的净收益。MacArthur 和 Pianka（1966）主张用经济学观点研究动物的行为。目前，经济学上最常用的“投资—收益”分析已广泛用于研究动物的行为，并首先在取食行为方面使用了最适选择（optimal choice）的概念。现在，最适性理论已用于研究行为的所有方面，包括社群行为、领域行为、交配行为等。经济学方法在动物行为研究上最大的贡献或许应该是进化稳定对策（ESS）的提出。进化稳定对策（ESS）是达尔文以来进化理论最重要的发展之一（尚玉昌，1991）。如果种群中的大多数成员都采取某种对策，而这种对策的好处又为其他对策所不及，这种对策就可称为进化稳定对策。这方面的主要研究进展可参看 Maynard Smith（1982）；Darwins（1980）；Parker（1982）；Andersson（1982）；Rubenstein（1982）；Hammerstein（1982）；Kacelnik&Cuthill（1987）；Charnov（1976）；Schoener（1983）；Hodges&Wolf（1981）；Lima（1984）；Krebs *et al*（1977）；Snyderman（1983）；Kamil *et al*（1987）等人的文献。

7. 实验动物行为研究　在日益发展的动物行为学研究中，尤其是以实验室实验为基础的生理心理学和基因功能研究中，实验动物科学的重要性日益显现。选用高质量的实验动物和选用适用的实验动物品系已成为实验成功的关键之一。以小鼠为例，小鼠的行为学检测模型包括：考察日常代谢能力的摄食量和摄水量；考察移动和直立的旷场行为；考察疼痛阈值的甩尾实验；考察认知能力的洞板实验；考察记忆能力的迷宫实验等。研究者可以根据研究目的及实验设计的需要，避开各种实验的缺点，合理选择行为学实验方法，使实验结果更加准确可靠。

除上述的行为研究方法之外，行为研究还有其他一些方法。如利用环志标记法对动物特别是鸟类迁徙行为的研究；无线电追踪及遥测技术在野生动物上的应用；心理学方法在动物行为特别是在动物学习行为上的应用以及信息论等在动物行为学中的应用。

二、动物行为学观察原则

1. 在不被动物觉察的情况下进行观察　科学研究最忌讳不能反映真实情况的观察和实验结果，这一问题对动物行为研究尤为重要，因为大多数动物可以借助其感官和神经系统觉察出观察者的存在，并因此受到干扰且中断正常的活动。它们对观察者存在或环境变化所做出的反应通常是试图逃避或隐藏，也可能是静伏不动或出现异常行为，将部分注意力转移到观察者身上。

避免或减轻观察者对所观察动物的干扰通常有两种方法：①观察者隐藏起来避免被观察对象发现；②使被观察动物习惯于观察者、观察设备和工具的存在。具体来讲，可以使用遮帘和障碍物或者使观察者与被观察对象保持适当的距离。不干扰动物和不被动物觉察的观察方法还包括安置各种自动拍摄或录像设备。在观察者不在现场的情况下，当动物开始或出现活动时也可以借助于红外线自动进行拍摄和录像。

进行行为测试通常需要在一个安静测试房间。在一个繁忙的实验室进行的行为实验将会给小鼠带来很多的干扰，以至于小鼠可能无法正常或前后一致的表现行为。最好是确定一个专门的程序化的房间，环境接近小鼠居住设施。把小鼠从居住的房间运送到实验室要经过不同的建筑物、楼层或长长的走廊，会给小鼠带来刺激。如果运送的距离非常小，让小鼠安静下来一般需要 1 个小时。如果笼子被放在一个格格响的运货车上，经过崎岖不平的路面，登上一个嘈杂的电梯，小鼠的调整时间将更长。在运输之后需要的适应期需要纳入日常实验之中。

2. 环境异质性对动物行为的影响　笼养和囚禁所带来的环境单调和简单化问题对动物行为也会造成影响，动物需要适当的运动、合理的居住和卫生条件，还需要一定程度的环境多样性和尽可能少的惊扰因素和胁迫条件。动物在囚禁条件下往往表现异常，过分活跃或呆滞不动，行为简单化。另外，社会性动物还需要有同种其他个体一起生活。

由于环境条件对行为有直接影响，在行为实验的整个过程中，至关重要的是保持繁殖群体的一致性。如温度、噪音、光照、生理周期循环、湿度、笼具清洁度、笼具类型、每笼小鼠数量和断乳年龄等可变因素可以影响幼年和成年小鼠的行为。动物早期隔离使幼崽无法获得母亲的照顾，并显著改变其成年后的个体行为。如果一个个体非常争强好胜，笼伴之间就会形成社会等级，造成从属个体受到胁迫。因此需要细心观察、记录并尽快修正。例如，去除有侵略的优势雄性通常能够在 1 ~ 2 周之后使从属个体回复正常，并用于行为学实验。

控制环境干扰影响的最佳方式是将基因突变小鼠与同窝野生型小鼠进行比较。

即使妊娠期宫内环境也可影响动物的行为，同窝小鼠是行为表型合适的对照组。例如，生理周期调节失控会对视网膜变性的基因纯和突变子 *rd/rd* 的影响大于对野生型同窝对照组的影响。

科学家已经注意到小鼠行为学测试的环境标准化问题。为研究 5-HT1B 基因敲除小鼠表现的一致性，美国俄勒冈州波特兰市的 John Crabbe、加拿大艾伯塔省埃德蒙顿的 Doug Wahlsten 和纽约奥尔巴尼的 Bruce Dudek 实验室联合进行了研究，结果发表在 1999 年的《科学》杂志上，研究发现该基因敲除小鼠的表型特征并不完全相同，如在检测焦虑相关行为的高架十字迷宫实验中 3 个实验室的实验结果具有显著性差异。虽然实验室环境不可能完全一致。但与其他生物学实验一样，不同的实验室检测同样的突变小鼠可以得到相似的行为学表型特征。

3. 实验的顺序性　减少实验动物使用的数量符合动物福利原则，且重复使用相同的动物可以降低成本，但多重实验可能会产生携带效应。某一实验可能会直接影响下一实验的结果，有可能更糟糕的是多个连续实验的影响总和会对最后一个实验的数据造成累积效应。通常来说可设计两实验之间间隔一个星期以减少携带效应。但这并非全面确证的建议。Baylor 医学院的 Richard Paylor 等发现更频繁的实验也是可行的。如在进行旷场实验、穿梭箱实验、Rotarod、前脉冲抑制和震惊适应等行为学实验时，测试时间间隔 1 ~ 2d 得到的实验结果与间隔 1 周得到的结果相似。

很少有人对携带效应进行系统的分析。行为学专家在选择实验和实验间隔时间时都是靠以往所受的教育做出估算。遗传学实验的原则是对动物胁迫作用最大的实验放在最后进行。例如，在学习记忆行为研究中，压力最小的实验是食物偏好和新异物体识别，这些实验应该最先进行。接着可以进行一般压力的学习和记忆实验，如被动趋避行为等单一的应激。学习和记忆实验被认为是压力最大的实验，包括多种组合的应激、轻微恐惧状态下的反应以及 Morris 水迷宫的反复游泳实验。因此应将恐惧状态下进行的实验和 Morris 水迷宫实验放在一系列实验的最后来进行。例如，我们实验室在进行神经系统研究项目时首先进行的是高架十字迷宫实验，然后进行一般健康状况检测、饲养笼观察、神经反射、运动测试和感知测试，最后进行学习记忆实验。这种实验设计的前提假设是压力最大的实验产生的携带效应最大、最持久。但由于人类的感知范围有限，无法准确判断小鼠的胁迫状态。如小鼠尿液中的信息素和胁迫发声均超出了人类的感知范围，等待进行实验的小鼠可能能够感知同笼或隔壁笼正在接受实验的小鼠发出的气味或声音，小鼠可能受到这些因素的影响，在接下来的实验中表现改变。行为实验一个经常被忽视的问题是实验后的小鼠如何放置。应该正确的方法是把小鼠移出行为检测设备放入饲养笼中，但不要放回原来的饲养笼。因为实验小鼠在行为测试仪器散发出的气味和超声波以及其他暗示可能使等待进行实验的小鼠不安。完成测试后的小鼠最好放在远离行为实验室的空笼里。这一个笼可以容纳从原来笼里移出的所有小鼠，实验结束后再将这组小鼠全部放回原来的饲养笼。

Richard Paylor 等进行了一项关于实验顺序的著名研究。Paylor 博士的实验室对转基因或基因敲除小鼠的表型进行常规的 9 个行为学实验。这组实验包括①神经系统筛查；②旷场实验；③明暗箱；④Rota-rod；⑤听觉震惊；⑥听觉震惊的适应性；⑦前脉冲抑制以及恐惧状态；⑧Morris 水迷宫；⑨热板实验。实验一：将完成全部实验的小鼠与仅进行了一个实验的小鼠进行比较。与未进行实验的小鼠相比，完成了整组实验的小鼠在旷场中的活动较少，与焦虑情绪有关的行为较少，ROTRAD 实验的得分较高，热板实验的痛阈敏感性增强，在 Morris 水迷宫实验里对信号的选择性搜索减弱。听觉震惊、对震惊的适应性、前脉冲抑制和恐惧状态与实验前无区别。实验二，将进行了 4 个实验的小鼠做比较（旷场实验，明暗箱实验，听觉震惊或前脉冲抑制以及恐惧状态），实验间隔为一周。实验顺序有系统地改变。实验动物为 C57BL/6J（B6）和 129/SvEvTac（129S6）品系的成年雄鼠。未进行实验的小鼠在旷场和明暗箱实验中比进行了全部测试的小鼠表现出更强的探索活动。明暗箱潜伏期和振幅最大的震惊的实验结果会因实验顺序的不同而有所改变。先进行明暗箱实验的 B6 小鼠比先进行旷场实验再进行这个实验的小鼠进入暗室快。但是在 129S6 的小鼠中结果正好相反，先进行明暗箱实验的小鼠比先进行了旷场实验的小鼠前脉冲抑制、恐惧状态和进入暗室要慢。与震惊实验安排在第一个或最后一个进行相比，将其安排在第三个进行时 B6 小鼠的听觉震惊振幅最大。实验顺序对 129S6 小鼠的震惊振幅结果没有影响。研究人员认为实验顺序的影响有可能是存在的。

实验顺序对焦虑相关行为的高架十字迷宫实验至关重要。之前进行过触摸和高架十字迷宫实验的经历会影响小鼠在高架十字迷宫的表现，影响的大小会随着两个高架十字迷宫实验间隔时间而异。随着更深入的研究，实验顺序的影响将会被进一步了解。目前最保险的方法就是将基因突变品系与野生型同窝小鼠进行比较。只要行为测试对所有基因型和性别都以同样的顺序进行，都使用同窝的幼仔，那么环境和进行过的实验经历对所有基因型的影响都是相似的。

4. 实验前动物适应　实验室行为研究中，大多数研究者在开始行为实验之前都要预先与实验动物进行接触，如用手触摸动物，这样做目的是使小鼠习惯离开饲养笼以后的压力，习惯与人类接触以及实验中其他操作。这可减少正式实验前由于人的触摸而对动物产生的胁迫作用。触摸程序包括提起鼠尾、放在另外一致戴手套的手上、抚摸其皮毛数秒、让其在胳膊上自由爬行数秒和更换鼠笼。重复 2 ~ 3 天，每次数分钟。

5. 行为学表型初筛 行为学实验之前首先需要检查实验用小鼠是否存在明显干扰行为表型的严重异常。如当小鼠在笼底不动或者过度兴奋通常表示显示小鼠具有某种疾病。绝大多数行为实验都需要运动协调和自发活动能力，视觉、听觉和嗅觉缺失的小鼠无法进行相应的行为学实验。研究者对基因突变小鼠进行初步的行为观察，并进行一系列的简单反射实验，以检查是否存在明显、严重的行为异常。实验开始之前你就该知道实验小鼠视觉缺失，而不是在 Morris 水迷宫（基于一定距离的视觉提示的空间学习任务）中花费相当的时间去训练它之后才发现它完全不能看见视觉信号，甚至错误的得出其学习功能受损伤的结论。另外，预实验也允许研究人员设计替代的不受身体缺陷影响的实验。例如，盲鼠可以被用来在嗅觉分辨任务中进行学习和记忆能力的测试。

Samuel Irwin 首次设计了系统的行为测定实验（Irwin，1968）。目前应用最多的行为初筛方法均沿用这套设计。目前最常用的 modified SHIRPA 实验（图 4-1）由英国 SmithKline Beecham 公司的 Derek Rogers 等设计。

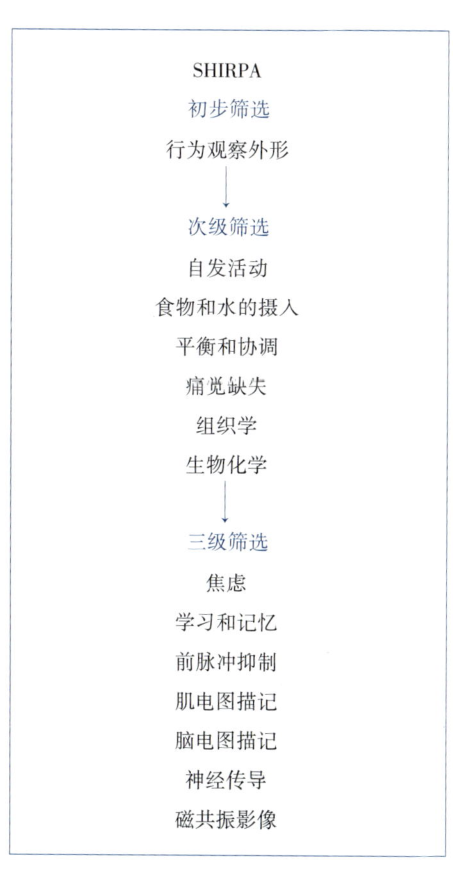

图 4-1 用于广泛表型鉴定的 SHIRPA 实验

三、行为学实验设计

动物行为非常复杂，研究者在进行行为学实验前需要接受系统的训练。与其他研究相同，行为学实验首先需要一个恰当的实验设计，设置合适的对照，并对实验数据给予合理的解释。实验过程中的任何细节都会对行为实验结果产生巨大的影响，如如何抓取小鼠以降低对动物的胁迫作用。

1. 样本量　行为表型实验中，每个基因型需要 10 只小鼠以上才能达到统计学意义。这意味（＋/＋）野生型小鼠、（＋/－）杂合子小鼠和（－/－）纯合子基因敲除小鼠至少需要各 10 只。预实验中每种基因型的个体应同事包括雌鼠和雄鼠。根据对预实验结果的性别分析来判断是否存在性别差异。如果雄性突变型与雄性野生型的比较结果同雌性突变型与雌性野生型的比较结果不一致，就说明性别可能在突变表型中有一定的决定作用。如检测性别的影响，各性别至少需要 10 只小鼠。

这些小鼠数量可能会令分子遗传学家感到惊讶。有些行为实验室每个基因型的初次实验就需要 10 只同窝小鼠，每个实验组可能需要 15 只以上小鼠。确切数量取决于统计学分析。遗传背景混合往往导致数据的变异。推荐用量指明了每个基因型和各性别的小鼠数量。例如，基因敲除隐性基因小鼠数量 N＝15 就表示每个基因型（＋/＋）、（＋/－）和（－/－）都是 15，意味着需要 45 只小鼠。按性别进行数据分析，如发现雄性和雌性之间的任何显著性差异，每个基因型的两性各需要 15 只小鼠，第一轮实验中的小鼠数量就是 15 只小鼠 × 3 种基因型 × 2 种性别＝90 只小鼠。

另外，一个实验结论的得出需要数据的重复。重复实验通常需要另一套数量相似的小鼠，而且必须用独立的小鼠体系进行重复实验。为了确定稳定的表型，用于第二、三轮实验的小鼠应该来自不同的父母，在一年的不同时期进行实验、并且由不同的科研人员进行。用于行为表型实验的繁殖小鼠不应被用于其他实验或正在进行行为测试。因此，能够饲养这些巨大数量的专门用于行为学实验的小鼠是表型实验的第一步。

基因突变小鼠的繁殖和饲养是复杂而缓慢的，因此要想达到上述样本量实非易事。但为达到对行为学表型进行恰当统计学分析的需要，群体数量必须满足一定的标准。不是每个人都能够负担得起维持可以同时生产 90 只小鼠的足够的饲养笼。因此要找到切实可行的办法来积累大量数目，包括集中小鼠和收集数据。如果预实验结果表明没有任何性别差异，正式实验时，实验数目可以是雄性和雌性的集合。小鼠在 6～8 周龄时达到性成熟。通常认为小鼠的寿命是 20 个月，衰老过程可能于第 12 个月后进行。因此可以认为小鼠 3～10 个月时为正常成年。对于大多数行为学实验来说，为达到所需的动物数量，在这个年龄范围内的个体可以分在一个实验组。但是，不同品系的小鼠显示出不同的寿命，如 AKR/J 小鼠的平均寿命是 10 个月，而 C57BL/6J 的寿命是 27 ~ 28 个月。对于短寿和长寿的品系正常成年的定义需要有调整。

对不同群体野生对照组的数据进行比较发现，如果两套野生型之间没有显著差异，对数据进行汇集是合理的。从年轻和年老成年个体收集数据需要考虑出现在个体发育过程中潜在的假缺陷，例如，耳聋、失明和行动力退化。因此需要进行一般健康状况的评估，如感官能力、运动功能等。

2. 数据统计　当一种行为学实验中仅对比两组数据时，统计分析可以采用 t 检验进行，当对 3 组或 3 组以上行为学数据进行检验时可用方差分析，当样本重复进行一种行为测试时可采用重复测量的方差分析。多元或重复测量方差分析的协变量包括基因型、性别、时间点、处理方法和联合方法等。

方差分析中，为了检验不同基因型之间的差异，必须有足够数量的小鼠满足统计学意义的需要。新的突变小鼠品系需要每种基因型 20 只或 20 只以上的小鼠以完成行为学测试。当重复第一次发表的结果时，小鼠的数量一般为每种基因型 20 只。因此，最好的方法是建立足够数量育种小鼠，以便有足够数量的小鼠满足实验的需求。

3. 小鼠年龄　小鼠的年龄对行为实验结果有显著影响。通常对小鼠的年龄段划分标准为：出生 ~3 周龄为新生鼠，3 ~7 周龄为幼鼠，2 ~12 月龄为成年鼠，13 ~24 月龄为老年期。大部分实验小鼠品系的寿命为 2 年。

应根据实验目的选择不同年龄段的小鼠进行实验，例如，老龄鼠可以被用于衰老相关研究。行为实验中常用的标准成年鼠年龄为 3 ~6 个月龄，这 4 个月内的小鼠有类似的与年龄相关的表型分布。行为实验可能持续数月，如果实验从小鼠 3 个月龄时开始，实验结束时小鼠应达到老年期。

有时研究者无法获得足够数量的包括各个基因型的特定年龄组小鼠。尤其是当基因突变影响个体存活率或繁殖能力降低，或者由于饲养空间限制不能同时繁殖足量的小鼠时，这一问题尤为突出。只要在每次实验中每种基因型有相近的数量，可以将实验分成小组分次进行。对不同小组之间的数据进行统计分析，如果无显著差异就可将各小组数据合并分析。

4. 行为测定流程　加拿大 Dalhousie 大学 Richard Brown 等开发了一系列行为测试标准流程，包括感觉与运动功能、学习和记忆能力以及行为发育测试，并将其命名为“小鼠 IQ 测试”，见表 4-1：

表 4-1 小鼠 IQ 测试

发育测试	学习和记忆	行为
翻正反射	八臂迷宫	筑巢
抓握反射	被动回避	抚育幼崽
寻找反射和朝向反射	嗅觉辨识	交配
听觉震惊	Hebb-Williams 迷宫	进入巢穴
发出超声波	Morris 水迷宫	巢穴内视觉
前肢握力	气味选择	高架十字迷宫

没有任何一个行为学实验是普遍适用的。研究者试图寻找小鼠学习和记忆检测的金标准实验，或者说“我怎么才能说明白我的小鼠有精神分裂症?”。仅仅一个行为学实验并不能说明所有的情况和科学问题，正如一种食物不能满足人的全部营养需求。目前认为复杂的小鼠行为实验的“金标准”包括 Morris 水迷宫、高架十字迷宫、明暗箱、悬尾实验、强迫游泳、自发双向选择行为测定、条件位置偏好、领域-入侵模型以及前脉冲抑制。如果在同类的第 2 个或第 3 个实验中有足够的数据证明动物的某种行为学特征，那么研究人员就可据此得出结论。

研究者需要将所有的实验做完吗？答案不是肯定的。对于具体的行为学实验，实验设计时需要几个紧密相关的关键实验和数个相关程度较低的次要实验。如肌萎缩侧索硬化小鼠模型实验主要包括平衡木、足迹实验、ROTAROD 实验和一般健康状况检测。研究者应该首先做关键实验，如果实验结果为阳性，他们会返回进行控制实验。科学家知道许多令人惊人的发现都是在未经控制的实验中得出的，科学研究里真正的金标准的发现是经过无数次验证的。

四、行为学实验影响因素控制

1. 基因修饰小鼠的饲养、运输策略　大多数实验室把鼠笼放在通气鼠笼系统中以保持清洁。通风系统产生的强烈噪音会影响动物的繁殖，对一些行为表型也能显著影响。此外，荧光灯发射的超声波也会影响动物的繁殖和行为。因此，最好把鼠笼放在饲养架的底层，尽可能远离天花板的荧光灯。每个标准鼠笼里最多饲养五只成年小鼠，食物和水供应充足，育种笼里应提供筑巢材料。房间温度和湿度可调，昼夜周期应是 12h 灯光和 12h 黑暗。

当小鼠繁殖饲养与进行行为学实验的场所不一致时，就会出现运输、检疫和环境适应的问题。来自运输过程的胁迫和对新环境的适应直接影响小鼠的行为。这种影响通常大约一周之后会减小，小鼠的基本行为会稳定下来。因此小鼠到达最终目的地后至少要对新环境适应一周，才能开始行为学实验。

如野生型小鼠与基因敲除小鼠相比体型大、更健康或更具有攻击性，为了防止野生型小鼠囤积食物或攻击基因敲除小鼠，最好把不同基因型小鼠分笼饲养。如果笼里发生剧烈打斗，必须把占优势的小鼠分在单独的笼内饲养，防止受伤和社会压力加大。不过，隔离对小鼠也是一种压力。单独饲养会提高雄性小鼠的攻击行为。因此，如果部分小鼠需要单笼饲养，那么全部实验用小鼠都需要单笼饲养。但考虑到单笼饲养的经费和实验室空间问题，也可将攻击性很强的小鼠从笼中取出淘汰。

2. 基因修饰小鼠的繁殖策略　对行为学表型特异性基因敲除小鼠进行繁殖的最佳方式是同源繁殖策略。同源品系可以通过近交系连续回交获得。同源系保持了近交的遗传背景，同时把遗传漂移程度降低到最低。连续回交可消除载体侧翼基因和过客基因的干扰。同窝野生型、杂合子和纯合子的连续交配将使打靶载体和干扰阅读框导入的侧翼基因和过客基因突变在突变品系中积累。从而导致基因随机分离事件，产生了新的异常等位基因，并在很大程度上影响小鼠的行为表型。

基因敲除品系与另一个野生型品系的交配可能产生较大的行为表型差异。同窝小鼠是基因研究中的唯一对照，因为环境条件对小鼠行为具有直接的影响，双亲抚育行为、同笼社会行为、换笼、室温、光照噪音、季节变换及其他环境因素都会影响行为学测定的结果。例如，C57BL/6 和 BALB/c 杂交 F1 代的情绪反应更接近于代孕母鼠而非其遗传学母鼠。子宫内环境对行为学表型也有显著影响，将 B6 小鼠受精卵移植到 BALB/c 中，B6 子鼠在高架十字迷宫、Morris 水迷宫和旷场实验中的行为学反应类似于其代孕母鼠。

在不同笼和不同繁殖代数之间的环境条件不可能保持稳定一致。唯一有效地方法是让受实验鼠和对照鼠生活在同样的环境下。因为同窝数量不能满足实验需求，建议同时繁殖几窝小鼠，并交叉使用，确保在同一次实验中相关基因型的小鼠有差不多的数量。

对于双突变行为表型的小鼠来说，繁殖足够数量的小鼠是一项巨大的挑战。若想分别获得雌雄各 10 只突变小鼠和 10 只野生型小鼠，理论上需要获得至少 80 只幼鼠，因此需要至少 10 对种鼠。三基因的突变这些数字要翻 4 倍以上。另一个问题是选择可与突变小鼠对照的小鼠基因型。理想情况下，双突变的九种基因型均要用于行为实验，当数量不足时如何选择可与双突变小鼠做对照的基因型呢？从理论上说，双突变需要野生型纯合子做对照，杂合子可在逻辑上做杂合子对照。但大多数情况下科学假说落后于实验结果。杂合子的行为表型也是有用的，研究员可以用对杂合子的研究来结束实验。

3. 实验动物品系的选择原则　不同品系的小鼠在各项行为测试中的得分有显著差异。C57BL/6J 品系是转基因和基因敲除小鼠模型制作的一个较好的候选品系。现有的小鼠品系都有或多或少的缺点。C57BL/6J 品系能满足大部分行为学实验需要。但 C57BL/6J 对酒精和可卡因有很高的癖好，并且会出现进行性耳聋。

品系分布（*a strain distribution*）是指表型在不同品系之间的比较分析。各种行为学研究中有关品系分布的报道逐年增加。许多研究报道了近交系、远交系和野生物种的行为表型特征，包括了不同品系之间各项行为测试中的差异，这些行为测试包括自发活动、学习和记忆行为、攻击行为、交配和双亲哺育行为、睡眠周期、视觉、听觉、味觉、震惊、前脉冲抑制、潜在抑制、焦虑行为、抑郁行为及对药物的反应，常见药物包括乙醇、尼古丁、可卡因、吗啡、抗抑郁药、抗精神病药、抗焦虑剂和精神兴奋剂等。Jackson 实验室的 Molly Bogue 博士提供了近交系小鼠的各种表型数据（表 4-2）。

实验设计完成后，实验用小鼠品系的选择原则是挑选在拟研究行为表型测试中表现中等的近交系小鼠。利用这种小鼠可以在基因敲除或转基因条件下观察行为特征的增加或减少。相关行为测试中表现很高或很低的品系很可能影响后代突变小鼠的行为表型。例如，焦虑行为测试得分较高的品系在胁迫状况下可能产生天花板效应。如果基因突变的结果是增加焦虑水平，那么很难测定焦虑相关行为的突变效果。对于癫痫诱导的神经退行性变的治疗方案研究来说，FVB/N 品系优于 C57BL/6 品系，因为 FVB/N 小鼠中由毛果芸香碱诱导癫痫后的海马神经细胞死亡率高于 C57BL/6 小鼠。

另外，不同品系背景基因可通过基因互作或表达产物的生化作用影响突变基因的表型特征。如 C57BL/6J 背景 5-羟色胺转运蛋白基因敲除小鼠具有焦虑样表型，而 129/SvEv/Tac 背景的该基因敲除小鼠中未发现此现象。C57BL/6JOrl、DBA/2JOrl 及其杂交 F1 代背景的多巴胺转运蛋白基因敲除小鼠对新环境表现出不同的功能亢进性。因此，胚胎供体及种鼠品系的选择对特定基因突变小鼠的表型会有很大影响。有经验的研究人员会在突变表型假设的基础上选择育种品系。大多数实验选择感官和运动功能正常的小鼠。有学习和记忆能力较好被用于可能导致小鼠认知缺损的基因突变研究。焦虑水平较高的品系是研究焦虑减轻效果的理想实验动物。

表 4-2 常用近交系小鼠在学习记忆行为表型分析中的表现

Morris 水迷宫测试中各品系小鼠的空间记忆力			
超级学习型	一般学习型	学习受损型	视力受损型
B6D2F1	C57BL/6J	129/SvJ	A/J
B10C3F1	C57BL/10J	DBA/2	SJL/J
129B6F1	LP/J	BALB/cByJ	C3H/Ibg
FVBB6F1	BALB129F1		FVB/NJ
129/Svev	B6SJLF1		BuB/BnJ
各小鼠品系的恐惧性条件反射			
C57BL/6J	C3H/Ibg	FVB/NJ	A/J
C57BL/10J		DBA/2	
129/SvJ		BuB/BnJ	
129/Svev			
SJL/J			
BALB/cByJ			
LP/J			
BALB129F1			
FVB129F1			
FVBB6F1			
B6D2F1			
B6SJLF1			
B6D2F1			
B6SJLF1			
B10C3F1			
129B6F1			

引自 Wehner and Silva1996，P245

基因敲除实验中，129 近交系是常用的胚胎干细胞系，具有很好的生殖系遗传特性。实验设计时要根据已知各 129 亚系的行为表型特征来选择适用的 129 胚胎干细胞系。129/J、BTBR *T* + tf/tf 和 BALLB/cWahl 等亚系不能发育成正常的胼胝体，因此在研究与学习、记忆有关的基因时不宜用 129/J 品系作为胚胎干细胞系。所幸的是大部分胚胎干细胞系源于 129/SvEvTac 和 129/Ola 亚系。129/Sv 和 129/Ola 亚系有正常的胼胝体，在记忆行为测试中表现正常，而 129/SvEvTac 亚系的胼胝体缺失或缩小，在几项学习和记忆行为测试中表现不佳。在评价学习和记忆行为的水迷宫实验中，129/J 品系较其他 129 亚品和 C57BL/6J（B6）小鼠表现要差。研究者也利用一些 C57BL 小鼠胚胎干细胞进行基因突变研究，但应用不是很广泛。另一种有效地基因突变研究方式，是用 129 胚胎干细胞系获得相应的 129 小鼠近交系亚系，因此获得了遗传背景纯净的 129 品系。

（梁 虹）

参 考 文 献

1. Rogers DC, Fisher EMC, Brown SDM, et al. Behavioral and functional analysis of mouse phenotype: SHIRPA, a proposed protocol for comprehensive phenotype assessment. Mammalian Genome, 1997, 8 : 711 – 713.
2. Wehner JM, Silva A. Importance of strain differences in evaluations of learning and mem-ory processes in null mutants. Mental Retardation and Developmental Disabilities Research Reviews, 1996, 2 : 243 – 248.
3. 梁红雁，王梦军，钟文勤 . DNA 指纹图谱技术在动物行为学研究上的应用 . 生态学报，2000，20（3）: 524 – 527.
4. 张知彬，张健旭，王祖望 . 动物活动及相关行为研究的一种自组装方法 . 中国兽类生物学研究，1998 : 378 – 381.

第五章　啮齿动物的自发与社会行为研究

第一节　啮齿动物的感觉与自主行为

绝大多数行为实验都需要运动协调和自发活动能力，视觉、听觉和嗅觉缺失的小鼠无法进行相应的行为学实验。因此，在进行正式的行为测试之前需要对动物神经反射状况进行初步评估。研究者对基因突变小鼠进行初步的行为观察，并进行一系列的简单反射实验，以检查是否存在明显、严重的行为异常。如翻正反射是指翻转小鼠使其腹面向上，正常小鼠会立即翻转身体。体位反射是通过将小鼠放入空笼中并上下左右晃动笼子来评价的，小鼠正常的体位反射是四脚伸长以维持直立的平衡体位。眨眼反射是通过用棉头拭子尖端靠近眼睛来检测的。胡须定向反射是通过用小涂料刷轻触自由活动小鼠的胡须，此时正常小鼠会停止胡须运动，并将头转向涂料刷一侧。对视觉反射进行测试的一个简单方法是评价视觉能力对光的反应。一个小手电筒发出的柱状光束射向眼睛时，瞳孔收缩立即就发生，当光线移开时瞳孔散大。然而，对许多品系的小鼠来说看见瞳孔是困难的。前爪触碰反应是另外一个简单有效的测试。尾巴悬空倒立时，小鼠通常会将前爪向身体方向收缩，当头部靠近桌面，小鼠会向前伸展前爪来实现软着陆。盲鼠因看不到桌面，不会表现出伸展前爪的动作。

一、啮齿动物的感觉行为测定

1. 嗅觉测定方法　啮齿动物主要通过嗅觉进行化学通讯。小鼠的嗅觉可以通过简单的根据气味找到被埋藏食物的能力来进行测定。找到被埋食物所用的时间即反应时间，可作为嗅觉能力的量度指数。在正常小鼠鼻腔内滴加硫酸锌或手术切除嗅球的方法可诱导嗅觉缺失。这些化学或手术方法产生的嗅觉缺失小鼠均无法找到被埋食物的检测。另外一种方法是测量小鼠嗅探到一种有吸引力的新鲜气味所用的时间，如将奶酪、芳香浓缩物或其他小鼠气味涂在实验笼的一侧，这些气味能刺激受试小鼠反复嗅闻气味源。研究者用秒表记录小鼠嗅探到气味源所用的时间，以嗅闻水等中性物质所用的时间作为对照组。受试雄鼠常用发情期雌鼠的尿液作为信息素。通常把收集到的尿液滴在滤纸上，放于网状屏障后面。更精密的实验要求小鼠在两种气味中选择其一，然后可以得到食物奖赏。目前市场上的嗅觉仪可以将易挥发的化学物质（如芳香剂和醇类）传递到位于操作杆上面、鼻口、喷水壶的气流口处。选择任务需要动物学习必要的实验步骤以执行任务，并要求它们记住这些程序。另外，嗅觉分辨实验能够很好地测试大鼠和小鼠的学习和记忆能力。如未学习并记住这些步骤，就很有可能得到假阳性的嗅觉识别结果，而认为是缺乏嗅觉能力。

嗅觉相关基因的研究主要是通过对小鼠进行气流输送，采用嗅觉仪分析小鼠对相似气味或不同气味浓度的辨别能力。CNGA4 环核苷门控通道基因决定对桉油精和矿物油、1-辛醇和矿物油的气味辨别，但对 1-辛醇和 1-庚醇等更加相似气味的辨别无显著影响。AC3 腺苷酸环化酶基因敲除小鼠失对柠檬醛无消极回避反应，对苯丙醛的消极趋避反应仍然保留，无法完成对易挥发气味的适应测验（Trinh and Storm，2003）。CNGA2 基因敲除小鼠缺乏环腺苷酸门控通道基因亚基 A2，对百合和香叶醇表现出相同的选择灵敏度，对乙酸乙醇的反应则正常。

嗅觉识别是小鼠社会行为、双亲哺育行为和攻击行为的基础。包含 16 个梨鼻受体基因的大约 600kb 的片段缺失会导致雌性小鼠的母性攻击行为和雄性小鼠的性攻击行为减少。雌激素受体 α 突变雄性小鼠对异性的性吸引力丧失，对异性巢垫物气味的选择性偏爱也丧失，虽然其神经内分泌反应依然存在。芳香酶是一种可将睾酮转化为雌二醇的酶，该基因敲除雄性小鼠的交配次数减少，Y 型迷宫测试中对异性气味无选择性偏好。老年痴呆症小鼠模型对研究老年痴呆症嗅觉缺失病理学变化，过表达人类微管相关蛋白转基因小鼠不再具有气味适应能力。ApoE 基因敲除小鼠在定位埋藏食物颗粒实验和气味回避实验中表现欠佳，但对可见食物定位实验表现正常。

2. 视觉测定方法　视觉定位的方法是抓住小鼠的尾巴使其提至离桌面 15cm 处，观察其四肢的伸展情况。将小鼠慢慢放到桌面时，通常它会伸展前爪，以一种“软着陆”的姿势到达水平面。失去视觉的小鼠在其胡须或鼻子碰到桌面以前，由于看不到正在接近的桌面而不会伸展前爪。明暗选择实验能够测定小鼠区分明暗环境的能力，提供一个具有视觉可辨区域的环境，该环境可以是一个有明暗两个区域的大盒子或者 Y 型迷宫。作为典型的夜行啮齿类动物，开放、光照良好的环境会使小鼠产生恐惧和焦虑，小鼠会迅速进入较黑暗的区域。视觉悬崖实验是一种测量大体视觉能力的方法，主要用来估计小鼠在水平面边缘看到悬崖的能力。但是，视觉悬崖实验会受到其他感觉系统的影响，如胡须或爪子的触觉。在进行视觉悬崖测试之前把小鼠的胡须刮掉也许能够排除来自胡须的信息。但是会干扰很多其他的行为测试。所以，如果视觉悬崖测试时要刮掉胡须的话，该实验需要在其他行为测验完成以后才能进行。

视觉系统的自发突变在实验小鼠中非常普遍，仅在杰克逊实验室就发现了16种与视网膜光感受器变性有关的突变品系。视网膜突变基因在C57BL/6J、FVB/NJ、C3H和CBA/J等遗传背景的转基因小鼠和基因敲除小鼠中很普遍。与年龄有关的视觉丧失使得老龄化和老年痴呆症的突变小鼠模型的表型分析变得复杂。在rd/rd、rds/rds、nr/nr、pcd/pcd、spastic和vitiligo小鼠中存在自发性视网膜退化，这些品系小鼠在老年后丧失光感受器，对这些小鼠视网膜神经细胞凋亡丧失相关基因的研究解释了它们与人类视网膜退化的相关性。Rd基因在一些品系中偶发突变，如对DBA/2J小鼠的研究表明，与虹膜萎缩和青光眼相关的基因位点在6号染色体的ipd和4号染色体的isa。研究者通过行为学和神经生理技术对光感受器基因突变进行分析。视杆基因Gnat1、视锥基因Cnga3和黑视蛋白基因这三基因都缺失，小鼠缺乏视杆细胞和视锥细胞，突变小鼠缺乏对光的瞳孔收缩和日节律光同化。表达人类视锥感光色素的转基因小鼠具有加强的光谱灵敏度，少数转基因小鼠在视觉辨别任务中表现出扩大的光谱范围。眼脑肾综合征是一种人类遗传性疾病，是由于OCRL1基因突变的伴X染色体遗传，表现为先天性白内障、智力迟钝和肾衰竭。Ocrl1敲除的小鼠不会形成白内障，在旷场实验和消极趋避实验中行为表现正常。Inpp5b基因编码产物与Ocrl1相同，Ocrl1和Inpp5b双敲除的小鼠比任一单基因敲除更虚弱和难以生存，这也表明这两种基因的互补作用。

3. 听觉测定方法　听觉震惊实验是测定小鼠听觉能力和听觉阈值的最好方法。听觉震惊反应在大多数哺乳动物都存在。突然大声的声音会引起实验对象的畏缩。通常通过眨眼反射来测量人类的听觉震惊，而鼠类则测量其整个身体的收缩幅度。自动化的惊吓反射设备已投入市场。自动化软件可以在一系列随机的声响中选择统一的音调。动物被放在一个小的圆筒内，最佳的圆筒直径能够减少筒壁压力的约束，使其宽度允许小鼠可以在里面转身。实验开始前给予5min的适应期。许多纯系的正常小鼠会对100dB及以上的声调做出反应而全身颤抖。耳聋的小鼠对120dB以上的惊吓刺激才会产生反应。对听觉震惊实验的预脉冲抑制是听力测量的一个更灵敏的方法，因为小鼠看起来可以辨别预脉冲的更低的分贝数（90dB或更低），而这种预脉冲可抑制120dB的惊吓刺激。惊吓反射路径和感觉运动门控调节途径中的情绪和运动成分都会对实验产生影响。影响任何基本机制的突变都将对突变鼠系听力缺乏的直接解释产生干扰。神经通路对听觉惊吓反射的调节已经被很好地阐释了。对高频听力丧失的重组纯种系小鼠的一系列研究提出了与听觉惊吓缺乏有关的基因。

研究者绘制了小鼠的耳聋基因图谱。一些基因会产生自发突变，其中一种为耳蜗性耳聋（deafness，dn/dn）。通过普莱尔惊吓实验对这些小鼠进行了声音反应测试。听性脑干反应测验中，基因突变小鼠只能察觉到比其阈值高 30～50dB 的声响。安母华尔兹（av）小鼠是另外一种具耳聋特征的自发突变体。通过对刺耳噪音的耳郭定向反射检测发现这种常染色体隐性突变位于 10 号染色体。deafwaddler（dfw）小鼠是一种点突变品系，点突变将耳蜗毛细胞内蛋白质保守氨基酸甘氨酸转换成丝氨酸。先天性视网膜色素变性综合征是一种常染色体隐性疾病，可引起耳聋和色素性视网膜炎失明，这种症状的小鼠模型已经通过对 deaf circler、deafwaddler 和 waltzer 等自发突变基因的研究而被发现。

另外一些基因敲除的小鼠表现出听力丧失或听觉系统的结构缺失。耳聋的常染色体隐性基因 DFNB29 是通过对 Claudin14 敲除小鼠中目的基因突变发现的，其表型特征为耳蜗毛细胞变性。TrkB 和 TrkC 酪氨酸激酶受体基因敲除小鼠的感觉神经元丧失。血清素受体 5-HT_{2C}基因敲除的小鼠表现为声音诱导的发作性脑病的敏感度提高。但对下丘神经元神经生理分析发现，不管在野生型还是基因敲除小鼠中高频率声音刺激均会使阈值提高。另外，C57BL/6J 小鼠的听力随年龄增长而普遍丧失。肾上腺素 α_{2c}受体基因突变小鼠对听觉惊吓和预脉冲抑制有罕见的反应。与野生对照组相比，α_{2c}基因敲除小鼠对 118dB 声调的惊吓反射振幅更强。α_{2c}基因敲除的小鼠对 75dB、78dB、81dB 和 87dB 的预刺激声调表现较少的预脉冲抑制。成纤维细胞生长因子受体 3 基因敲除小鼠往往具有骨骼生长严重畸形和耳蜗形成畸形，通过听觉震惊反射和听觉唤起的脑干反应证实该基因敲除小鼠失聪。Disheveled-1 是小鼠脑干中表达的 Drosophla 中的基因，其突变使小鼠在听觉震惊和对听觉震惊的预脉冲抑制中比同窝对照小鼠反应更小。

4. 味觉测定方法　味觉通常采用选择实验进行测定，如最常用的双瓶选择实验，将装有不同味道溶液的两个相同水瓶放入鼠笼，水瓶的位置随意摆放以避免形成位置选择偏好，记录小鼠在规定时间消耗的溶液体积。在蒸馏水和奎宁之间的选择可以测定小鼠辨别苦味的能力，在蒸馏水和糖精之间的选择可以测量小鼠对甜味的辨别能力，不同浓度溶液间的选择可以评估小鼠的味觉敏感度。

研究者通过对基因敲除小鼠的研究发现味觉受体基因。参兜鞡是味觉受体细胞内的一种 G 蛋白，缺少这种蛋白会导致小鼠对苦味的反应降低。基因敲除小鼠对一系列浓度的氯化钠（咸味）和盐酸（酸味）表现出正常的选择频率，而对两种高浓度苦味液体（地那铵苯甲酸盐和硫酸奎宁）的厌恶反应程度小于同窝阴性小鼠。对甜味液体（蔗糖和 SC45647）的选择频率也较低。通过对含有多态性基因 Tas1r3 的小鼠和 T1R 受体基因缺失小鼠的双瓶选择实验发现，味觉受体 T1R1、T1R2 和 T1R3 使小鼠具有辨别甜味和鲜味（味精的味道）的能力。

5. 触觉测定方法 用画笔轻触小鼠胡须会引起其胡须的颤动。用于听觉惊吓的自动化设备也可用来测量触觉惊吓。喷到身上的压缩气体会引起小鼠的全身收缩反应，触觉惊吓实验能够测量这种反应。Y 型迷宫两个臂的地板质地不同，对这种质地的辨别可以进一步测定爪子的触觉敏感度。一些市售设备可以通过给爪子和尾巴施力，通过测定小鼠的退缩反应来反映其压力灵敏度。

与痛觉传导相关的基因突变会产生明显的痛觉阈值变化和对止痛药敏感性的改变。闪尾实验和热板实验中，μ-类阿片活性肽受体基因敲除小鼠对吗啡无反应，对弗雷毛刺激有正常的反应，但是经吗啡处理后，对弗雷毛刺激的收缩反应并不因药量而减少。当闪尾实验和热板实验中吗啡的止痛效果与吗啡诱导的致命性在 μ-类阿片活性肽受体基因敲除的小鼠中明显减少时，对 δ 受体亚型收缩筋 DPDPE 和 κ 受体亚型收缩筋 U50488 等其他类阿片活性肽受体亚型的配合基反应正常。前脑啡肽原缺失小鼠在闪尾实验、热板实验和福尔马林实验中表现为正常的基础反应和正常的压力诱导痛觉缺失。β-内啡肽基因敲除小鼠对吗啡的止痛反应正常，但是在接下来的泳压下并不出现压力诱导的痛觉丧失。

P 物质是在感觉疼痛纤维内合成的一种神经肽传递者。在改良闪尾实验中，通过尾巴收缩的反应时间缩短可知过度表达 P 物质的转基因小鼠会表现出痛觉过敏。P 物质拮抗物处理可逆转闪尾实验中过度表达 P 物质转基因小鼠增加的敏感度，这更加确定了表现型是由于物质 P 的过度表达。P 物质受体基因敲除小鼠在闪尾实验和热板实验中表现正常，但在福尔马林实验中不表现正常的疼痛反应，并且闪尾实验中对吗啡的反应也明显减弱。此外，P 物质受体基因敲除的小鼠对 4℃的泳压下不会显示压力诱导的痛觉丧失，而且没有标准强度的编码或者对电学或有害机械刺激的“上紧发条”的神经生理反应，而这些通常可激活无髓鞘 C 光纤。tachykinin1 基因的突变使 P 物质和 K 物质的产生缺乏，这使得热板实验潜伏期延长，并且对福尔马林的反应消失。

甘丙肽是另一种可以造成内生伤害感受性的神经肽传达者。啮齿动物甘丙肽可阻止 C-纤维疼痛传递。在极度兴奋条件下，过度表达甘丙肽的转基因小鼠对 C-光纤刺激的脊髓感受性无显著增强，而另一种甘丙肽转基因小鼠在神经损伤以后反应减弱，基因过度表达仅限于主要的背根节神经元。标准热板实验和闪尾实验中，甘丙肽转基因小鼠和野生对照组的基础反应相似，同时符合频编码假说，即神经肽只在高级神经活动条件才能释放。与此类似，甘丙肽受体亚型 GAL-R1 基因敲除小鼠在痛觉敏度基础测量中表现正常，但坐骨神经损伤以后会更加机械化，并且热敏性提高。

M_2 受体亚型基因敲除小鼠中，毒蕈碱型和烟碱性胆碱能受体可调解某些类型的镇痛反应。闪尾实验和热板实验中，非选择性毒蕈碱型收缩筋（氧化震颤素）可产生剂量依赖性镇痛反应，这在野生型和 M_2 异质杂合体小鼠中都可发生。M_2 敲除小鼠在闪尾和热板反应的氧化震颤素剂量反应曲线中右移，这表明它们对毒蕈碱型收缩筋的镇痛作用的敏感性减弱。但是这种突变体在闪尾实验中对吗啡的镇痛反应没有改变。烟碱受体基因的亚基 α_2 和 β_4 缺失的基因敲除小鼠，在热板实验和闪尾实验中对烟碱的反应强度减弱。

大麻素受体 CB_1 敲除小鼠在强迫游泳中有正常的压力诱导止痛效果，痛觉减退在福尔马林实验中也能看到。某些离子通道基因的突变在痛觉敏度测验中可以产生独特的表现型。甘氨酸受体亚基 GlyRα_3 在脊髓背角的表面层表达产生。GlyRα_3 基因敲除的小鼠对弗雷毛的反应减弱，而且足底测试中后爪收缩的潜伏期缩短。Kv1. 1 钾离子通道基因敲除的小鼠中可检测到痛觉过敏。基因敲除小鼠在热板实验、足底后爪收缩实验和福尔马林实验中均表现出潜伏期缩短。纯合突变体的后爪收缩潜伏实验中可检测到小鼠对吗啡的镇痛反应钝化。钙离子通道 TRPV4 基因敲除的突变体对尾部施压的敏感性减弱，但是报道称，它们可以回避热压，味觉和嗅觉也正常。G 蛋白 Go 基因敲除小鼠在热板实验中痛觉过敏。这些小鼠通常也会活动亢奋，不能进行 ROT-RAD 测试，在旷场实验中转圈运动，表现出大幅度的颤抖，出生后很快就会死亡，这使得痛觉过敏调查的解释变得复杂化。

在复杂的感觉系统中，某一部分功能发生异常会引起其他部分的代偿性改变。痛觉、嗅觉和听觉是由多因素决定的，包括多种神经递质和受体。代偿作用使得部分功能缺失的个体仍然表现出正常表型，这些个体为我们提供了研究代偿机制研究模型。具有丰富调节元件的转基因和基因敲除技术在发育生物学研究领域中起着独一无二的作用。研究者通常选择双基因敲除小鼠模型（缺失两种潜在的冗余基因，如 P 物质和 μ-阿片受体）。另一种方法是分析代偿机制的潜在上游调节物，如通过增加信使 RNA 合成来补偿神经肽或相应的受体水平的下降。

二、啮齿动物的自主行为

动物行为学实验能观察多因素混合作用下动物整体状态。目前，对啮齿动物的自主行为学研究主要包括动物的自发行为、肌力及协调运动能力。动物的自发行为研究多用于毒理学、精神药理学和行为科学等方面，评估药物和环境对动物行为的改变及对神经系统的作用；肌力及协调运动能力主要用于评估动物的运动功能。在实际选择行为学方法时需根据不同的疾病模型选择评估指标，如抑郁症模型以自主行为检测为主要评价指标。

（一）常用自主行为测定方法

1. 旷场实验（open field test） 标准的自发活动功能测试是记录动物在一个开放空间内进行的自发活动。神经行为科学实验室使用的自动旷场通常还包括视频追踪相机和软件，用于记录一系列有用的运动参数。旷场实验的主要设备包括观察室、旷场箱、摄像机和通过软件连接的计算机。实验时将动物从饲养笼中转移到观察室，记录其自发活动及变化，一般拍摄5min。该实验多用于毒理学、精神药理学、行为科学等，其优点在于可在同一时间段、相同环境下比较不同组动物的活动状态，客观定量地反映活动量及自主活动功能。旷场实验的时间通常设定为5min。这为小鼠在新环境中探索性运动的测定提供了一个测定尺度。5min时间内足以发掘小鼠有统计意义的功能亢进或行为镇定现象。对运动行为更多细节的分析是通过分析一系列运动参数来完成的。不同品系小鼠通常会在30～60min适应旷场环境的变化。在边缘区停留时间的减少与在中心区停留时间的增加有被认为是焦虑水平下降的指标。

实验方法：

光照强度范围150～200Lux，保证光线均匀，避免角落出现阴影，干扰动物的自发运动。

实验装置：

（1）照明系统。

（2）旷场需要满足如下要求：旷场形状为正方形，面积不小于44cm×44cm，侧壁不透明，高度大约50cm，地板不要太光滑，以免影响动物的自由活动。因采用摄像机跟踪系统，旷场的颜色不要采用白色，如用浅灰色映衬小鼠的各种毛色。

实验步骤：

（1）将小鼠运到行为观察室，适应30min以上。

（2）打开计算机，设置软件参数。

（3）检查光照（150～200Lux）和各种设备工作正常。

（4）用50%乙醇擦拭旷场，自然风干。

（5）从饲养笼中取出小鼠，将其放入旷场的一侧中间位置，面朝壁。在小鼠进入旷场的同时立即开始用摄像机捕获小鼠的信息，以保证数据的完整性。

（6）实验结束，将小鼠取出，暂时放入新笼，待同一饲养笼的小鼠全部结束实

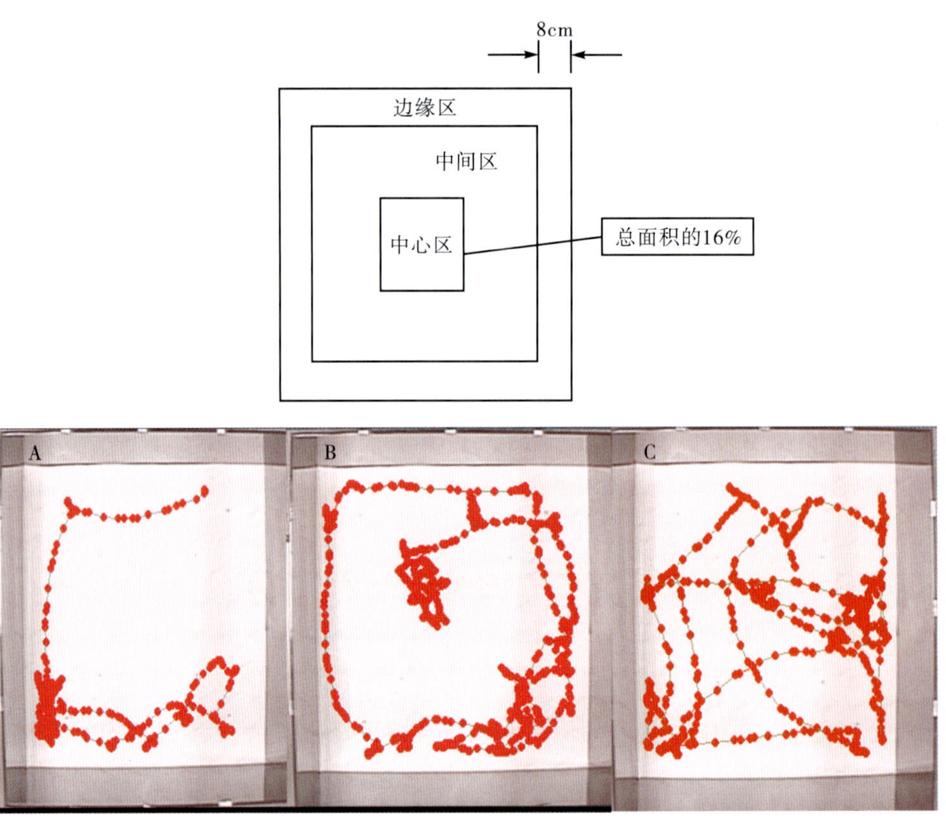

图 5-1　旷场实验示意图（参照 MPRcSS）及小鼠在旷场实验中的运动性
（A、B、C 三图分别示例低、中、高运动性）

验后，再把小鼠全部放回饲养笼。每次实验结束，用50%乙醇擦拭实验装置，去除嗅觉信号。

逆光周期有利于小鼠行为实验的进行。小鼠是一种夜行性动物。逆光周期可使研究者在小鼠最活跃时间段进行实验。红色灯光对啮齿动物是不可见的，而实验者可利用红色灯泡在黑暗中观察动物的行为。通常用清洁剂或清水彻底清洁树脂玻璃旷场装置，每天使用完后要洗净抹干。此外，每次实验间隙都要对旷场进行清洗，以防下一只实验动物的行为受到前一只实验动物排泄物的影响。也可以选择干净的薄叶层铺在地面上，在不同的动物实验过程中进行更换。不同实验室在实验过程中对旷场进行清洗的理论基础和方法不同。一些行为神经科学实验室推荐用不同浓度的乙醇来清除实验动物的气味。另外一些研究者假定一个连续的嗅觉气味可能比一个干净的环境压力要小，用湿纸巾除去尿液和粪便。实验仪器要求每隔一定的时间用清洁剂或清水进行全面清洗，如在一次实验周期的最后或在实验的最后。实验结束，研究者采用电脑软件来对相关变量进行统计，包括运动距离、站立次数及中心区与边缘区移动时间的比值等。自动化软件的对刻板行为的测量是有误导性的，行为神经科学家已经弃用这种方法，因为自动记录与标准观察方法得到的刻板行为得分经常无法统一，标准观察方法记录动物的修饰行为，抽噎行为和刻板运动行为。

不同品系近交系小鼠在旷场实验中的自发行为有显著差异。一些自发突变小鼠会表现出某种行为异常现象。例如，在 weaver 小鼠中可出现多巴胺缺乏症状，表现为多动症。SNAP-25 突变杂合子小鼠在昼夜节律的早期暗期和光期中期表现出运动功能亢进。SNAP-25 在突触前神经末梢表达，参与神经传递。

2. 洞板实验（hole board test） 该实验装置为木质或聚甲基丙烯酸甲酯有机玻璃盒，长宽高分别为 40cm × 40cm × 27cm，沿地板或墙壁排列 4 个或 4 个以上直径 3cm 的孔。自发活动是通过 5 ~ 10min 内光束的间断次数来测量的。孔板实验常常作为自动开放场地的附加。

其他与运动行为有关的实验方法还有足迹分析、Rota-rod 实验，悬尾实验、网屏实验、U 型杠实验和衣架实验等。各种实验均有优缺点，旷场实验主要反映动物的自发行为、探究行为及抑郁或警觉等情绪。利用计算功能长时间监视和记录运动行为，并对监视结果进行实时统计，显示动物的位移状况和移动速率。该实验结果客观，可避免各种刺激对动物造成的紧张不安，适用于对动物体力、行为及精神状态等的评估。足迹分析法通过步态模式和步长异常来反映动物共济运动能力。该实验设备简单，实验数据较客观。在自发活动实验、Rota-rod 实验、悬挂实验未表现行为学障碍的情况下，小鼠出现前爪步距明显减小或出现后肢与前肢步长的明显差异，较其他实验更灵敏。缺点在于易受外界环境干扰，统计方法较简单，不能反映各指标间的相互影响和内在联系。滚轴实验是广泛采用的检测运动协调性的实验。实验结果可靠，但实验中滚轴的直径、速度以及是否采用训练过程都会影响结果的准确性和可靠性。网屏实验、U 型杠实验、衣架实验和洞板实验虽然简单，实验设备可自制，但都是以直接观察为主，手工记录实验动物在特定环境和装置中的表现，并对所记录的结果做简单的统计学分析，客观性差、指标量化不准、标准不统一，且耗时费力。

（二）自发行为相关基因工程小鼠模型研究

多巴胺是哺乳动物基底节的黑质纹状体及中脑缘通路中儿茶酚胺的神经递质。多巴胺主要用于自发及诱发的运动。多巴胺 D_2 受体兴奋剂可增强小鼠在旷场实验中的运动性，而多巴胺 D_2 受体拮抗剂则降低了在旷场实验中的运动性，甚至使动物全身僵硬。酪氨酸羟化酶（即多巴胺合成酶）基因敲除小鼠在旷场实验中的运动性下降。D_2 多巴胺受体基因敲除小鼠在旷场实验中的水平运动、水平距离及竖直运动性均下降，在 ROTAROD 旋转轮上的结果也很差。同样，DA 受体突变小鼠在旷场实验中的运动性下降。D_3 多巴胺受体基因敲除小鼠却表现出更高的运动行为。另一个 D_3 受体基因敲除小鼠与野生型相比则表现出正常或减少运动。多巴胺 D_4 受体基因敲除小鼠在旷场实验中的的水平运动距离减少。D_5 受体敲除小鼠表现出正常运动行为。常见多巴胺传递相关基因突变小鼠包括 RⅡβ-蛋白激酶 A、孤儿核受体、维甲酸受体及 DARPP-32，在基本的运动或药物诱导运动中表现出损伤。钙结合蛋白 D28k 在多巴胺黑质纹状体通路中表达，在小脑皮质、浦肯野细胞及下橄榄核也有表达。钙结合蛋白 D28k 突变小鼠在足迹实验表现出异常的步态，抓力也很少。

5-羟色胺是大脑及脊髓中的单胺神经递质，在大脑和脊髓中影响小鼠的各种行为，包括吃、睡及运动。几种羟色胺受体基因突变小鼠的运动行为看起来是正常的，羟色胺受体亚型 5-HT5a 基因敲除小鼠在旷场实验中的探索行为减少。

转基因及基因敲除癫痫小鼠模型中，癫痫发作易感性会导致羟色胺受体 5-HT2c 基因突变小鼠的死亡。血清素 5-HT2c 受体基因敲除小鼠表现具有音源性癫痫发作的表型，Fyn 激酶基因敲除小鼠也有类似症状。Fyn 基因敲除小鼠对惊厥药物治疗的敏感性提高，这些药物包括戊四唑、印防己毒素、荷包牡丹碱、红藻氨酸及 N-甲基-D-天冬氨酸（NMDA）等。谷氨酸 GluR-B 受体亚基基因突变杂合子小鼠在出生 3 周后死亡。GluR-B 基因突变小鼠的活跃性增加，并伴有海马 CA3 领域神经元退化。E6-Ap 泛素连接酶基因突变是快乐木偶症小鼠模型，该模型小鼠体重和大脑重量下降，在 ROTAROD 转轮上的表现很差，声音刺激可产生严重的强直性阵挛。

亨廷顿舞蹈病是一种人类常染色体显性遗传病，与 HD 基因有关，HD 编码一个 348-KD 的蛋白质，即亨廷顿蛋白。神经元的纹状体和皮层缺失会导致运动行为浮躁及舞蹈症，是一种运动失调症，此外还会导致认知能力下降，精神病的症状及死亡。CAG 核苷酸三重重复是亨廷顿疾病的表型的主要特点，也是其他的一些神经疾病如脊髓小脑性共济失调。虽然人类亨廷顿疾病的运动表型在亨廷顿的基因改造中没有被精确的复制出来，但它的运动异常已经被报告出来。在另一个品系中，亨廷顿基因修饰小鼠在孔板实验中表现出探索活动的降低。在这个任务中，运动行为的减少是一个逐渐减少的过程，在小鼠出生后 8 周就开始了。另一种基因修饰中 HD 基因携带 141-157 个 CGA 重复，该小鼠在游泳、平衡木、足迹实验和 ROTAROD 等实验中的运动行为表现出逐渐下降的趋势，在出生 5 周后症状出现，在 11 周时最明显。

Tay-Sachs 和 Sandhoff 病属于神经退化性疾病，其致病原因是 β-氨基己糖苷酶合成过程中所需基因的突变。β-氨基己糖苷酶是一个异（源）二聚体酶，包含 α 亚基和 β 亚基，在大脑中转化神经节苷脂，神经节苷脂是神经细胞膜的基本成分。代谢缺陷导致神经节苷脂在细胞膜表面堆积，进而导致细胞死亡。编码 α 亚基的 HEVA 基因突变可导致 Tay-Sachs 综合征，编码 β 亚基的 HEVB 基因突变将导致 Sandhoff 病。Tay-Sachs 和 Sandhoff 病的早期特征是神经节苷脂在大脑的堆积、神经退化、共济失调、肌肉虚损、智力退化及在四年内的死亡。Hexa 和 Hexb 基因敲除小鼠在 ROTAROD 实验中表现出严重的运动损伤。Hexa 和 Hexb 双基因敲除小鼠比 Hexa 基因敲除小鼠在旋轮实验中的运动缺陷更严重。Hexa/Hexb 基因敲除纯合子小鼠的溶酶体 β-氨基己糖苷酶缺陷会导致早期的神经节苷脂积累及加速小鼠死亡。Hexb 基因敲除模型提供了一个测试 Tay-Sachs 和 Sandhoff 疾病潜在疗法的模型系统。在转轮上的运动协调测试是一种简单、快速、灵敏的实验方法。将野生型小鼠骨髓移植到 Hexb －/－基因敲除小鼠中进行治疗研究，可延长在转轮实验中的运动时间。

人类运动行为缺陷可通过相应的小鼠模型进行研究，如共济失调毛细管扩张症、脊髓小脑共济失调的 1-型与 7-型及发作性共济失调 1-型。很多小脑功能障碍模型小鼠的运动和平衡能力受到严重损伤。钙结合蛋白、神经识别分子 NB-3 及编码谷氨酸受体 GluRδ 等小脑浦肯野细胞特定基因突变将导致小鼠在转轮实验及其他运动协调实验中的严重行为缺陷。朊病毒基因的破坏可导致小脑浦肯野细胞的大量损失、渐进性共济失调及转轮实验中的协调性受损表现。共济失调毛细血管扩张症是一种由 Atm 基因的突变引起的疾病。在人类中，这是一个常染色体隐性遗传疾病，会导致神经性退化、小脑共济失调、徐动症、眼皮肤毛细血管扩张、发育延迟、内分泌失调、对电离辐射极度敏感及淋巴肿瘤。Atm 基因敲除小鼠在足迹测试中表现出步态失调，其主要病变为不规则的足迹途径和较短的步幅，转轮测试的表现受到严重的影响。Atm 基因敲除小鼠的运动失调现象与患有共济失调毛细血管扩张症人群中的神经功能缺陷类似。此外，多巴胺能神经元的选择性缺失也在 Atm 缺陷的小鼠的黑质和腹侧盖中被发现，与在正常运动的黑质纹状体及中脑缘的通路一致。成纤维细胞生长因子受体-3（FGFR-3）是神经受体家族的子类型，此神经受体在软骨（组织）中高度表达并调节骨硬化。FGFR-3 基因的一个点突变导致人类的常见矮小，软骨发育不全。FGFR-3 基因敲除小鼠表现出骨骼严重的生长过度，导致脊柱后凸弯曲。FGFR-3 基因敲除小鼠在转轮测试中表现其相应的运动缺陷。

第二节 啮齿动物的社会行为及其研究方法

野生小鼠是一种群居性动物，有特定的领域。领域大小与食物可获得性有关。每一个家系由1只雄鼠和1~2只雌鼠组成。亲代和后代共用巢穴，巢穴为它们提供了掩蔽所，同时有利于保持体温恒定。双亲均有衔回幼仔行为。后代成年后会迁出原巢穴建立新的家系。这种社会结构与大鼠不同，在大鼠的社会群体中，成年雌雄鼠共享洞穴和隧道。小鼠和大鼠的社会组成均受一只优势地位雄鼠保护，该雄鼠会对领域入侵者进行攻击。实验室养殖条件下，小鼠无法进行领域扩散。在拥挤、无遮蔽的群居环境中，成年雄鼠之间的打斗行为非常普遍。群居雄鼠间通常会建立一种优势从属关系，优势雄鼠经常会攻击处于从属地位的雄鼠。空间的胁迫常会导致激烈的打斗及随之而来的伤害。

社会识别的概念最早由 Robert Dantzer 等提出。社会识别研究多用于基因突变小鼠行为学表型的记忆能力测定。个体识别是社会识别的基础，许多物种具有识别同种成员的能力，个体之间通过亲缘关系、繁殖状况、种群优势从属关系、群体特征和个体特征进行识别。社会识别取决于两个个体之间的熟悉程度。具体实验见图5-2。将被试大鼠放入具铁丝网窗口的笼中，另一圆形装置被分为两个隔段，一个隔段中的一只大鼠与被试鼠配对5min。另一隔间中放置一只与被试鼠无

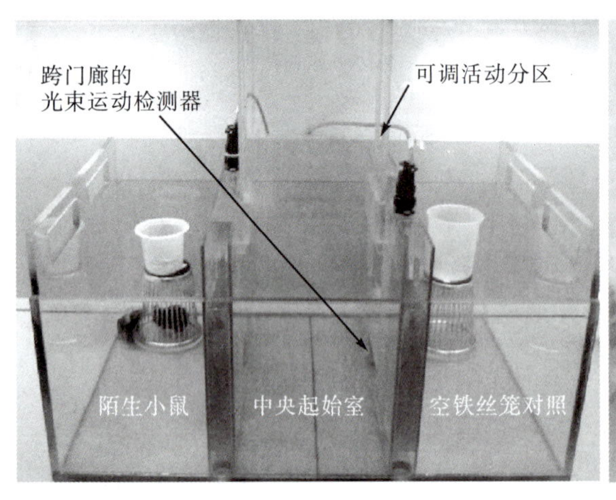

图5-2 社会接触行为测定方法

接触的个体，转动圆形装置，使被试鼠与两个隔间中的每个窗口分别对准5min，记录被试鼠对个体的观察时间。相比熟悉大鼠，被试鼠会花更多的时间嗅闻陌生大鼠。接触和正式实验之间存在数小时至数天的时间延迟。该实验对于类固醇性激素和后叶加压素处理敏感，加压素是一类与大鼠性行为和社会行为相关的脑神经递质。

社会识别的完成利用了嗅觉和其他感官系统以及大脑中一些与行为相关的学习和记忆机制。社会识别受横向内嗅皮质、腹下脚、犁鼻器、雄激素及催产素和后叶加压素等下丘脑神经肽及其受体调节。社会识别对海马及其间隔的损伤非常敏感，且随年龄的增长而有所降低。社会识别和社会记忆实验广泛应用于小鼠表型分析研究中，

一、常用的社会行为研究方法

1. 集群行为　小鼠在睡觉时有彼此靠拢的习惯。啮齿动物休息或睡眠时的集群现象通常出现在光周期的亮期。为避免打扰动物，最好的研究方法是录像后进行集群频数评分。另外可对笼内的筑窝行为进行定量检测，垫料放于鼠笼底部，每日称重剩余垫料，计算筑窝所用的垫料量。观察者通过录像分析还可以获得下列的资料：提供筑窝材料后1h，开始筑窝前的等待期，完成筑窝的时间，窝的总高度，参与筑窝的个体的鉴别，及随后在窝内睡觉的小鼠的鉴别，这些对于群居筑窝行为是非常有用的定量检测指标。

2. 社会互动行为　当两只彼此陌生的小鼠进入新环境后，它们会对新环境和另外一只小鼠进行探究。啮齿动物的社会接触包括接近、追逐、嗅闻、攀爬和修饰行为。通过选择实验和适应（非适应）序列对社会认知和社会偏好进行测定。一些报道列出了不同品系小鼠的社会趋向行为、双向社会互动以及对新环境的偏好性。修饰行为，即一只动物给另一只动物梳理毛发，是小鼠社会行为的一种形式。这种行为在母鼠和从属地位小鼠中更为常见。过度修饰会导致皮毛和胡须脱落，健康和行为受损，修饰行为去除后损伤可以得到有效逆转。

两只陌生小鼠的社会互动行为包括：嗅闻、修饰行为及可导致攻击行为的身体接触。研究者首先进行5～10min的录像，然后社会互动行为进行打分。伦敦大学的Sandra File和他的同事们完善了一个大鼠的评分系统，该评分系统在评分者间享有很高的可信度，并能显示出某些可明显受到抗焦虑药物干扰的群体接触行为。群体接触行为检测装置是在低照明或高照明条件下、一个新奇的或熟悉的环境、一个很大或很小的开放场地中进行的。随着环境的每一次变更，小鼠表现出不同程度的社会互动行为。由于群体接触行为的量值随着周围光线的变化而变化，该测试被认

为是一项与焦虑相关的实验，如第 10 章所述，在大鼠中，该实验结果对抗焦虑药干预敏感。

小鼠具有良好的社会识别和社会记忆能力，这可从小鼠间重复相遇时探究行为减少及更偏好陌生小鼠的表现中得到证明。研究者可通过一系列行为实验测定小鼠的社会互动性、个体识别、社会歧视、个体选择偏爱及社会记忆行为，对受试鼠的嗅觉探究、梳理、进攻姿势、进攻、跟踪、防御姿势、逃跑、接触及其他社会行为及运动能力进行评价。这种实验设置 2～3 个隔室，使小鼠进行选择性实验。在社会选择实验中，将受束的动物圈养在侧面的小室中，可自由活动的受试鼠选择性的和一只或两只受束鼠接触。接下来通过熟悉-不熟悉选择进一步检测小鼠的社会记忆行为。对实验过程进行录像，通过 Noldus Observer 等行为数据分析软件进行后续的评分过程。另一种方法是在被试动物无任何反应时评价受试动物的行动趋势。通过观察者的现场观察、录像或在一个由光电管组成的可检测进入每一个小室和在每一个小室中所花费时间的自动化装置中对受试鼠接近陌生鼠的行为进行评价。品系之间在社会接触中的行为差异代表社交行为的遗传基础。可用过应用社会接触实验模拟自闭症行为。图 5-2 展示了一个自动化社会接触实验装置，检测被试小鼠对陌生小鼠和新环境的探查活动。

3. 攻击行为　雄性小鼠从幼年起就开始参与争斗并建立起社会等级。可通过循环赛确定一群雄性小鼠中社会等级。对于群体内每一对雄鼠组合，根据彼此姿势及攻击行为确定它们之间的优势从属地位。交叉组合得分决定了每只雄鼠的等级，并最终确定群体的社会等级。标准对手法是评价攻击性和优势从属地位的一种相对简单的方法。与其他小鼠配对进行重复性实验，从频繁表现服从性的雄鼠中选择一只动物。这些标准化实验对手通常从已知的具有高或低的攻击性行为的小鼠品系中选择。

以选出的小鼠作为标准实验对手进行后续的与实验鼠的配对。通过将标准对手与来自其他品系的个体进行配对来确定不同品系的攻击性。实验表明抗焦虑药可以减轻小鼠的攻击性倾向。实验周期 2～30min，对于一个为时 5min 的攻击行为实验，应从至少 1 米以外观察、通过暗窗观察或录像后再由研究人员进行打分。若攻击和撕咬剧烈应终止实验。观察人员对以下行为出现的频率进行打分：全身嗅闻、嗅闻肛门生殖器、跟随、追逐、威胁、尾巴抖动、攻击、撕咬次数、撕咬部位、逃跑、直立服从姿势、身体接触和梳理（图 5-3）。

隔离诱导性攻击行为是一种根据标准对手实验进行修改后的攻击性行为检测方法。将雄鼠在笼内单独饲养一月后，隔离增加了攻击性行为发生的可能性。

另外，居住-入侵实验是对隔离诱导的打斗实验的修改成，在受试鼠居住的笼内

图 5-3 小鼠的攻击性行为（陈 炜 摄影）

进行标准对手检测。雄性入侵小鼠的出现引起受试雄鼠的领土保护性攻击。隔离并非居住-入侵实验中引发打斗的必要条件，当居住鼠与家族成员在一起时其攻击性更高。

表 5-1 5 个品系小鼠中用来对侵略性格斗进行评分的变量的典型数值

品系	数目	抖动	攻击	侵略性理毛行为
C57BL/6	25	0.1	0	0.8
C3H	11	0.4	0.9	0.4
BALB/c	23	2.4	2.7	0.6
CBA	16	0.2	0.4	0.5
NMRI	30	0.3	1.7	0.5

原始资料：Schneider 等 . 1992，p199.

二、社会行为相关基因工程小鼠模型研究

哥伦比亚大学Rene Hen等对5-羟色胺受体亚型（$5\text{-}HT_{1B}$）基因敲除小鼠进行了一个3min的隔离诱导攻击性行为实验。受试小鼠单笼饲养4周，以一只群居野生型小鼠作为入侵鼠。记录受试鼠尾巴发出的抖动声、进攻潜伏期、攻击强度和攻击次数。间隔一周，重复一次实验。与杂合子和野生对照相比，$5\text{-}HT_{1B}$基因敲除小鼠进攻潜伏期缩短、攻击次数增加。$5\text{-}HT_{1B}$基因敲除小鼠在旷场实验中的运动基线正常，且无特殊的身体异常现象。$5\text{-}HT_{1}$促进药RU246969对$5\text{-}HT_{1B}$基因敲除小鼠无显著影响，给予RU246969后，对照小鼠表现出明显的超运动反应，证实了$5\text{-}HT_{1B}$受体功能的缺失。因此，基因可能是决定攻击行为的前提条件。

单胺氧化酶是催化5-羟色胺和儿茶酚胺代谢的酶，通过定点敲除单胺氧化酶（MAO）基因可改变5-羟色胺的水平。MAO-A基因敲除小鼠脑中5-羟色胺和去甲肾上腺素水平增高，而5-羟色胺的主要代谢产物5-羟吲哚乙酸的含量降低。通过对6月龄雄性受试鼠和一只2月龄入侵鼠为时10min的居住-入侵实验发现，与野生对照小鼠相比，MAO-A基因敲除小鼠进攻速度明显加快。将个体较小的雄鼠隔离5周，再进行类似的居住-入侵配实验，发现MAO-A基因敲除小鼠进攻潜伏期仍然是缩短的。

5-羟色胺载体是一种突触前蛋白，它结合联合释放的5-羟色胺，经过再循环将递质重新运输回突触前末梢以备后面的重复使用。5-羟色胺载体（5-HTT）基因敲除能减少攻击性行为的发生。在人和非人灵长类动物中，攻击性行为和低水平的5-羟色胺相关。当进行居住-入侵实验的两只小鼠相遇时，与对照组相比，5-HTT基因敲除雄鼠攻击潜伏期延长，攻击次数减少，而杂合子小鼠与野生型小鼠无显著差别，这表明正常攻击行为需要一定阈值的5-羟色胺含量。5-HTT基因敲除小鼠的自发活动减少、对5-羟色胺促效药的敏感性降低，这表明5-HTT基因敲除小鼠的攻击性降低可能是由于探查行动的减少。

一氧化氮合酶合成神经递质一氧化氮。在一氧化氮合酶基因敲除小鼠的攻击性行为异常，在集体饲养的雄鼠笼中雄鼠间的争斗和死亡时有发生。与野生对照鼠相比，基因敲除雄鼠表现出持续的攻击性和性冲动。居住-入侵实验中，雄性基因敲除小鼠的进攻潜伏期明显缩短、攻击次数比野生对照小鼠高3～4倍。这种攻击行为增高是睾酮依赖性的。

腺苷是一种对血压有调节作用的神经递质，腺苷受体是咖啡因精神兴奋剂样效应的靶分子。腺苷α_{2c}受体基因敲除小鼠血压升高，在居住-入侵实验中攻击性行为

增加。与对照组相比，基因突变小鼠进攻前潜伏期很短、攻击的次数显著增加、尾巴抖动声更加频繁。肾上腺素能 α_{2c}受体调节啮齿目动物大脑蓝斑神经元去甲肾上腺素的释放。对 α_{2c}受体基因的敲除可构建易惊恐及脉冲前抑制减少的小鼠。在隔离诱导攻击实验中，α_{2c}受体基因敲除小鼠进攻前潜伏期缩短。攻击次数与野生对照组相比无明显差异。

神经细胞黏附分子是一种糖蛋白，在细胞发育过程中介导其识别功能。在隔离的、神经细胞黏附分子 NCAM 基因敲除雄性小鼠的笼子中进行居住-入侵者实验时，与对照组相比，NCAM 基因敲除小鼠尾巴抖动声及进攻潜伏期明显缩短、攻击次数明显增加。杂合子的上述三项指标均处于中间水平。将 NCAM 基因敲除小鼠与 NCAM 基因过表达转基因小鼠共同饲养能有效降低前者的攻击性表现。

P 物质是一种能够通过脊髓感觉纤维传递痛觉的神经肽。P 物质基因敲除小鼠缺乏应激诱导的无痛觉反应，在止痛实验中对吗啡的反应也不同。在居住-入侵实验中，对隔离雄鼠进行三个为时 5min 的测试，P 物质基因敲除小鼠的攻击潜伏期延长，且攻击得分明显降低。对这种攻击行为减少的一种可能的解释是在这些基因敲除小鼠中缺乏应激诱导的无痛觉反应。假设打斗对小鼠是一种应激原，能产生短期的镇痛作用，那么即使在受伤的情况下降低的痛觉也可使个体继续战斗。由于 P 物质基因敲除小鼠缺乏应激诱导的无痛觉反应，较正常小鼠在一定程度上更能充分的感觉到伤口的疼痛，这阻止了它们继续战斗。

抗利尿激素是一种神经肽，它能促进仓鼠的攻击性行为。血管升压素 V1b 受体基因敲除小鼠在居住者-入侵者实验中的攻击性降低。基因敲除雄鼠攻击前的潜伏期显著延长，攻击次数和撕咬减少。嗅觉、视觉、运动能力、生长曲线及嗅闻陌生雌鼠所用的时间，这些控制性行为的得分正常。催产素是一种神经激素和神经递质，它与泌乳及生殖行为的调节相关。

催产素基因敲除小鼠的进攻性行为减少。隔离饲养后的定居-入侵实验中，基因敲除小鼠和野生型雄鼠进攻前的潜伏期或进攻次数没有差别。在一个无干扰的竞争场所进行为时 5min 标准对手实验，不同基因型间进攻潜伏期或进攻频率无差别。然而，在两个实验中，基因突变小鼠的攻击性活动时间和单次攻击持续时间均明显减少。另一品系催产素基因敲除雄鼠在隔离诱导定居-入侵实验中表现出更高程度的攻击性行为。品系背景、DNA 结构及饲养方式是这两个催产素基因敲除体品系间差异的可能原因。对山地田鼠、催产素基因敲除小鼠及血管升压素受体基因敲除小鼠的研究充分表明了催产素和血管升压素在交配、社会识别、社会联盟及社会记忆方面的重要作用。与野生对照小鼠所表现出来的社会记忆水平相比较，社会识别降低，称社会遗忘症，可在催产素基因敲除小鼠、血管升压素 V1a 受体基因敲除小鼠中见到。给催产素基因敲除小鼠以催产素治疗可恢复其记忆力。给血管升压素 V1a 基因敲除小鼠以血管升压素治疗，其表现出过度的理毛行为。催产素基因敲除小鼠其他的缺陷包括被隔离幼仔超声发声水平的降低、处于高的叠加的迷宫上时其焦虑样行为减少。然而，经过对这些基因敲除小鼠进行严格控制的实验，表明其嗅觉正常。在催产素基因敲除雌鼠中可发现其对感染了肠道寄生虫的雄鼠所散发的气味不能正常躲避，而这种躲避被认为是一种社会性的歧视行为。催产素基因敲除小鼠的空间感也正常。雄性和雌性催产素基因敲除小鼠的社会识别能力均有缺陷。在催产素基因敲除小鼠，介导催产素在社会识别中的作用的神经通路包括杏仁核、嗅球、梨状皮质、背外侧中隔的躯体感觉皮层的活化及海马。

社会行为失常在其他神经肽递质编码基因的基因敲除小鼠中也有发生。促胃液素释放肽受体基因敲除小鼠在群体接触过程中的社会行为增加，而在定位寻找埋藏的食物时其嗅觉能力与野生对照小鼠相似。蛙皮素基因敲除小鼠社会行为异常并伴随有饮食过量及肥胖症。垂体腺苷环化酶激活肽 1 型受体缺乏的雄鼠具有异常的性别特异性社会行为。与野生对照小鼠相比，雄鼠对异性和同性均有高水平的性冲动。雌鼠与陌生雄鼠的结合延迟。

Dishevelled-1 是一种蛋白质，在果蝇体内其通过 wnt 信号途径调节序列片段的极性化，该基因敲除小鼠的社会互动性减少，常独自待在饲养笼的一个地方而不和其他小鼠成群。与野生对照小鼠相比，dvl1 基因敲除小鼠具有筑窝行为缺陷。

生理因素会影响社会行为，如疾病或对疼痛的超敏反应。对基因突变小鼠感知力和一般健康状况的观测是非常重要的，这可避免在社会行为学上对单个基因功能的夸大。TRP2 是一种在鼻骨器官特异性表达的一个有争议的离子通道受体，在雄性 TRP2 基因敲除小鼠中，TRP2 缺失可阻止由群体气味诱导的鼻骨神经元活化，抑制雄鼠的攻击行为，并导致其对异性和同性都会做出求偶行为。对基因敲除小鼠的激素、神经递质及其受体的分析展现了一种在群体相互接触过程中发生的异常现象，这有利于阐明神经药理学及神经解剖学对社会群体间的相互作用进行调节的直接机制和代偿机制。

（梁　虹）

参 考 文 献

1. Vootele V, Heikki R, Elina I. Congnitive Defict and Development of Motor Impairment in a Mouse Model of Niemann-PickType C Disease［J］. Behav Brain Res（S0166—4328），2002；132：1－10.

2. Simon D, Seznec H, Gansmuller A, et al. Friedreich Ataxia Mouse Models with Progressive Cerebellar and Sensory Ataxia Reveal Autophagic Neurodegeneration in Dorsal Root Ganglia [J]. J Neurosci (s0270—6474), 2004; 24:1987-1995.

3. Peter L, David A, Kay E. Behavioural Characterisation of the Robotic Mouse Mutant [J]. Behav Brain Res (S0166—4328), 2007; 181:239-247.

4. Clark HB, Burright EN, Yunis WS, et al. Purkinje Cell Expression of a Mutant Allele of SCAl in Transgenic Mice Leads to Disparate Effects on Motor Behaviors. Followed by a Progressive Cerebellar Dysfunction and Histological Alterations [J]. J Neurosci (S0270—6474), 1997; 17:7385-7395.

5. Crusio WE, Schwegler H, Van Abeelen JHF. Behavioral Response to Novelty and Structural Variation of the Hippocampus in Mice. Quantitative-genetic Analysis of Behavior in the Open Field [J]. Behav Brain Res (S0166—4328), 1989; 2:75-80.

6. Moran PM, Higgins LS, Cordell B, et al. Age-related Learning Deficits in Transgenic Mice Expressing the 75 1-amino Acid Isoform of Human Beta-amyloid Precursor Protein [J]. Proc Natl Acad Sei USA (S0027—8424), 1995; 92:5341-5345.

7. Morris IL Spatial Localization does not Require Cues [J]. Learning and Motivation (S0023-9690), 1981; 12:239-260.

8. Seth L, Robert S. Factors Affecting the Hippocampal BOLD Response during Spatial Memory [J]. Behav Brain Res (S0166—4328), 2008; 187 (2):433-441.

9. Lalonde R, Qian S. Exploratory Activity, Motor Coordination and Spatial Learning in Mchrl Knockout Mice [J]. Bahav BrainRes (SO166—4328), 2007; 178:293-304.

10. Lorivel T, Hilber P. Motor Effects of Delta 9 THC in Cerebelar Lureher Mutant Mice [J]. Behav Brain Res (S0166-4328), 2007; 181 (2):248-253.

11. Yoko T, Mark C, Mark H. Procedural Learning and Cognitive Fiexibility in a Mouse Model of Restricted. Repetitive Behaviour. Behav Brain Res (s0166-4328), 2008; 189 (2):1250-256.

12. Barnes CA. Memory Deficits Associated with Senescence: A Neurophysiological and Behavioral Study in the Rat [J]. J Comp Physiol Psychol (S0021-9940), 1979; 93:74-104.

13. Mauro S, Ann F, Miehele R. The Involvement of the Polyamines Binding Sites at the NMDA Receptor in Creatine-induced Spatial Learning Enhancement [J]. Behav Brain Res (S0166-4328), 2008; 187:200-204.

14. Esmaeil A, Fereshteh M, Nasser NA. The Effect of Antagonization of Orexin 1 Receptors in CAl and Dentate Gyrus Regions on Memory Processing in Passive Avoidance Task [J]. Behay Brain Res (S0166-4328), 2008; 187:172-177.

15. Bartolini L, Casamenti F, Pepeu G. Aniracetam Restores Object Recognition Impaired by Age, Scopolamine, and Nucleus Basalis Lesions [J]. Pharmacol Biochem Behav (S0091-3057), 1996; 53:277-283.

16. Ennaceur A, Delaeour J. A New One-trial Test for Neurobiological Studies of Memory in Rats: Behavioural Data [J]. Behav Brain Res (S0166-4328), 1988; 3i:47-59.

17. David R. Raymond P. Disruption of the Direet Pedorant Path Input to the CAl Subregion of the Dorsal Hippocampus Interferes with Spatial Working Memory and Novelty Detection [J]. Behay Brain Res (S0166—4328), 2008; 189 (2):273-283.

18. Antonella G, Agata C, Assunta P. Effect of 5-HT (7) Antagonist S13-269970 in the Modulation of Working and Referenee Memory in the Rat [J] . Behav Brain Res (S0166—4328), 2008.

19. Andrade C, Alwarshetty M. Effect of Innate Direction Bias on T-maze Learning in Rats. Implications for Research [J] . J Neurosci methods (S0165—0270), 2001; 31 - 35.

20. Jennifer L, Gary W. Grid Performance Test to Measure Behavioral Impairment in the MPTP-treated-mouse Model of Parkinsonism [J] . J Neurosci Methods (S0165—0270), 2003; 123 (2): 189 - 200.

第六章　认知行为研究方法

认知是记忆过程中的一个缓解，又称再认，指过去感知过的事物在当前重新出现时仍能认识，现代认知心理学认为认知过程就是信息的接受、编码、储存、提取和使用的过程。动物认知主要以动物为研究对象，尽管包括很多从不同角度的研究内容，但大致可归纳为三类：一是从心理学角度出发，探讨心理过程，包括动物心理（动物意识、动物思维）和知觉，记忆，学习和决策过程等；二是通过对行为层次数据的分析，对行为的心理学基础进行推论，包括经典条件化，工具性学习，操作条件化、行为的实验分析，强化学习，刺激控制等研究，这一传统上的研究通常又这样一些专门化的主题，如数能力，自动形成（autoshaping），偶然情景（occasion setting）等；三是从生物学角度出发的比较认知，认知习性学等研究，包括演化和生态学的考虑。

对动物认知的研究可以追溯到达尔文时代，他把对动物认知能力的研究看成是间接探讨人类起源，帮助理解人类行为的基本手段。动物认知有着生物学和心理学的渊源。前者指达尔文有关心理连续性的观点，即人与其他物种不仅在生物结构和特性上具有演化上的连续性，而且分享一些认知能力。后者是指人类认知心理学为动物认知的研究提供了概念，模型以及实验方法。因此，动物认知研究通常使用各种条件化程序，证明在广泛的动物物种中存在许多共同的认知过程。

动物认知将动物看作信息的智慧加工者，研究有机体如何获得和使用有关环境的信息，解答动物怎样思考的问题。它认为有机体接受内外信息，依照某类编码在头脑中表征出来，同有机体已有的经验结合，并通过学习，记忆，问题解决，知觉，再认等认知技能的表达与周围环境相互作用，做出适当的反应。简言之，动物认知研究肩负两大主要任务，确定动物认知的本职特征及其局限；比较不同物种的认知过程。为了达到这样的目标，不同训练背景的研究者采用不同的策略研究动物认知。其一是一般的途径，即研究集中于一些在分类学上相距较远的焦点动物物种，以理解种间共有的一般认知过程。二是习性学途径。主要针对相近物种进行研究，阐明这些物种特有的适应行为的认知机制及其生态学因素。三是实验认知途径，即对同一物种在各种不同实验条件下的反应进行比较、分析和说明。

动物认知涉及广泛的研究范围，从动物感知觉，动物本能一直到动物学习，记忆和思维过程各个层次。动物认知研究具有一些特定的实验范式和经典任务，包括放射臂迷宫空间学习，序列学习，心理表象，范畴（概念）形成等。本章节将从动物感知（如听觉、触觉和视觉等），动物学习和记忆等动物认知方面的内容分别阐述其方法研究。

第一节 感观功能

动物生活的环境，无论是非生物环境或者生物环境，都能给动物发出许许多多的信息（刺激），也就是说，动物是生活在众多的刺激包围中。从早到晚，源源不断的信息流，通过数不清的传递渠道进入动物的大脑。由于大脑每秒钟处理的信息有限，所以必须首先对所有的信息进行整理，区别哪些是重要的，哪些是次要的，哪些是无关的。

动物用哪些方法获得信息呢？那就是通过接受信息的感受器，也就是我们通常所说的感觉器官。任何物种都生活在他们自己的感觉器官所感知的世界中。有些行为是有机体主动产生的，有些则或多或少由环境刺激所控制。动物一定要具有在不同情况下作出及时反应的行为能力，反之行为发生的不是时候，不是地方，将会给动物自身带来不利甚至灾难。动物为了使行为适宜有效，必须对环境的各种情况有所认识，这种认识也是由感觉器官产生的。研究动物的行为，应当先从研究能引起他们反应的那些外界刺激着手。

在众多的刺激当中，动物仅对少数有限的经由感觉器官进入的情报作出行为反应。为了鉴定动物是否接受了刺激，通常选取它们的一些行为作为指标，如观察它们是否进食、甩鳍或者摆尾等。

一、视觉模型和测定方法

1. 视觉动物模型　视神经损伤动物模型：视觉系统的一些疾病（如视网膜色素变性、视神经炎、眼挫伤和青光眼等引起的视神经萎缩和损伤）目前仍无较好的治疗方法，通过建立视神经损伤的动物模型并进行治疗，以寻求有效的药物，对于治疗上述疾病具有重要意义。常见的外伤性视神经损伤动物模型有视神经横断伤、钳夹伤、牵拉伤、挤压伤等。视神经横断伤将视神经自视交叉前任一部位切断，造成所有视网膜视神经节细胞轴完全离断，可以保证各实验动物致伤量一致，便于对照研究。视神经钳夹伤动物模型的共同特点为使用不同的致伤器将视神经自视交叉前任一部位夹伤，保持神经外膜的完整性。视神经牵拉伤动物模型分为与视神经管轴向一致的牵拉和垂直于视神经管轴向的牵拉，前者可确切的造成弥漫性轴索损伤，后者类似视神经管骨折所致切割伤。视神经挤压伤动物模型类似眶内肿物及临床视神经间接损伤时周围组织挤压视神经造成损害，手术简单，易于操作，造成视神经损伤确切，对实验动物创伤较小，便于术后护理和观察。

青光眼动物模型：青光眼是一组威胁视神经视觉功能，主要与眼压升高有关的临床征群。最典型和最突出的表现是神经萎缩和视野的缩小、缺损，如不及时采取有效的治疗，视觉可以全部丧失，终致失明。近年来随着正常眼压青光眼发病率的升高，人们逐渐认识到除眼压外，还有其他因素参与青光眼的发生。此模型可以分为非高压眼视神经损伤模型和压力增高模型。非高压眼视神经损伤模型如玻璃体内注射兴奋性氨基酸方法建立青光眼模型。压力增高模型方法很多，如：自发性高眼压模型：一些特殊种系的小鼠如 DBA/2J 和 AKXD-28/Ty 纯系小鼠，年老时会自发性眼压升高并产生类似于青光眼的视网膜疾病；视网膜缺血及再灌注模型也是一种常用的青光眼模型建立方法。

近视动物模型：随着近视研究的逐渐深入，近视动物模型已得到广泛应用。近视动物模型常选择动物有非哺乳动物，如鸡，哺乳动物，如小鼠、树鼠、豚鼠和猴等。常用诱导方法有：①形觉剥夺性近视用眼睑缝合，弥散镜片，眼罩等方法阻挡光线到达视网膜，而不能形成清晰的像，从而形成近视；②离焦性近视给动物戴负性球镜，从而使物体成像于视网膜之后，动物产生代偿性的眼球轴长增加，从而形成近视。

弱视动物模型：近年来研究者通过临床及实验观察，发现人及其他哺乳动物都存在一个视觉发育的关键期。而在这个关键期内，由于各种原因致眼部接受的有效光线刺激减少，使得矫正视力低于正常形成弱视。根据发病原因的不同可将其分为斜视性弱视、屈光不正性弱视、屈光参差性弱视、形觉剥夺性弱视和先天弱视。对于其发病机制，存在着以 Hubel 和 Wiese 为代表的中枢发生学说和以 Ikeda 为代表的外周发生学说，前者认为弱视的受损部位主要在视皮质部，后者认为其主要受损部位在视网膜 X-型视神经细胞。常用方法是缝合动物的一侧眼睑，制成弱视动物模型。

2. 视觉测定方法　视觉是指对光作出反应的能力，包括对光质和量、不同形体的物体以及移动的物体的分辨。地球上只有很少几种动物对光是冷漠的，甚至连没有眼睛的原生动物也能区别黑暗与光明。原始的视觉器官由一些特殊的感光细胞组成，这类细胞对光刺激极为敏感。它们是以类似于人类感觉温度的方式去“看”到光的，但只能区别光明与黑暗，不会看见具体事物。动物身上的感光细胞逐渐进化发展而成眼睛。起初，眼睛只是聚集在一起的感光细胞，后来继续进化，感光细胞外面逐渐形成了一层透明的覆盖物和有色素细胞的膜，避免光线从各个方向射入眼睛。于是，感光的地点凹陷下去了，甚至变成囊状，成为可以称为眼睛的器官。下面以小鼠为例说明检测视觉敏锐度的一些方法。

啮齿类动物的视觉很发达，它们视觉系统的大体解剖结构和其他哺乳动物相似。视网膜视杆细胞可以辨别黑白影像，视锥细胞辨别彩色。视网膜的感觉神经元细胞吸收光子后可产生一种放大了的神经信号，然后这种信号再传给更高级的视觉神经元细胞。光活化的视杆细胞和视锥细胞受体激活一种鸟苷三磷酸（GTP）结合蛋白转导蛋白，转导蛋白则刺激环鸟苷一磷酸（cGMP）。然后视网膜感光器将信息传到二阶细胞和神经节细胞，这些细胞再将信息传达到视神经。视觉信息会在外侧丘系、上丘和视觉上皮细胞内进行中转。通常在一个视觉辨别任务中，利用欲求或厌恶奖励，通过视网膜电图或行为分析等神经生理学方法来测量小鼠的视觉敏度。

测定小鼠失明的实验包括对直射眼睛的强光柱的瞬目反射和瞳孔收缩反应。视觉定位实验，即抓住小鼠的尾巴将其提至离桌面 15cm 处，然后观察它四肢的伸展情况。通常，将小鼠慢慢放到桌面时，它会伸展前爪，以一种“软着陆”的姿势到达水平面。失去视觉的小鼠在其胡须或鼻子碰到桌面以前，由于看不到正在接近的桌面而不会伸展前爪。小鼠区分明暗的能力很容易就能被测量，只要提供一个具有视觉可辨区域的环境即可，该环境可以是一个有明暗两个区域的大盒子或者 Y 型迷宫。作为典型的夜行啮齿类动物，小鼠较喜欢黑暗并会迅速进入较黑暗的区域。由于小鼠不喜欢开阔，光照良好，敞开的环境，明暗选择实验中常会伴随着小鼠的恐惧和焦虑。

视觉悬崖实验是一种较受欢迎的测量总体视觉能力的方法，其最早是旨在用于研究婴儿的视觉深度，后来被称为发展心理学的经典实验之一。研究者制作了平坦的棋盘式的图案，用不同的图案构造以造成“视觉悬崖”的错觉，并在图案的上方覆盖玻璃板。然后将 2 ~ 3 个月大的婴儿腹部向下放在“视觉悬崖”的一边，发现婴儿的心跳速度会减慢，这说明他们体验到了物体深度；当把 6 个月大的婴儿放在玻璃板上，让其母亲在另一边招呼婴儿时，发现婴儿会毫不犹豫地爬过没有深度错觉的一边，但却不愿意爬过看起来具有悬崖特点的一边，纵使母亲在对面怎样呼喊。这似乎说明婴儿已经具备了深度知觉，但这种深度知觉是与生俱来的，还是在出生后几个月里学来的，目前还没有定论。视觉悬崖仪器主要用来估计小鼠在水平面边缘看到悬崖的能力。如图 6-1 所示，两块水平板中间连接一块竖直板，形成一个硬纸板或木制的盒子。垂直板高度大约0.5m。黑白棋盘形图案可以使垂直坡度显得突出。该图案可以直接涂成，也可以将带有图案的纸粘在表面上。上面的水平板上铺一张透明的玻璃纸，并一直延伸覆盖竖直悬崖，这样就使得悬崖视觉可辨了。小鼠被放在水平面和垂直面的交接突起处，然后记录它离开突起爬到水平面的时间。两个面都要足够明亮以使棋盘图案清晰可辨。边缘周围的白色面可以减少树脂玻璃表面的映像。如果动物看得见“悬崖”，它会在垂直悬崖的边缘停下来。失明的动物则不会停止，而是径直走下“悬崖”。

图6-1 小鼠的视觉悬崖实验（Crawley，2007）

最初发明的视觉悬崖在边缘处有一个30.48cm宽，45.72cm厚的铝质突起。10次连续实验中的每次开始都要把小鼠放在铝砧上。在分析视觉悬崖时，把小鼠选择退到水平棋盘面上称为“安全”或者阳性，退到垂直面则称为“阴性”。1∶1的比例说明小鼠选择两面的概率是相等的。不同种系对照进行该实验表明，A/J、Sm/J、C57BL/6和C57BL/10系小鼠中80%显示阳性，C3H/HeJ系小鼠则只有52%的阳性，它们被认为是盲鼠系。

但是，小鼠的视觉悬崖实验会被其他的导航感官干扰。小鼠在冒险走过“悬崖”前可能会用胡须嗅探树脂玻璃几秒钟。如果是一只盲鼠，它可能会成功的利用非视觉感官来导航，如来自胡须或爪子的反馈信息，小鼠会分析不断碰触树脂地板时的感觉。进行视觉悬崖测试之前，如果把小鼠的胡须刮掉，也许能够排除来自胡须的信息。但是移走胡须会干扰很多其他的行为测试。所以，视觉悬崖测试时如果要刮掉胡须的话，该实验需要在其他行为测验完成以后才能进行。

小鼠的视觉行为测试要求小鼠进行视觉区分，如视觉提示间的加强选择。训练小鼠将一根杠杆推到笼子壁上的光区内，完成任务可以得到食物奖励。视觉敏度通过区分不同光强或光的色彩来评估。灵敏的视觉辨别实验要求啮齿类动物在两种复杂的视觉刺激物之间进行选择。测试中还要伴随加强的食欲刺激或厌恶刺激。例如，受试小鼠选择了棋盘图案下面的杠杆，而不是纯色图案下面的杠杆才能得到食物奖励。或者小鼠避免应激时，必须要进入 Y 型迷宫有水平条纹的一端，而不是有竖直条纹的那端，或进入明亮的一端而不是黑暗的那端。这些实验对视觉能力相对薄弱的小鼠是有限制的，而且要求正常小鼠学会实验步骤。

运动昼夜节律对简短的光脉冲非常敏感，因此逐步感光豆状核变性可以用车轮昼夜运转模式来测量。如果在一个持续黑暗的封闭环境中，光脉冲不能使昼夜节律活动重新启动，那么也许可以认为小鼠是失明的。年长的小鼠往往表现为视觉丧失和对光的生理反应的缺失。

给予视觉刺激后再对视觉皮层进行电生理学记录依然是小鼠视觉敏度的最灵敏和最精确的测量方法。视网膜电图（ERG）记录主要用来测量视网膜对闪光灯强光的反应。通过对神经节轴突和上丘细胞的单机制神经生理记录测量出了视觉阈值，知道它和水迷宫中的行为表现有关。对单色光源的绝对视觉阈值和眼膜图像也已经用一种双通成像仪器测量出来了。这种方法用来估计大鼠的对比敏感度函数。一些刺激模式如横向条纹光栅的视觉诱发电位在清醒小鼠的双眼视觉皮层中已有所记载。

视觉系统的自发突变在实验小鼠中很普遍。杰克逊实验室发现了至少 16 种来自视网膜光感受器的视网膜变性。视网膜突变基因在许多具有纯系种遗传背景的转基因小鼠和基因敲除小鼠中很普遍，主要包括 C57BL/6J、FVB/NJ、C3H 和 CBA/J 等系种。与年龄有关的视觉丧失使得老龄化和老年痴呆症的突变小鼠模型的表型分析变得复杂。例如，三种老年痴呆症鼠系的视网膜变性基因的存在在一些空间记忆实验中会产生深度损伤，这些实验包括在小鼠 5 ~ 8.5 个月大的时候进行的莫氏水迷宫实验，旋臂水迷宫实验和平台设计实验。

二、听觉动物模型和测定方法

1. 听觉动物模型　听力障碍是人类最常见的疾病之一，据统计 1/1000 的新生儿患有耳聋，分析病因发现遗传因素和环境因素各约占一半。遗传因素（包括核基因核线粒体基因突变）导致耳聋，70% 表现非综合征耳聋（non-syndromic hearing

loss，NSHL)，30%表现为综合征耳聋（syndromic hearing loss，SHL)。对小鼠的研究表明，有8种基因突变的鼠耳聋模型可作为人类NSHL的动物模型，这8种耳聋基因包括Myo7a、Myo15、Pou3f4、Pou4f3、Collla2、Tecta、Cdh23和Pds基因；另有约20种基因突变的鼠耳聋模型可作为人类SHL的动物模型。常用的听觉模型有：自身免疫性听神经病动物模型，非感染性传导性耳聋动物模型以及听觉剥夺动物模型。

2. 听觉测定方法 动物的听觉器官和声音接收器的结构和功能要比视觉广泛得多。因为视觉受一些固定因素如太阳光的影响，而地球上得声音却名目繁多，变异无穷。在几种感觉中，对动物的声音、听觉及声音信号的含义是研究的最多的。因此，人类对动物的声音通讯也了解得较为深入，并正在逐步叩开动物听觉王国的大门。

声音是介质的一种机械运动传递，是某种运动在空气或水甚至固体等类介质中造成的压力波。敲击音叉，叉尖震动影响周围的空气，把波源产生的声音压力波传播开去。这种波动撞到耳膜似的薄膜上时，就会引起薄膜震动，这样的信号传入脑中，便是声音。声音的优点之一是能向四周八方传播，通常障碍物不能阻挡它。频率较高的声音，类似于光的传播；高频声比低频声更有方向性。声音具有多种多样频率、强度和波形，还存在着变异性，因此声音彼此有相对大的差别。声音还能顺时性地忽现忽停，并可有精确的时间性。

动物的发声方式极其多样，他们的作用也各不相同，其中有许多用比彼此间通讯的目的。动物的活动如咀嚼，行走和飞行，都会发出声音，但这些声音是非主要声音，大多数属于环境中的一般噪声，当然，也有一些动物依靠这类声音传递信息。大部分声音信号是由专门的发声器官发出来的，动物拥有各种巧妙的发声机制。动物除了发展变化无穷的发音器官和发声方式以外，同时也发展和完善了分辨及感受声音的感觉-听觉。为了接受丰富多样的声音信号，发声和听觉必然互为促进，这样又使发出的声音调整得更为准确。相对来说，动物的听觉器官出现得较晚，在脊椎动物中，鱼是首先获得听觉器官的。听觉器官是由迷路分离出来的一部分，并逐渐发展、演化而形成听觉功能。迷路（前庭）原是一种平衡器官，高等动物迷路的一部分后来才发展成为具有柯蒂器官的耳蜗。柯蒂器官是最重要的听觉器官，它的结构非常完善。柯蒂器官还是一种感受器，能够感受环境中迅速而微小的压力变化。环境介质压力的迅速增减会影响到耳鼓。耳鼓的震荡通过听觉小骨系统传到卵圆窗和迷路液，于是震荡就传到了柯蒂器官，接着，柯蒂器官的纤维发生强烈的共振，刺激听觉神经所支配的相应感受器，这样就产生了听觉感受。

听觉是通过耳蜗内的感觉毛细胞进行转换的。音调和响度信息通过听觉神经传递分别到达橄榄复合体、外侧丘系、下丘、内侧膝体和听觉皮层。小鼠的听觉很发达。高频率的超声波发声是幼仔和父母进行社会交流的主要形式。在一些啮齿类动物中，痛苦的发声看起来是给同种传达一种使它们厌恶的信息。简单的听力测验可以估计出听觉震惊的阈值。频率听觉敏度可以通过听觉诱发脑干反应这种已适于小鼠的久负盛名的神经生理实验测量出来。而听觉诱发脑干反应和瞬态诱发耳声发射反应本来是用来测量成人和幼儿听力的。

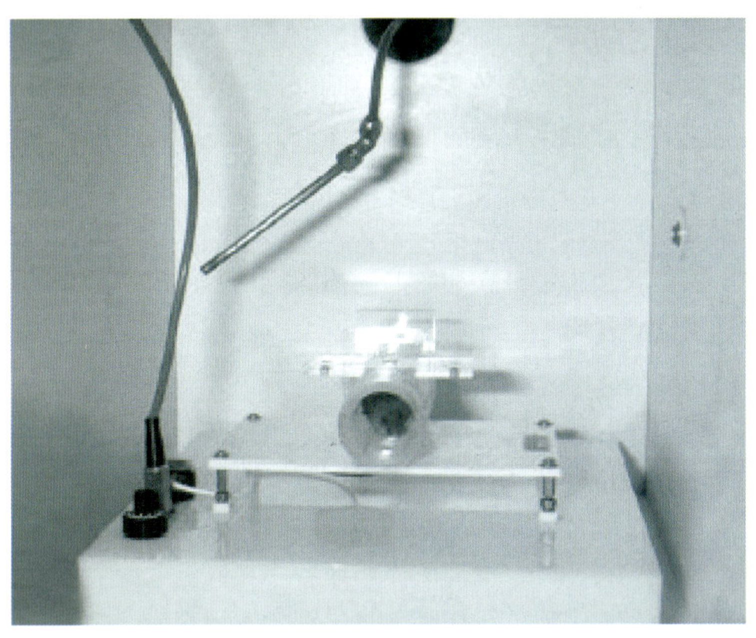

图 6-2 小鼠的声音震惊实验（Crawley，2007）

听觉震惊反射为大体听觉能力和听觉阈值提供了一个很好的测量方法。听觉震惊是大多数哺乳动物具有的反应能力。突然大声的声音会引起实验对象的畏缩。人类的听觉震惊实验通过眨眼反射来测量对突然大声的噪音的反应，而鼠类则测量其整个身体的收缩幅度。普赖尔反射是一种对木马点击器的声音和拍掌声的畏缩反应（图 6-2）。小鼠被放在一个小的圆筒内。为了适于大鼠，成年小鼠，和幼年小鼠，圆筒的规格有很多。最佳的圆筒直径要能够减少筒壁压力的约束，使得其宽度允许小鼠可以在里面转身。实验开始前 5min 的适应期，对于小鼠适应圆筒并在给予声音刺激时能安静的坐着通常足够了。白噪音的分贝数通常是敲在杠杆上的 65 ~ 75dB，而 75 ~ 120dB 的简短声调由说话者通过圆筒壁传过来。许多纯系的正常小鼠会对 100dB 及以上的声调做出反应而全身颤抖。

该设备通过直接位于小鼠所在圆筒下面的静电感应器测量小鼠的畏缩幅度。引起畏缩的最小分贝值被规定为小鼠的听觉震惊阈值。直到达到 120dB 时才能引起耳聋小鼠的畏缩。而在这种极端的声响下，通常可能是小鼠通过触觉对震动做出的反应，而不是听到了声音。耳聋的小鼠也许并不会对 120dB 以下的震惊刺激有反应。听力受损的小鼠对 120dB 以下的震惊刺激的听觉震惊阈值会有所提高。对听觉震惊反射的预脉冲抑制可能为听力的测量提供一个更灵敏的方法，因为小鼠看起来可以辨别预脉冲更低的分贝数，90dB 或更低，而这种预脉冲可抑制 120dB 的震惊刺激。然而，震惊和预脉冲抑制测量出的听力值并不是纯粹的。震惊反射路径和感觉运动门控调节途径中的情绪和运动成分都会对实验产生影响。影响任何基本机制的突变都将对突变鼠系听力缺乏的直接解释产生干扰。对高频听力丧失的重组纯种系小鼠的一系列研究，提出了与听觉震惊缺乏有关的基因。

听性脑干反射（ABR）是听觉阈值的最灵敏的测量方法，已经被广泛用于小鼠。听觉神经和脑干发出的同步神经放电会对简短的听觉刺激做出反应，如一系列的咔嚓声和语调。这种方法需要专门的神经生理记录设备，包括一个精密的听觉刺激输入装置和一个诱发电位器。最常用的系统就是美国智听公司的装置。该设备最好是在声控环境内使用，如 NIOSH 曝噪装置。需要将不锈钢电极深深置入麻醉小鼠耳郭下面的皮下组织内，也就是听觉神经的表皮。随机的 8～32kHz 的敲击声刺激，通过两耳上的耳机传进小鼠耳内。每种声调会有 5dB 的差别。而小鼠对听觉神经的反应会从 25000 扩大到 100000，并且会通过一个前置放大器进行过滤。ISH 系统可以估计来自听觉神经电极的神经生理反应情况，并将听性脑干反射作为每种声调的波形。听觉阈值被规定为最低的刺激程度，而在这种刺激下 ABR 波可以被识别。

三、嗅觉动物模型和测定方法

1. 嗅觉动物模型　最常见的嗅觉动物模型是鼻窦炎模型。鼻窦炎在动物模型上可得到很好的研究。尽管有许多研究者曾试图从人身上研究鼻窦炎的病理生理学、免疫学和生物化学等情况，但这些研究受到一些因素的制约。人类鼻窦炎是个体差异性明显的疾病，有不同的病因，致病细菌、病程和治疗方法也不尽一致，这些因素限制了对鼻窦炎的研究，另外，人类遗传学上的差异也导致个体差异性。而应用动物模型可很好的避免这些差异。常用的造模动物主要有狗、兔和转基因鼠，如 C57BL6/J 小鼠。常用的造模方法有：①直接向鼻腔注入细菌的造模方法；②利用外科手术打开鼻窦腔，堵塞窦口，同时向鼻腔接种细菌；③单纯封堵窦口的造模方法；④鼻源性感染的造模方法。总体说来，理想的鼻窦炎动物模型应满足以下要求：建模过程没有直接损害窦腔；与人类慢性鼻窦炎的病因及病理生理相符合；模型复制出来的鼻窦炎具有向其他鼻窦侵犯的能力；在病理学上具有炎症分期分级的征象；方法简便，建模成功率高。

2. 嗅觉测定方法　许多动物都有胜过人类的化学性感受器官，而且以与我们极不相同的方式来利用它们。嗅觉在动物生活中起着非常重要的作用，动物的“化学语言”含义非常丰富，细腻。有的表示自己所属物种、性别，甚至个体；有的提供警报、食物位置、定向的信息；有的则标记地盘的归属、群体体系；还有的信息用于配偶选择。总之，许多动物用化学信息传递情报，进行化学通讯的过程，在动物生活中占据十分重要的地位。

嗅觉器官是鼻腔黏膜中不大的区域，内覆嗅觉上皮。鼻腔的嗅部位于鼻腔后上方的盲部，具有大量的筛骨卷。这一部分黏膜由于它的轻度肿胀和黄的颜色而区别于其他区域。脊椎动物的嗅觉细胞想着鼻腔的一端是以棍棒状膨大体而结束的突起。这些突起伸入鼻腔，具有收缩能力，因而其末端可以时而与有气味的物质相接触，时而缩入上皮的深处，而嗅细胞可在黏液中游离摆动。无脊椎动物嗅觉器官在体外许多部分都有，尤以头部触角上最为常见，感觉细胞的树突伸进感觉毛发内，它的表面有毛孔密布，内有液体，树突在其中游泳。这样，脊椎和无脊椎动物的外激素分子被液体所吸收，经扩散运动到树突的接受器而传入中枢。零星分散的小嗅腺开口于嗅黏膜的表面上，分泌含有黏液的物质。这些分泌物能防止黏膜干燥，但主要的是溶解芳香物质，使之被感受。

除鼻子外，还有另一种感觉器官，叫梨鼻器（又名贾氏器官），它具有辅助嗅觉的作用。这是一种附加的嗅腔（有与嗅觉神经相连的特殊神经供应），呈成对的中空小管状，内覆嗅觉上皮，并含有软骨支架。梨鼻器位于鼻腔底，鼻中隔的基部两侧，其前端开口于鼻腔管。

外激素是指生物体向环境释放的一类有嗅或有味的化学物质，这类物质在环境中起着同种个体间的传递信息（通讯）的作用。动物释放的外激素与视觉，听觉信号不同的是，当信号发出者离去后，外激素仍能于发信号处留存一定时间，以至数日，这也是外激素的优越性之一。化学信息的专一性和远距离有效，使外激素比其他通讯方法更为优越。虽然信息丰富而多样，但动物的束状突上受体有一定构形，只有两者相像时才能结合。否则，若化合物与受体构形不同，两者就不能结合，动物也就不能感受，外激素的特异性就这样产生的。

嗅器官对气味的辨别能力可以通过简单的实验来测量，实验中小鼠要寻气味找到被藏起来的东西，例如，埋藏在笼子里垃圾内的一片巧克力，一块水果谷物圈，少量奶酪或花生酱。闻到熟悉气味的小鼠会迅速的刨垃圾堆以找到气味来源。找到被埋食物所用的时间，即反应时间，可作为嗅觉能力的量度指数。若要使该实验灵敏、快速，则需要把受试小鼠放在装有干净杂物或沙子的笼子，鱼缸或者盒子里，并且一整夜都不喂食。实验进行时，把一小块小鼠熟悉的美味食物，如饼干、巧克力条、薯条或食物颗粒埋在距杂物表面1～4cm处，一位观察员用秒表测定小鼠找到食物所用的时间。小鼠是否缺乏嗅到强烈气味的能力，这个快速的实验会给出答案。被埋食物的发觉证实了小鼠并没有嗅觉缺失（嗅觉缺失即完全丧失了嗅觉）。找到位于地面上的相同食物的反应时间，对嗅觉刺激物的视觉识别来说是个很好的对照。阳性对照组可确定嗅觉缺失能够被检测到，我们可以通过将硫酸锌加到正常小鼠的鼻腔内来诱导嗅觉缺失，或者通过手术切除嗅球。化学方法或手术造成的嗅觉缺失都能阻止被埋食物的检测，这也肯定了该实验对嗅觉系统突变的小鼠更灵敏。

另外一个简单的方法是测量小鼠嗅探到一种有吸引力的新鲜气味所用的时间。将有气味的东西涂在实验笼子的一侧，或者蘸在棉球或棉签上。一抹儿奶酪、一滴芳香浓缩物如香草醛、杏、薄荷，或香蕉，被其他小鼠占领过的笼子底部残留的气息，或者来自异性小鼠的少量的尿液通常都可以作为嗅觉线索达到吸引小鼠的目的。实验笼子一侧有气味的东西能刺激受试小鼠几次三番的去嗅闻气味所在之处。观察员会用秒表计算小鼠嗅探到气味来源所用的总时间。而闻到一种中性物质（如一滴水）所用的总时间可作为对照组。涂有香蕉或杏的棉签能引起小鼠的嗅闻行为，然后估测其适应与否，这种方法对嗅觉敏度的测量很灵敏。通过小鼠嗅闻易挥发尿味所用时间来测量信息素的检测方法，比其在社会中参与的和气味有关的活动更具行为性。受试的雄性小鼠常用发情期雌性小鼠的尿液作为信息素。通常把收集到的尿液滴在滤纸上，而滤纸则放在网状屏障后面或具有三室空间仪器的一端，或四室迷宫的某处，海绵垫上，塑料树脂垫上，或者放在固体垃圾里。

测量嗅觉能力的更精密的实验，要求小鼠在两种气味中选择其一，然后可以得到食物奖赏。

四、味觉动物模型和测定方法

1. 味觉动物模型　味觉动物模型最常见的就是食物厌恶实验。大鼠和小鼠都会去吃它们熟悉味道的食物，而不吃陌生的食物。大鼠群体中的成员通过观察其他鼠群进食的状况或嗅闻它们吃过的食物来确定是否安全。在对纯系小鼠和基因敲除小鼠的实验中已经识别了味觉受体基因。参兜鞍是味觉受体细胞内的一种G蛋白，缺少这种蛋白的小鼠对苦味的反应不强烈。对两种高浓度苦味液体（地那铵苯甲酸盐和硫酸奎宁）的厌恶反应程度比野生型同窝小鼠要弱的多。对甜味液体（蔗糖和SC45647）的选择频率同样也是基因敲除的小鼠低。通过对含有多态性基因Tas1r3

的小鼠和缺少 T1R 受体基因亚基的小鼠进行选择测验发现，味觉受体 T1R1、T1R2 和 T1R3 使小鼠具有辨别甜味和鲜味（味精的味道）的能力。

2. 味觉测定方法　味觉器是比较原始的感受化学刺激的器官。所有的脊椎动物都保存着原始的简单的味蕾。味分析器的外部正是由味蕾的总和组成的。味蕾是分布于口腔黏膜中的极微小的结构，以短管即味孔与口腔相通。嗅觉和味觉往往混在一起，形成一类完全特异的化学性感觉，其必须通过接触才能感受得到，就像食物得进入口中才能品尝滋味一样。人们在研究低级动物对化学物种的感受时，就很难分清嗅与味的界限。科学家认为，对于味觉来说有四种单一的基本味道，即酸、甜、苦、咸。四种味道的独立存在是由于存在有能为酸甜苦咸味物质所兴奋的四种专门神经单元。必须指出的是，动物对这些或那些味觉刺激的反应是积极的还是消极的，主要取决于它们的生活习性，而且首先是食物的性质。如草食动物和杂食动物对糖的反应是积极的，食肉动物则通常是中性的或者是消极的。

察觉味道的能力通常用多方选择测验来进行测量。最常用的是双瓶选择实验。两个相同的水瓶里分别装上不同味道的溶液，然后放在笼内。两个水瓶在笼中的位置是随意变换的，以避免位置决定权。小鼠在规定时间消耗的溶液体积要被记录下来。比如说，在自来水和奎宁之间的选择将会测量出小鼠辨别苦味的能力。水和糖精间的选择，测量的是小鼠辨别甜味的能力。而不同浓度溶液间的选择可以估计出味觉敏度。

五、触觉和痛觉模型和测定方法

1. 触觉和痛觉模型　触觉震惊实验：小鼠对直接喷到脸上或身上的气流表现出强烈的吃惊反应。与大鼠相比，小鼠对该操作更敏感。与痛觉传导有关的基因突变会产生明显的痛觉阈值变化和对止痛药治疗敏感性的改变。P 物质是在小径的感觉疼痛纤维内合成的一种神经肽传送者，过度表达 P 物质的转基因小鼠会表现出痛觉过敏。甘丙肽是另外一种可以造成内生伤害感受性的神经肽传达者，啮齿类动物中的甘丙肽可阻止 C-纤维疼痛传播。

2. 触觉和痛觉测定方法　痛觉和触觉都属于躯体感觉，为由皮肤、肌肉和体内器官所产生的冷、热、触、痛的感觉。外物同皮肤接触，或触动毛从，都会引起触觉，即于外物接触的感觉。应该说，动物几乎都有发育良好的感受触觉的器官。就目前所知，至少有六种触觉受纳器：游离神经末梢、触觉小体、触盘、毛发神经末梢、梭形末梢和环层小体。这些受纳器都位于皮肤中。当外界的刺激（如触摸、压力或其他机械作用）达到一定程度，动物就会有痛觉反应。目前动物福利中提倡的安乐死技术也就是在动物实验中尽量或者避免给动物造成过多的痛觉伤害。

小鼠对触觉刺激的反应能力可以在简单反射中测量到。用画笔轻轻触动小鼠的胡须会引起其胡须的颤动。沟壑通行实验对估计胡须在颤抖中的积极作用也许是有用的。图 6-2 说明，用于听觉震惊的自动化设备也可用来测量触觉震惊。直接喷到身上的压缩气体会引起小鼠的全身收缩反应，触觉震惊实验能够测量这种反应。Y 型迷宫两个臂的地板质地不同（例如，一个铺上柔软的毛巾布，一个是金属丝网），对这种质地的辨别可以为爪子的触觉敏感度提供进一步的信息。如果遇到严重的压迫，脚步会收回。市场上的设备可以通过给爪子和尾巴施力，和对退缩反应的测量来记录小鼠的压力灵敏度。

闪尾实验是一种脊髓反射实验，在此实验中小鼠能使尾巴离开强的聚焦光柱照射的区域。如图 6-3 所示，小鼠被轻轻放在一个平台上，使其尾巴沿一条窄沟伸展成一条直线。戴手套的手轻轻按在小鼠的背上，或者小鼠被轻轻的包在毛巾布里，尾巴露出来，并沿窄沟伸直。高强度，发热的窄光柱直接照射沟内一个小的离散点，离小鼠尾巴尖大约 15mm 处。尾巴位于光柱区内。几秒钟以后，光柱的热量使小鼠尾巴有疼痛感。小鼠就会将尾巴移开光柱区域。小鼠抽动尾巴离开光柱区的反应时间是一个因变量，反应时间可以由观察员用秒表手动记录，也可由自动闪尾设备内的计时器自动记录。光柱的强度由实验人员调整，以使被控小鼠的反应时间为 4～6s。年龄和体重会影响小鼠尾巴的性能，因此需要对每个控制组的光柱强度进行再校准。用止痛药（如吗啡）处理小鼠，会使尾巴离开光区的反应时间延长。通常需要有 10～30s 的中断时间，在此期间将小鼠从仪器上拿开。简短的时间中断能够避免小鼠尾巴的严重疼痛和组织损伤。每隔 5min 测量一次，测 3 次后取平均值可以提高精确度。而每次测验中都要使尾巴的不同区域位于光柱区内。

足底测试和闪尾实验有相似之处。聚焦光柱直接照射小鼠后爪的皮肤而不是尾巴。小鼠撤回爪子的反应时间要被记录下来。分别将小鼠尾巴浸入 52.5℃的热水和

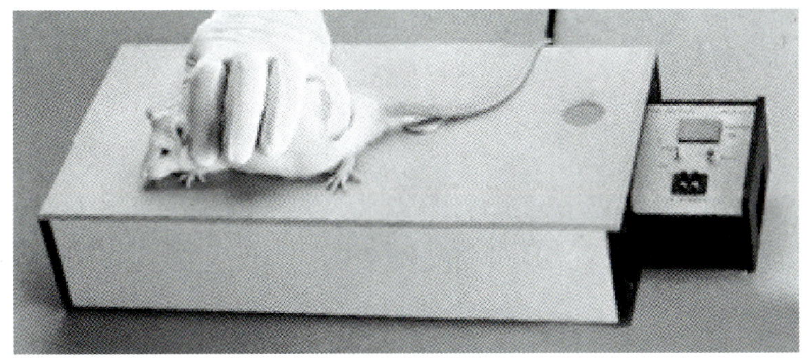

图 6-3　小鼠闪尾实验

冰水中，然后再分别测量小鼠在热水闪尾实验和冷水闪尾实验中的反应时间。

热板实验（图 6-4）则是将小鼠被放置在 52～55℃的水平板上。热板温度由实验员校正，使被控小鼠的反应时间在 10s 以内。高的塑料圆筒或方形筒放在水平面上圈住小鼠，防止小鼠走下水平面或者跳离实验仪器。几秒钟以后水平面的热度使小鼠的爪子开始疼痛起来。这时小鼠会抬起一只脚并舔舐脚底面，舔舐脚底面的反应时间可作为不舒服的可靠指标。观察员用秒表记录反应时间。因为在热板上有些小鼠会跳起来，有些发出声音。因此许多研究者认为跳起和发声可作为抬脚的等价指标。自动化的热板实验设备测量的是跳起来的反应时间。该实验通常也需要 30～60s 的中断时间，其间将小鼠从仪器上拿开，以避免长时间接触热板引起组织损伤。如果用止痛药（如吗啡）或引起痛觉过敏的突变处理小鼠的话，那热板实验的反应时间将会延长。中断时间在热板实验中非常关键，它用来检验阻止痛觉传递的止痛药或者突变，同时也可避免爪子受伤。

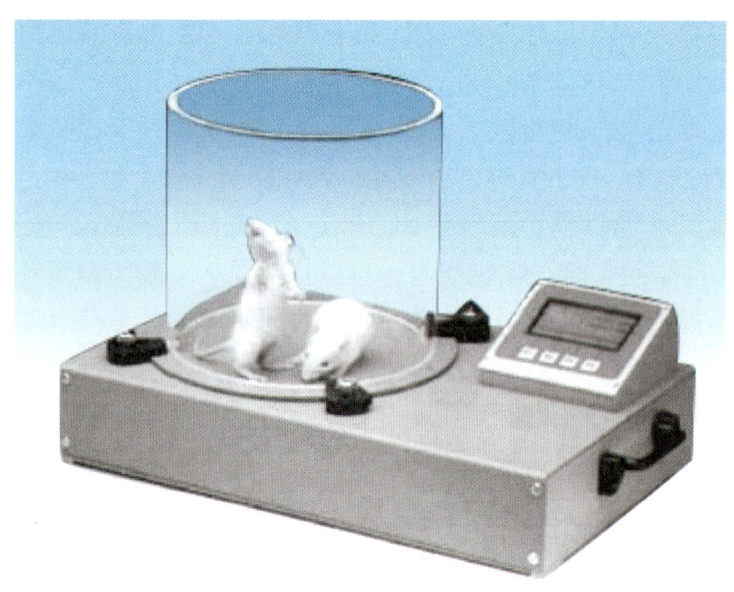

图 6-4 小鼠热板实验

福尔马林实验测量的是小鼠对注射到后爪的有毒化学物质的反应。将 20μl 1%的福尔马林用一支高针号针皮下注射进小鼠的后爪底部。随着时间的累积，小鼠对后爪的舔咬不断被测定出来。通常会用到一种等级量表，该表内 1 = 福尔马林注射过的爪子轻轻放在地板上，几乎不支撑体重；2 = 注射过的爪子开始抬起来；3 = 注射过的爪子被舔咬和（或）发抖。福尔马林实验中有两个反应阶段。第一阶段开始于刚刚被注射，并会持续大约 10min，表现为痛觉纤维激活后的突然发作。第二个阶段开始于注射后约 20min，持续约 1h。此阶段看起来表现为对组织损伤的反应，包括发炎性痛觉过敏。

第二节 学习和记忆

学习和记忆是认知心理学研究中的一个核心问题。但是，学习和记忆的生理和生化机制是十分复杂的。现在，有关学习和记忆的生物学问题已经成为生理心理学和当代神经科学等领域中十分活跃的研究课题。学习和记忆是两个相联系的神经过程。学习指人和运动依赖于经验来改变自身行为以适应环境的神经活动过程。记忆则是学习到的信息贮存和“读出”的神经活动过程。

一、学习的形式

1. 简单学习　又称非联合型学习（nonassociative learning），指在刺激和反应之间形成某种明确的联系。习惯化和敏感化属于这种类型的学习。习惯化是指当一个不产生伤害性效应的刺激重复作用时，机体对该刺激的反射反应逐渐减弱的过程，如人们对有规律而重复出现的强噪音逐渐不再对它产生反应。敏感化是指反射反应加强的过程，如一个弱伤害性刺激仅引起弱的反应，但在强伤害性刺激作用后弱刺激的反应就明显加强。在这里，强刺激与弱刺激之间并不需要建立什么联系。

2. 经典条件反射　在动物实验中，给狗吃食物会引起唾液分泌，这是非条件反射。给狗以铃声则不会引起唾液分泌，因为铃声与食物无关，这种情况下的铃声称为无关刺激。但是，如果每次给狗吃食物以前先出现一次铃声，然后再给以食物，这样多次结合以后，当铃声一出现，动物就会出现唾液分泌。铃声本来是无关刺激，现在由于多次与食物结合应用，铃声具有了引起唾液分泌的作用，即铃声已成为进食（非条件刺激）的信号。所以这时就把铃声称为信号刺激或条件刺激，这样的反射就称为条件反射。可见，条件反射是在后天生活中形成的。形成条件反射的基本条件就是无关刺激与非条件刺激在时间上的结合，这个过程称为强化。任何无关刺激与非条件刺激结合应用，都可以形成条件反射。经典条件反射的建立要求在时间上把某一无关刺激与非条件刺激结合多次，一般条件刺激要先于非条件刺激而出现。条件反射的建立与动物机体的状态有很密切的关系，例如处于饱食状态的运动则很难建立食物性条件反射，动物处于困倦状态也很难建立条件反射。一般来说，任何一个能为机体所感觉的动因均可作为条件刺激，而且在所有的非条件刺激的基础上都可建立条件反射，如食物性条件反射、防御性条件反射等。经典条件反射是可以消退的，如果反复应用条件刺激而不给予非条件刺激强化，条件反射就会逐渐减弱，直至完全不出现，这称为条件反射的消退。例如，铃声与食物多次结合应用，使狗建立了条件反射；然后，反复单独应用铃声而不给予食物（不强化）则铃声引起的唾液分泌量会逐渐减少，最后完全不能引起分泌。巴甫洛夫认为，条件反射的消退是由于在不强化的条件下，原来引起唾液分泌的条件刺激，转化成为引起中枢发生抑制的刺激。从这一观点出发，条件反射的消退并不是条件反射的丧失，而是人原先引起兴奋（有唾液分泌）的条件反射转化为引起抑制（无唾液分泌）的条件反射；前者称为阳性条件反射，后者称为阴性条件反射。

3. 操作式条件反射　操作式条件反射比较复杂，它要求动物完成一定的操作。例如，将大鼠放入实验箱内，当它在走动中偶然踩在杠杆上时即喂食，以此强化这一操作；如此重复多次，大鼠即学会了自动踩杠杆而得食。然后，在此基础上进行只有当再现某一特定的信号（如灯光）后踩杠杆，才能得到食物的强化训练。在训练完成后，动物见到特定的信号，就去踩杠杆而得食。这类条件反射的特点是，动物必须通过自己完成某种运动或操作后才能得到强化，所以称为操作式条件反射。

总之，学习行为能帮助动物应付不断改变着的环境，而固定的作用方式不能适应多变的环境条件。虽然学习行为在某种程度上也是由遗传决定的，当时由于动物原本就有许多神经通路，或有改变联系的途径，学习使之更易于进行选择或发生变化，从而能对具有不同生物学意义的环境作出相应的反应。学习行为显然是由于自然选择的结果。在进化过程中，当环境变得更复杂时，具有较高学习能力的动物生存下来的机会就多。这就是说，在自然竞争中学习行为的能力受到了选择，并愈来愈发展。

二、记忆的过程

什么是记忆？事实上我们很难回答这个问题。记忆的生物学本质是很神奇的。记忆被定义外界体验的内在形象的长时间的保留。当今最有影响力的一个假说是，记忆是一系列联系高度特异的连锁群，它存在于一个神经连接网络，并且拥有自己的反馈回路。记忆有两种潜在的类型。第一种是对一个事实或一个事件的特意的个人记忆。最开始称为记忆印迹，这种记忆被描述为“公开的”“外在的”或者是“片段式的”记忆，指对一条特殊信息的记忆，例如，实验室的电话号，关于国家首都的多项选择题的答案，或者是你钥匙所放的精确地点，全部展现的是外在的记忆。用实验的手段来理解这种外在的记忆向我们提出了一个问题，那就是到底什么是记忆？相反，记忆的过程包括获取、存储、保留、重新获取和最后的消亡。这种记忆被称为“程序化的”“内在的”或者是“语义上的”记忆。记忆如何去使用电话，考试时在多项选择答题纸上正确的填写或者将钥匙在锁里旋转的过程，这些表现都是对潜在的操作或基本的常识的内在的记忆。内含记忆包括技能、习惯和复杂反射的学习。大部分关于学习和记忆潜在的神经化学、神经生理学和神经解剖学机制的证据表明都与获取、存储和重新获取记忆的程序组分相关。这些实验再一次向我们提出了，什么是记忆？或者记忆是如何进行的？

外界通过感觉器官进入大脑的信息量是很大的，但估计仅有1%的信息能被较长期地贮存记忆，而大部分却被遗忘。能被长期贮存的信息都是对个体具有重要意义的，而且是反复作用的信息。因此，在信息贮存过程中必然包含着对信息的选择和遗忘两个因素。信息的贮存要经过多个步骤，但简略地可把记忆划分为两个阶段，即短时性记忆和长时性记忆。在短时性记忆中，信息的贮存是不牢固的，例如，对于一个电话号码，当人们刚刚看过但没有通过反复运用而转入长时性记忆的话，很快便会遗忘。但如果通过较长时间的反复运动，则所形成的痕迹将随每一次的使用而加强起来；最后可形成一种非常牢固的记忆，这种记忆不易受干扰而发生障碍。人类的记忆过程可以细分成四个阶段，即感觉性记忆、第一级记忆、第二级记忆和第三级记忆；前二个阶段相当于上述的短时性记忆，后两个阶段相当于长时性记忆。感觉性记忆是指通过感觉系统获得信息后，首先在脑的感觉区内贮存的阶段；这阶段贮存的时间很短，一般不超过1min，如果没有经过注意和处理就会很快消失。如果大脑在这阶段对信息经过加工处理，把那引起不持续的、先后进来的信息整合成新的连续的印象，就可以从短暂的感觉性记忆转入第一级记忆。这种转移一般可通过两种途径来实现，一种是通过把感觉性高蛋白的资料变成口头表达性的符号（如语言符号）而转移到第一级记忆，这是最常见的；另一种非口头表达性的途径，这在目前还了解得不多。但是，信息在第一级记忆中停留的时间仍然很短暂，平均几秒钟；通过反复运用学习，信息便在第一级记忆中循环，从而延长了信息在第一级记忆中停留的时间，这样就使信息容易转入第二级记忆之中。第二级记忆是一个大而持久的贮存系统。发生在第二级记忆内的遗忘，似乎是由于先前的或后来的信息的干扰所造成的；这种干扰分别称为前活动干扰和后活动性干扰。有些记忆的痕迹，如自己的名字和每天都在进行操作的手艺等，通过长年累月的运动，是不易遗忘的，这一类记忆是贮存在第三级记忆中的。

临床上把记忆障碍分为两类，即顺行性遗忘症（anterograde amnesia）和逆行性遗忘症（retrograde amnesia）。凡不能保留新近获得的信息的称为顺行性遗忘症。患者对于一个新的感觉性信息虽能作出合适的反应，但只限于该刺激出现时，一旦该刺激物消失，患者在数秒钟就失去作出正确反应的能力。所以患者易忘近事，而远的记忆仍存在。本症多见于慢性酒精中毒者。发生本症的机制，可能是由于信息不能从第一级记忆转入第二级记忆；一般认为，这种障碍与海马的功能损坏有关。前文已述及，海马及其环路的功能遭受破坏，会发生近期记忆障碍。凡正常脑功能发生障碍之前的一段时间内的记忆均已丧失的，称为逆行性遗忘症；患者不能回忆起紧接着本症发生前一段时间的经历。一些非特异性脑疾患（脑震荡、电击等）和麻醉均可引起本症。例如，车祸造成脑震荡的患者，在恢复后不能记起发生车祸前一段时期内的事情，但自己的名字等仍能记得。所以，发生本症的机制可能是第二级记忆发生了紊乱，而第三级记忆却不受影响。

三、学习和记忆的机制

从神经生理的角度来看，感觉性记忆和第一级记忆主要是神经元生理活动的功能表现。神经元活动具有一定的后作用，在刺激作用过去以后，活动仍存留一定时间，这是记忆的最简单的形式，感觉性记忆的机制可能属于这一类，在神经系统中，神经元之间形成许多环路联系，环路的连续活动也是记忆的一种形式。第一级记忆的机制可能属于这一类，例如，海马环路的活动就与第一级记忆的保持以及第一级记忆转入第二级记忆有关。近年来对突触传递过程的变化与学习记忆的关系进行了许多研究。在海兔（一种海洋软体动物）的缩鳃反射的研究中观察到，习惯化的发生是由于突触传递出现了改变，突触前末梢的递质释放量减少导致突触后电位减少，从而使反射反应逐渐减弱；敏感化的机制是突触传递效能的增强，突触前末梢的递质释放量增加。在高等动物中也观察到突触传递具有可塑性。有人在麻醉兔的海马齿状回颗粒细胞的电活动观察到，如先以一串电脉冲刺激海马的传入纤维（前穿质纤维），再用单个电刺激来测试颗粒细胞电活动改变，则兴奋性突触后电位和锋电位波幅增大，锋电位的潜伏期缩短。这种易化现象持续时间可长达 10h 以上，并被称为长时程增强（long-term potentiation）。不少人把长时程增强与学习记忆联系起来，认为它可能是学习记忆的神经基础。在训练大鼠进行旋转平台的空间分辨学习过程中，记忆能力强的大鼠海马长时程增强反应大，而记忆能力差的大鼠长时程增强反应小。

从神经生化的角度来看，较长时性的记忆必然与脑内的物质代谢有关，尤其是与脑内蛋白质的合成有关。在金鱼建立条件反射的过程中，如用嘌呤霉素（puromycin）注入动物脑内以抑制脑内蛋白质的合成，则运动不能完成条件反射的建立，学习记忆能力发生明显障碍。人类的第二级记忆可能与这一类机制关系较大。在逆行性遗忘症中，可能就是由于脑内蛋白质合成代谢受到了破坏，以致使前一段时间的记忆丧失。中枢递质与学习记忆活动也有关。运动学习训练后注射拟胆碱药毒扁豆碱可加强记忆活动，而注射抗胆碱药东莨菪碱可使学习记忆减退。用利血平使脑内儿茶酚胺耗竭，则破坏学习记忆过程。动物在训练后，在脑室内注入 γ-氨基丁酸可加速学习。动物训练后将加压素注入海马齿状回可增强记忆，而注入催产素则使记忆减退。临床研究发现，老年人血液中神经垂体激素含量减少，用加压素喷鼻可使记忆效率提高；用加压素治疗遗忘症亦收到满意效果。

从神经解剖的角度来看，持久性记忆可能与新的突触联系的建立有关。动物实验中观察到，生活在复杂环境中的大鼠，其大脑皮层的厚度大，而生活在简单环境中的大鼠，其大脑皮层的厚度小；说明学习记忆活动多的大鼠，其大脑皮层发达，突触的联系多。人类的第三级记忆的机制可能属于这一类。

四、与学习记忆相关的疾病动物模型

最为著名的传统学习和记忆动物模型是巴甫洛夫进行的经典条件反射和斯金纳进行的操作条件反射。目前，用于学习和记忆研究的基因工程动物主要是小鼠和果蝇。这里介绍一些常见和学习记忆相关的疾病动物模型。

1. 瞬膜条件反射模型　瞬膜条件反射是一种经典的条件反射模型，已经广泛用于小脑的运动性学习以及功能研究。常用方法大多是在动物眼睑皮下埋植电极，以电流作为非条件刺激信号。

2. 创伤性脑损伤动物模型　创伤性脑损伤（traumatic brain injury，TBI）是 45 岁以下人群的首要致死疾病，TBI 患者常伴有不同程度的认知障碍，目前常用的创伤性脑损伤模型如液压损伤模型可不同程度的造成动物认知功能改变。苏月伟等采用直接损伤大鼠海马 CA1 区的模型则更为确切地造成动物学习记忆与认知功能的障碍，海马损伤主要表现在海马内部各个区如 CA1 区、CA3 区和齿状回等的细胞丢失，突触传递的兴奋性与抑制性的改变，从而引起认知功能的改变。

3. 脑缺血模型　脑缺血脑血管病约占所有脑血管病的 70%，具有高发病率、高致残率、高复发率、低死亡率的特点。通常选用的模型动物有灵长类、猪、狗、猫、兔和鼠等。根据闭塞血管不同模型分为全脑缺血模型和局灶性脑缺血模型，依据闭塞血管方法的不同分为可逆性和不可逆性脑缺血模型。全脑缺血模型一般采用血管闭塞法制造大鼠全脑缺血模型。局灶性脑缺血模型的制作方法有：①微栓子栓塞法；②开颅机械闭塞法；③光化学诱导的脑缺血模型；④化学刺激诱导血栓性闭塞法；⑤内皮素-1 灌注诱导血管收缩法；⑥显栓法大脑中动脉闭塞模型。

4. 老年型痴呆动物模型　老年期痴呆是老年人常见病，其中以阿尔茨海默病（AD）和血管性痴呆（VD）为主。随着人口老龄化，本病的发病率逐渐上升，正越来越引起医学界的重视。目前最常用的最具代表性的动物模型有：AD 模型包括：

D-半乳糖所致的代谢障碍引起的脑老化和痴呆模型，电解损毁动物前脑基底核、M受体拮抗剂东莨菪碱或樟柳碱造成化学损毁、脑无名质区注射 Ibotenic 酸等通过影响中枢胆碱能神经而作的痴呆模型。VD 模型有：李氏等建立的脑缺血再灌注模型、Shiino 等通过左大脑中动脉电凝造成的局灶性脑梗死模型、陈氏等用同种大鼠无菌自然干燥的血凝块制作的多发性脑梗死痴呆模型。

5. 帕金森病动物模型　帕金森病（Parkinson disease，PD）是一种常见的神经系统退行性疾病，其病因是黑质致密部多巴胺神经元的大量丢失，临床表现为静止性震颤、肌张力增高、运动障碍、姿势异常等。65 岁以上人群中此病发病率为1%，45 岁以上人群中发病率为 0.4%，平均发病年龄为 55 岁。常用的帕金森动物模型有：①化学药物模型：如 6-羟基多巴胺模型（6-OHDA）、利血平模型、去氧麻黄碱模型、3-硝基酪氨酸模型等；②生物毒性物质模型：如 MPTP 模型、百草枯和代森猛模型以及鱼藤酮模型；③PD 遗传模型。目前发现家族性 PD 的发病与 a-Syn、parkin、泛素碳末端水解酶（UCH-L1）、Nuur1 以及 tau 等基因突变有关。

五、学习记忆的行为学研究方法

学习和记忆时人和动物不可缺少的脑功能，为了了解学习记忆的机制，人们设计出各种学习记忆的行为学实验方法用于记忆的研究。下面就在实验动物中应用较多的几种学习记忆的行为学方法作一介绍。

1. 迷宫　迷宫在实验动物心理学形成及发展中的作用至关重要。19 世纪末，Lubbock 首先在昆虫的开创性实验研究中发明迷宫方法，自此，研究者发明了大量迷宫模式，用于各类研究，而且主要用于动物的学习和记忆过程研究，特别是动物空间能力的研究。在迷宫实验中通常采用的指标为：受试者达到某一指标标准前所需要的学习次数；每轮实验的错误次数和产生的位置；每轮实验所需要时间以及实验中的行为表现等。

关于动物在迷宫中能学到什么，有两种推测。一种认为动物在解决迷宫这样的空间问题时，是通过回避或趋向一个特定的地点，也就是位置学习；另外一种推测认为动物形成了特定的反应模式。对于迷宫在记忆方面的研究，常用的迷宫为放射迷宫。对动物记忆的考察主要集中在两个方面，即记忆保持时间和记忆容量。在空间能力考察方面，大量证据表明，经过训练的动物可以高效率的在迷宫中找到食物，对此学者们也提出了很多假说，其中比较著名的为认知地图（cognitive map）假说和序列假说（list hypothesis）。前一假说认为在动物脑中建立了某种类似于环境地图的东西，使得它们重组获得的空间信息以建立关于环境的认知表征。而后一假说正与此相反，认为动物是利用分离线索而不是整合的认知地图来作决定。

下面，分别介绍常用的一些迷宫在动物学习和记忆研究中使用时的一般程序和方法。

（1）Morris 水迷宫：Morris 水迷宫由 Morris 于 1981 年发明开始用于动物的学习记忆研究，也是目前研究学习记忆最常用的实验方法之一，其原理是在动物的求生本能会促使其在水池内游泳，直至找到水平面下的平台为止。其是现今使用频率最高的评价转基因小鼠和基因敲除小鼠学习和记忆能力的系统模型。这是一种空间导航实验，动物可以通过远处可视的路标来定位平台，在水池里面游泳学习寻找隐藏在水中平台。逃出水域是正向的强化。这一系统是基于啮齿类动物有很强的欲望要逃出水域，并且会通过最快的和最短的路线来实现。

这一系统有多种不同的称呼：Morris 水迷宫、Morris 水任务和 Morris 游泳实验。该实验最初是被用来研究大鼠参与空间学习和记忆的脑组织的解剖学结构。最重要的发现是海马损伤使大鼠和小鼠不能完成 Morris 水迷宫任务。包括海马、近中隔板或者斜角带，内嗅区或者鼻周皮质的大脑区接受电刺激和免疫毒素或者是经过胆碱能和谷氨酸（盐）受体拮抗剂的药理学刺激后大鼠 Morris 水中实验的执行能力下降。老年大鼠在完成这一任务时执行能力会下降更为明显。

Morris 水迷宫测试与遗传背景高度相关。对 129 个次代品系的研究表明，其中一些品系表现很好，而另一些表现较差。用于基因打靶的胚胎干细胞来源的这 129 个品系中，129/Sv，129/SvEv，129S6/SvEvTac 和 129/Sv-Ola 在完成 Morris 水迷宫任务表现的比较好。表现不好的 129/J 和 l29S6/SvEvTac 的品系的胼胝体发育不完全。海马的纤维密度也许可以在一定程度上解释品系差异。白化病小鼠的视觉减退会导致其在完成这一视觉信号任务过程中的执行能力下降。视网膜基因退化导致的视觉缺陷的一些近交系鼠在完成 Morris 水迷宫任务时表现出行为障碍。值得注意的是，有报道用盲鼠来进行 Morris 水迷宫测试，尽管它们获取信息的能力受到损害，其他非视觉信号包括味觉、听力、摆动、触觉、温度梯度等均可用来进行空间导航。无对照的观察结果表明，这些近亲繁殖鼠使用了特异的反应策略。对于一些品系的小鼠在进行 Morris 水迷宫测试时不寻常的反应包括它们漂浮或下沉而不游泳，从平台上突然跃起再回到水里，或者在水周边转圈。可以看出来一些品系的小鼠喜欢游泳而不喜欢急忙地从水里窜出来，尤其是当水温比较暖和的时候。另外，一些品系的小鼠对充满活力的游泳运动的压力成分比较敏感，尤其是当水温比较低的情况下。

尽管在完成陆地任务时小鼠和大鼠差不多，但小鼠在完成 Morris 水迷宫任务时往往不如大鼠。这个种属差异也许可以表明大鼠具有先天的游泳能力，它是对水环境和游泳表现出很强适应能力的一个种属。报道称雄性大鼠和小鼠比雌性大鼠和小鼠能够更快地寻找到隐藏的平台，大家认为这与雄性鼠对压力有更强的反应有关系，因为水迷宫实验之后测量它们的肾上腺酮增高。

Morris 水迷宫实验装置为一个盛满不透明液体的圆形水池，水池分成东南西北 4 个区域，在其中一个区域的中央液面下隐藏着一个小平台，大小多为 10cm × 10cm，平台距液面 1 ~ 2cm。水池的大小因实验者的习惯而定，直径从 61cm 到 214cm 不等，水池中常用的不透明液体有牛奶或无毒的白色乳胶涂料或其他人工合成的不透明剂，水温一般在 25℃左右。实验一般分为定向航行实验、空间探索和可视平台阶段。定向航行时把动物每次随机的从其中一个区域面朝池壁放入水池中，由于动物的求生本能，动物将在水池内游泳直到找到隐藏在水面下的平台为止。每次训练时间一般为 60s 或者 120s，找到平台后允许动物在平台上滞留 10 ~ 30s，如果动物在规定时间内没有找到平台，实验者可帮助动物找到平台，每次训练间隔时间为 30s 左右，每天训练 1 到 2 次，实验一般进行 4 ~ 9d。记录动物在各象限中的时间、动物的有用轨迹、游泳速度等。进行空间探索实验时，撤去平台，让动物在水池中自由游泳，记录动物在各象限中的时间及经过平台原来位置的次数。进行可视平台实验时，为排除大鼠运动和感觉功能不同对实验的影响，使平台露出水面，并封闭所有的视觉线索，观察大鼠从某一固定点如水至爬山平台的时间。目前，Morris 水迷宫实验多通过摄像对动物的行为进行实时记录并运用专业软件对动物的运动轨迹进行分析。

较小直径的水池可加速小鼠完成任务。水深 20 ~ 50cm。开始时用马槽来充当水池，现在可以在一些行为学研究设备公司直接买到结实的塑料槽，同时携带自动视频跟踪系统及软件设备。水池深 20 ~ 30cm，使小鼠不至于顺着槽沿跳出去，也不能用尾巴在水底保持平衡，水池的水直接用自来水就可以，通常用胶皮管与一个污水槽相连。经过一夜使水温达到室温或者可以用加热器加热到大约 25℃。把无毒的涂料或奶粉加到池中使水不透明。白颜色使小鼠从水面上看不到隐藏在水里的平台。或者测白鼠时用黑色的水和黑色的平台。为了保持卫生，可根据每天测试小鼠的数量对池水进行定期更换。

隐藏的平台一般是透明或者白色的树脂玻璃，直径 10 ~ 12cm。大的平台会使它们很快找到目标，尤其是在水池比较大的情况下。凹槽放在周边有可能使小鼠爬出去。平台要有足够的重量来保持其能够直立水中。平台要在水下，顶部保持距离液面 1 ~ 2cm。可视的平台是透明的或者是黑色的树胶玻璃，大小与隐藏的平台一样。可视平台露出水面约 5cm。在隐藏的平台上插一枚信号旗或者固定一个黑色的物体伸出液面使小鼠很容易看到。可视平台是在一个游泳范围内提供的“你不能够错过”的信号。

视频跟踪系统是基于识别动物和背景之间的差异建立的。对于定向突变的黑色大小鼠，前面描述的颜色方案是很有用的。如果是白色的大小鼠，黑色的水池、黑色的树脂玻璃和普通的自来水就可以提供所需要的反差。远处安一排灯，高度要在液面以下，防止灯光经水面反射而影响到视频跟踪系统。双层暗淡的照明系统对于大多数的视频跟踪摄像机是足够的了。可视的墙壁信号可以巧妙地安排在水池的四周。屋内的墙壁上贴上一些大的、高对比度的几何图案，如一个深颜色的物体壁纸贴到了白色的墙壁上，在壁上形成一个方格图案。另外还有将帷帘设计成不同的模式或者在水池的周围固定上分隔壁。这些远处的信号要足够的远来作为远距离的空间界标，小鼠通过识别这些界标来形成对周围环境的方位感。如果这些信号太近，它们就会和一些池中像可视的平台这样的路标太接近。视频摄像机安装在天花板上方来对动物的游泳轨迹进行跟踪。

图 6-5 是一些实验室使用的 Morris 水池、视频跟踪摄像机和一些室内信号图示。照相机架、室内采光的照明程度、计算机、配件、小车、支架、通风孔、温度计、循环系统、噪音、减振和许多其他性能的测试系统，所有的这些组成了重要的环境信号。在一个实验过程中所有的这些信号位置保持固定对这个实验是很重要的。一个实验过程必须由同一个（一些）实验人员来操作和检测，这是很重要的。我们自己首先就是一个强大的嗅觉、视觉和触觉信号。Morris 水迷宫实验是不欢迎外来人员的介入的，除非他们愿意一直跟着到训练周结束。如果你的实验室参观人员一直很多，可以在实验屋内安装一个双面镜子或者是一个窗口进行观看。

现在已经有了精密的自动视频跟踪和数据分析系统。Noldus（Wageningen，The Netherlands）、圣地亚哥仪器（San Diego，California）、HVS 跟踪系统（Hampton，England）、CPL 系统（Cambridge，English）、哥伦布系统（West Lafayette，Indiana）、Actimertrics/Coulbourn（Wilmette，Illinois）、Hamilton Kinder（San Diego，California）和一些其他的系统被行为神经学家广为使用。视频摄像机安装在水池正上方的天花板上。摄像机镜头在水池直径的范围内聚焦。室内的灯光要调节成使小鼠的颜色和水的颜色形成最好的对比度的亮度条件。商业化的软件可以从摄像机获得小鼠的运动轨迹，并以大约每秒 10 次的频率记录小鼠的位置。软件包可计算出小鼠游泳的路径、在每个 1/4 扇区所花费的时间、平均速度和径长以及找到潜藏平台的时间。每一次实验都要将数据保存好以便后续的实验。统计软件包会在连续的训练阶段和探测实验中对每个个体和群体的数据进行分析。

在 Morris 水迷宫实验中运用不同的方法来对学习和记忆各方面进行评估。下面讲述的是一种很普遍的运用于小鼠的方法。在 Morris 水迷宫实验中对小鼠进行最低标准的训练，包括每天进行可视平台训练，接着进行隐藏平台训练，然后在最后一

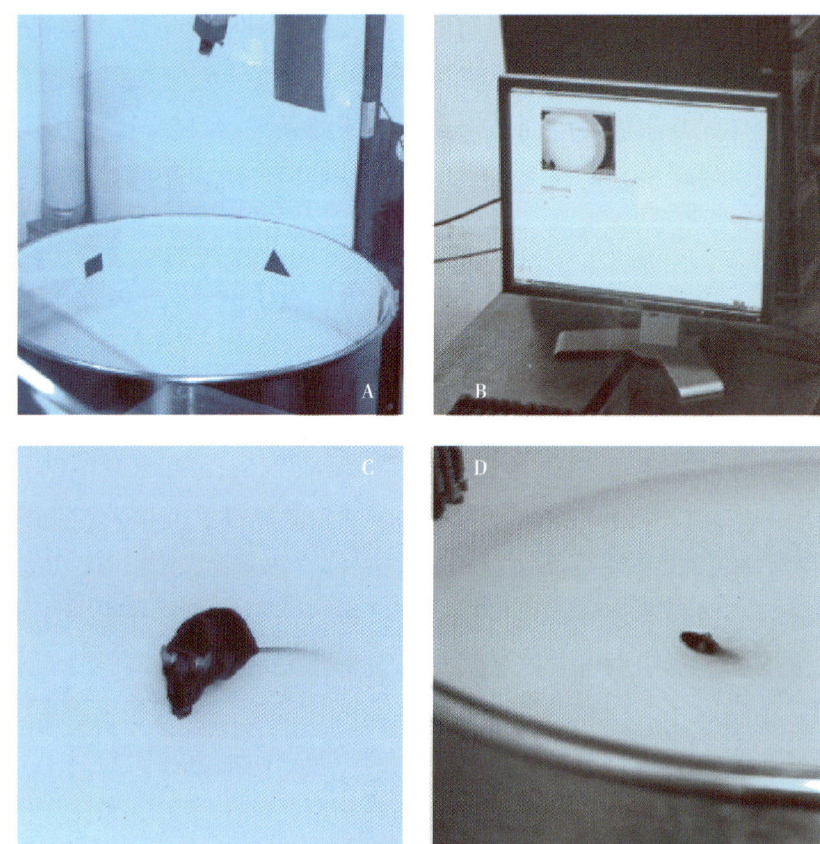

图 6-5　Morris 水迷宫的模型

(A) 室内信号，水迷宫和视频跟踪摄像机。水池装满干净的自来水，加入奶粉使水不透明。透明有机玻璃平台隐藏在水下。屋内可视物如墙上的图片、家具、计算机和门均为小鼠空间识别信号。(B) 示踪软件。(C) 小鼠找到了隐蔽的平台。(D) 小鼠在迷宫内寻找平台。

次隐藏平台训练结束时进行一次探测式实验。

第一步程序要进行预训练。先让小鼠接触一下水池和平台。实验者把小鼠放到可视平台上停留几秒钟。通常情况下，几秒钟后小鼠会从台上跳下来。让小鼠进行短暂的（15s）游泳，然后再指引它回到平台上。一次预实验对于一些近交系的小鼠是够用的，但是对于许多普通品系的小鼠需要三次预实验，对于少数品系的小鼠需要更多次的预实验。若小鼠是单笼饲养的，应该在训练间歇保证其身体温暖，可以在笼子里加一条毛巾或者在笼子的上方照射暖光。可视平台实验主要是要测试动物完成任务的行为能力，尤其是观察室内信号的视觉能力和水池中的游泳能力。可视平台任务要求小鼠近距离的观察一个大的局部信号，而隐藏平台则要求小鼠去识别远处的水池之外的信号。视觉对于观察可视平台是足够的但是对于观察墙壁上和天花板上的信号却是不够的。测定找到可视平台的时间，计算出游泳速度，一些软件包就可以把有用的路径画出来。

第二步程序要进行寻找隐藏平台的训练实验。训练阶段都开始于把小鼠从笼子里取出，放到水中的过程。开始通常把小鼠放在水边，面向墙壁。对每一只小鼠进行连续实验时其在各个扇区间的放置是随机的。有些实验室变换平台所在扇区的位置在一组内对小鼠进行交叉的实验，尽管隐藏平台对某一只特定的小鼠位置是固定的。在每一次训练实验中，让小鼠用 60s 的时间到达平台并且爬出水面。中间休息几秒钟或数分钟后，把小鼠放回水中进行下一次实验。通常设计每天两次连续进行 10d。相反的例子是一种高强度的训练方式，每天训练 12 次，分 3 个阶段，每段 4 次，连续训练 3 天。在这种分段式训练中，第一段结束后如已进行了 4 次训练，把小鼠放回到笼子里。然后开始训练下一只小鼠，直到所有的小鼠都完成了第一段的训练。接着第一只小鼠进行下一阶段的训练，如此进行下去，直到所有小鼠都完成了一天的实验为止。第二天进行同样的训练。另一种比较普遍的训练方式是一天训练 4 次，一直训练到野生型组达到训练标准为止。

在训练过程当中，正常小鼠不断地修正自己的路线使其直线化达到隐藏平台，所用的时间也不断减少。通常都能达到 15s 的标准或者要少于这个标准。连续训练一直进行到所有小鼠或者只有野生同窝对照鼠达到标准的程度。达到标准少则需要 3d，多则需要 14d。训练天数依赖于野生小鼠与发育程度相关的学习任务的能力。系统因素和过程可以进行优化，可以提高完成任务速度。这些因素如水温，水池直径、隐藏平台的尺寸、墙壁上突起的信号、室内灯光、每阶段训练的次数、训练的天数和训练的总次数都会影响到任务的完成。

如果野生的同窝对照鼠在训练了许多天后，还不能达到寻找隐藏平台所需时间的标准，Morris 水迷宫实验就不能对这些小鼠使用。应该用另外的一些学习和记忆的测试方法来分析突变体的行为表型。有时将突变鼠培育成另一种遗传背景需要经历至少 5 代，才能够解决这个问题。

一天内可按程序进行测试的小鼠的数目是有限的，这限制了每种基因型动物被测试数量的有限性。小鼠也只能在昼夜循环中的某一阶段，如在 12h 有光照射的时间之间。在训练的最后阶段，小鼠应该回到笼子里充分休息。实验者经过长时间紧张的有氧运动更需要时间来进行休息。

训练的最后一天，每只小鼠都要进行一次探测式实验。探测实验是要测试动物空间位置（隐藏平台）的鉴别能力。隐藏平台从水池撤出，小鼠像平时一样放进水里，如果小鼠学会了通过远处周围环境的信号来进行空间位置的定位，它将会直接游到原来有隐藏平台的扇区，花费60s的时间在原来有隐藏平台的扇区进行活动。扇区的选择说明小鼠已经在训练过程中对周围环境建立了一个识别图，可利用远处的一些空间路标来解决探测实验中的问题。

成功完成 Morris 水迷宫任务的标准以寻找到隐藏平台的时间以及在探测实验中对扇区的选择为基础。完成 Morris 水迷宫任务的真正的标准是探测实验中的行为表现。在受训练扇区中花费的寻找时间一定要远远多于在水池的其他三个非训练扇区的时间。穿过平台的次数即小鼠游过原来平台所在位置的次数，游过原来训练扇区的数目一定要远远大于其他非训练区的扇区。能正常完成可视平台任务而在隐藏平台任务及探测实验中表现不足可被认为是一种真正意义上的学习和记忆缺陷。

Morris 水迷宫系统内置有先进的控制参数。提供了小鼠在完成这一任务大致的游泳速度和路径能力标准。视觉神经、运动神经、小脑和脊髓功能异常影响小鼠的导航和游泳能力，反映在泳速慢，路径随机或者是在完成可视或隐藏平台任务时根本就无法游泳。如果速度或路径异常，实验者就要警惕视觉和运动功能相关的行为表型的出现。游泳能力受损的情况下，就不能利用 Morris 水迷宫系统进行对学习和记忆能力的评估。

用 Morris 水迷宫系统进行对学习和记忆进行评估的另一种方法是变换不同的程序。这种方法可以延长训练的时间，使突变体不能达到标准。用长的路径从完全不具有学习能力的小鼠中区分出学习速度慢的小鼠。在附加训练结束时重复一次探测实验可使学习速度慢的小鼠完成任务。训练和探测式实验可以在几天或几周的间隔时间内反复进行来评估其再学习的能力。没有进行再训练直接进行探测实验是评估其记忆力。在训练结束后对小鼠不再进行训练，选择不同的时间点反复地对小鼠进行探测实验，用来评估其记忆的消退。寻找记忆差错是另一个敏感的实验指标，如可以测试年龄的影响。在达到完成任务标准之后，把平台放到一个新的位置，动物对新位置的平台再进行训练，然后再让其进行对原来平台的寻找，以此来评估其逆向思维。近交系分布表明经常用于胚胎干细胞基因敲除的129S6/SvEvTac品系的逆向思维在某种标准上要好于C57BL/6J。逆向思维在其他系统的测试记录上看起来是很敏感的。

本章介绍的 Morris 水迷宫系统是建立在实验中产生最强的应激反应之上的。为了避免产生长期应激性后遗症的影响，最好在一系列行为表型实验结束之后，再对小鼠进行这种更大强度的应激行为测试实验。所以，我们实验室通常是把 Morris 水迷宫实验放在最后进行。自从20多年前 Morris 水迷宫被发明以来，很多学者都采用此方法研究动物的空间记忆能力，并在经典的 Morris 水迷宫基础上进行了很多改进，如 Markowska（1998）发现如果在空间探索实验阶段中能让平台间歇性的出现，这样较经典的方案能更加敏感的测量动物的空间记忆能力。Arteni（2003）采用双平台的水迷宫，轮流升起其中一个平台的方法来测量动物的工作记忆等。Morris 水迷宫广泛用于啮齿类动物的视觉相关的空间记忆和工作记忆的测量中，但是否用于测量动物的长时间记忆还存在争议。

（2）T 迷宫：T 迷宫的原理是基于动物探索的天性，实验设备由 2 条等长的臂组成，除底面为黑色外，其他 3 面由透明树脂组成。通道尺寸为 7.5cm × 32cm × 18cm（宽 × 长 × 高）。在一侧侧壁可放一个 7.5cm ×7.5cm ×5cm（宽 × 长 × 高）的平台。迷宫外侧有白色的尼龙窗帘。实验前，迷宫内盛约 5.8cm 深的不透明液体（多为牛奶或无毒的白色乳胶涂料），将平台隐藏于水面下，水温 25℃左右。实验前准备阶段：先将动物放于 Morris 水迷宫做可视平台实验，排除运动及感觉功能障碍对实验的影响。次日将动物置于没有放平台的 T 迷宫的起始端 30s，观察有无偏侧优势。每只动物一天测试 6 次，每次间隔 15min。若动物前 5 次均进入同一侧壁，则表明有偏侧优势。实验第一部分为空间学习阶段：将平台随机放于 T 迷宫的一臂，如果动物存在偏侧优势，则将平台放于偏侧优势对侧。迷宫外的白色尼龙窗帘上设置 4 个颜色、大小、形态不同的物品以提供视觉线索。实验开始时，将动物置于 T 迷宫的起始端，训练时间为 60s。找到平台后允许其滞留 15s，如果动物在 60s 内没有找到平台，则实验者帮助找到平台。每天训练 8 次，每次间隔 15min，记录动物进入正确臂的次数、游泳速度及游泳轨迹，连续观察 3d。实验第 2 部分为反向思维阶段：在成功完成 T 迷宫空间学习后，将平台置于 T 迷宫的另一侧臂内进行同样测验。类似的实验还有 Y 型迷宫实验，其原理与 T 迷宫实验相同（图 6-6）。

T 型迷宫是一种延迟变换实验装置。T 型迷宫的两边是有机玻璃或木制的。底部为金属网状。将食物隐藏在 T 型迷宫另一侧的底板的下面，并且足够远防止小鼠通过眼睛或是嗅觉便能够对补给食物做出判断。T 型迷宫延迟变换实验需要用几周的时间来进行训练动物。这些动物都是在食物或水的限制供给条件下培养。小鼠首先习惯迷宫，然后发展到运动到 T 型迷宫另一端获得补给食物。交替训练是通过在一系列的实验中将食物或水等援助物品交替放置在不同的臂端进行的。延迟训练是在一系列的实验中分别延迟 30s 到 5min 不等。小鼠必须记住上一次是在哪一端含有补给物品并在下一次的实验中做出正确的判断。在连续的几天内，每天进行的 10 ~ 20 组延迟交替实验中通常要求有 75% ~ 90% 的小鼠做出正确的反应。这一任务记忆实验是用来评价学习的速率和判断准确率所达到极限。胆碱受体拮抗剂以及巨细胞中间隔膜/对角线结合神经元的胆碱能的基底核损伤，都会干扰大鼠在 T 型迷宫中的表现。多数品系的小鼠在延迟交替实验中大大慢于大鼠的学习能力。一个 T 型水

图 6-6 T 型迷宫（图片来源：TSE 公司）

迷宫实验中，里面小鼠可以通过眼睛即能发现的仅位于其一端平台隐藏补给物品，这对于小鼠在 T 型迷宫中快速获得补给物品非常有帮助。

（3）放射状或辐射状迷宫：目前，最常用的放射性迷宫多为 8 臂迷宫，也有学者使用 12 或者 16 臂迷宫。臂长和臂宽根据实验者习惯而定，多为 50 ~ 60cm 长，10cm 宽。在每条臂的末端放置一个食物盒。为防止动物不仅过中央平台从一条臂直接进入相邻的另一条臂或者从迷宫中逃离，迷宫一般距离地面 50cm 以上。最常用的实验方案有 2 种，一是在所有臂上的食物盒中都放有食物，把实验动物放置在中央平台上，记录动物进入放射臂的正确次数（未探索过的臂）及错误次数（已探索过的臂）。二是只在某几个臂内食物盒中放置食物，记录动物进入放射臂的正确次数（进入有食物的臂）和错误次数（进入没有食物的臂）。

放射状迷宫中动物完成实验的主要动机是获得奖赏（食物）。有学者通过对放射性迷宫的改进，使动物完成实验的动机由获得奖赏变为逃避厌恶。放射状迷宫适合于测量动物的工作记忆和空间参考记忆，并且其重复测量的稳定性较好。

对于小鼠的辐射型迷宫训练实验需要设计一系列不同的行为方案。如图 6-7 所示，仪器直径约为 200cm，由 8 到 12 臂组成，由中心盒向四周成辐射状。设备一般为玻璃或是木质的。辐射型迷宫，包括自动化型，这些装置可以直接从公司经过商业渠道获得，这些公司有 Columbus 仪器公司和 Actimetrics/Coulbourn 仪器公司等。通常训练大鼠需要几天或几周，对于小鼠需要数周。在食物限制实验中，提供小鼠体重 85% 的必要自由采集食物。训练从驯化和成型开始，逐渐培养动物习惯于迷宫以及位于迷宫臂端的食物。然后在迷宫内放置诱饵，如一块甜蜜的早餐麦片，并且只能放置于每一臂端的凹形槽内。这对于液体补给物品是十分方便的。将小鼠放置于起始小室中。选择正确的臂端使它们一次便能获得补给物品。错误的应答选择是多次光顾同一臂端，而这些臂端的食物早已被取得。对于从测试的开始到找到所有食物的时间是另一项测试。此外，只有部分臂端含有食物，如八个臂端中有五个含有食物，这就要求小鼠学会定位哪些臂端有食物和哪些臂端没有食物，并且学着对于已经去过的臂端不再重复去过。Wim Crusio 曾经在法国位于塔朗斯的国家科学研究中心对小鼠在辐射型迷宫的表现做过遗传组分分析。海马苔藓纤维状凸起的体积大小与小鼠在辐射型迷宫的表现有关，这在小鼠的 9 个不同品系中得到验证。

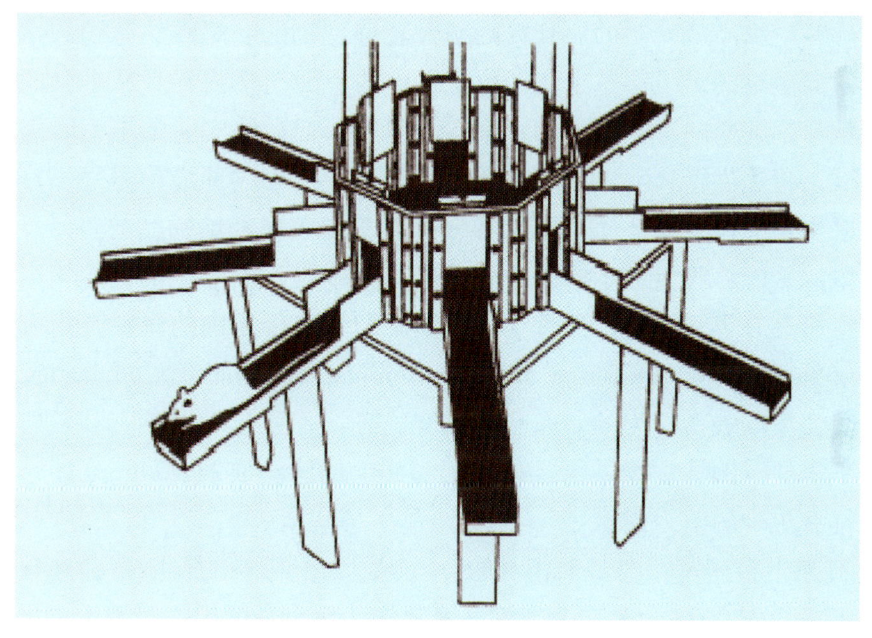

图 6-7 八臂辐射型迷宫

（4）Barnes 迷宫：1979 年，Barnes 首先采用 Barnes 迷宫评定动物的空间记忆能力。其由一个圆形平台构成，在平台周边，布满了很多穿越平台的小洞。为防止动物从迷宫中逃离，平台距离地面至少在 50cm 以上。平台直径，厚度以及洞口宽度依不同实验动物而定，洞口数目依据实验者习惯确定，一般 10 ~ 30 个。在其中一个洞的底部放置一个盒子，作为实验动物的躲避场所；其他洞的底部都是空的，而且洞口很小，实验动物无法进入其中。实验时把实验动物放置在高台的中央，记录实验动物找到正确洞口的时间，以及进入错误洞口的次数以反映动物的空间参考记忆能力。也可以通过记录动物重复进入错误洞口数来测量动物的工作记忆。规定时间为3min，每天训练3次，连续训练4d。每次训练后都用酒精清洗，并变换正确洞口，但空间的位置不便，以防止动物通过嗅觉找到洞口。Barnes迷宫一般采用强光、噪声以及风吹等刺激作为实验动物进入躲避洞口的动机。相对其他迷宫实验，Barnes迷宫有如下优点：①不需要食物剥夺和足底电击，因此对动物的应激较小；②实验对于动物的体力要求很小，能消除年龄因素对实验结果的影响；③实验耗时较短，一般可在7~17d内完成；④可以避免动物嗅觉对实验结果的影响。

Barnes迷宫和Morris水迷宫以及辐射型迷宫实验具有相似之处外，还充分利用了小鼠找到并从小孔中逃脱的优越能力。用于大鼠实验的Barnes迷宫如图6-8所示，一个具有明亮光照的白色圆形平台，直径1.2m，具有一系列均匀间隔的18个直径9cm的小洞围绕外边缘。对于小鼠，直径越小、洞越少小鼠获得援助物品的概率就越大。补给物品从光明的、开放的平台转移到小的、暗的、紧闭的盒中。其中一个洞口通向黑暗的盒子，这个盒子位于平台的下面凹槽内并且从平台的表面不可见。小鼠学习了解通向逃生盒子的正确空间位置。在训练实验的结束时进行一个探索性的测试，将逃生箱移除后，确定学习是基于室内远端环境信号而不是其他。小鼠的进入逃生箱的模式和性质对于在Barnes迷宫中获得补给物品的获得过程中至关重要。小鼠似乎能够嗅出逃生洞而且能够避免直接跳入到陌生的逃生箱内。迷宫表面通往逃生箱具有等级坡道，并且在逃生箱添加一些母笼内的垫料是指有助于其进入逃生箱（Sheryl Moy，University of North Carolina，personal communication）。Barnes迷宫对于突变型的表型行为的研究非常具有优势，并且与T型迷宫和辐射型迷宫所不同的是不需要限制性食物供给。相比于Morris的泳动实验，Barnes迷宫实验在干燥地面的具有更少的阻力因素。

（5）高架十字迷宫：由2个相对的开放臂、2个相对的封闭臂和连接4只臂的中央平台组成（图6-9）。迷宫由有机玻璃制作，除4个臂的底版及中央平台为黑色外，其余均为无色透明。该装置整体固定于距实验室地面50cm等长宽的“十”字形可升降底座组成的支架上。实验室保持安静、光线适当。室温20℃左右，周围布以2m高的黑色背景。测试指标包括小鼠进入开放臂的次数，进入开放臂的时间、进入封闭臂次数和时间、向下探究次数、封闭臂内直立次数等。实验开始，将动物置于迷宫中央，头部朝向封闭区，每只动物测试5min，中间需要擦拭迷宫，清除粪便，减少动物间的干扰。开放臂和中央平台向下探究次数代表动物对陌生环境的好奇探究或因恐惧而寻求逃避；进入开放臂和封闭臂的总次数反映动物的运动能力。高架迷宫使动物同时产生探究的冲动与恐惧，造成“探究-回避”的冲突行为，能较好地反映动物的焦虑情绪。

图 6-8 Barnes 型迷宫（图片来源：TSE 公司）

图 6-9 高架十字迷宫（图片提供：TSE 公司）

迷宫实验中有许多组分是相同的。对于给定批次的小鼠最好使用同一迷宫进行实验。关于辐射型、T 型、Y 型和 Barnes 型等迷宫实验之间的延滞效应还没有进行细致的研究，这种研究似乎会使相似仪器设备之间的交叉学习会使同一实验小鼠学习曲线产生混乱。

2. 场景性和提示性恐惧条件反射　场景性和提示性恐惧条件反射是一个用来评估小鼠学习记忆一些危险的经历和环境线索之间联系的恐惧条件反射。这种实验广泛地用来测试转基因和基因敲除小鼠的行为表型。恐惧条件反射是辅助于 Morris 水迷宫实验的第二种独立的评估学习记忆的实验系统。恐惧条件反射和空间导航学习需要不同的感觉和运动能力，所以它们的程序要素不重叠，同一只小鼠可以进行两个实验的测试。场景性和提示性恐惧条件反射不需要很多的精密的设备、较少的空间、不需要实验人员较多的体力劳动，也不需要对小鼠进行长时间的训练。该实验共需 2～3d 的时间，每只小鼠每天进行 10min 的实验。

场景性和提示性恐惧条件反射是建立在小鼠最强的记忆直觉基础上的。僵住不动指除了呼吸之外无任何其他动作的状态，是许多物种在面对突然出现的恐惧情境时的一种普遍反应。许多生物都需要记忆产生恐惧的刺激作为一种基本的存活策略。对一些物种进行简单的恐惧条件反射测试是常用的实验手段。

现在正在对场景性和提示性恐惧条件反射的遗传物质进行研究。近交系被广泛地用来进行场景性和提示性恐惧条件反射实验。美国科罗拉多州大学行为遗传实验室的 Jeanne Wehner 和他的同事们还有美国特洛伊 Wadsworth 中心的 Lorraine Flaherty 和他的同事们对场景性恐惧条件反射的遗传性状位点进行了定量分析。在对 BXD 小鼠的分析过程中发现在 F_2 代的 10 和 16 号染色体中存在非常显著地连锁现象，在 1、2 和 3 号染色体中也似乎存在数量性状遗传位点。在分析 C57BL/6J × C3H 小鼠时发现在 F_2 代的 1 号染色体中也存在非常显著地连锁现象，在 3、7、8、9 和 18 号染色体中也暗示存在数量性状遗传位点。

场景性和提示性恐惧条件反射的实验设备是一个标准的塑料或金属测试笼，有一个带电的网格底部、一个电源和一个标有刻度的震荡发生器。笼大小没有严格的限定，从长宽高分别为 54cm × 30cm × 27cm 到 25cm × 30cm × 35cm 都可以应用。San Diego Instruments Freeze Monitor 有商业化的实验系统包括自动的场景性的笼子和传出听觉信号和足部电击的软件，还有记录僵直状态的记录器。有些实验室用的僵直状态监视器记录最低限度为两秒的僵直时间，这几乎与人进行观察的精确度相当。

第一天进行条件反射训练包括讲小鼠放到笼子里，再对小鼠施加轻度的足部电击并伴随给予一个听觉信号。把小鼠从原来的笼子里取出拿到测试的屋子放进测试条件反射的笼子里。在此环境中放置 2min，使其适应环境。然后应用 90dB 或者

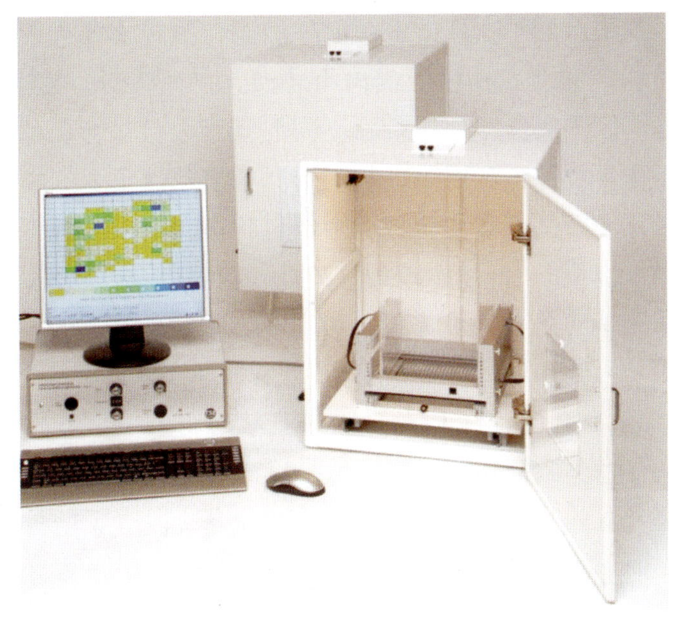

图 6-10 场景性和提示性恐惧条件反射的实验设备
（图片来源：TSE 公司）

80dB 声音连续刺激 30s，同时笼子壁发光。在最后几秒再进行非条件的有害刺激，通过网格底部施加一种 0. 25 ~ 0. 5mA 范围内的轻微的足部电击，持续时间为 2s。一些实验室在足部电击间歇的 2min 时间内同时施加多种听觉信号和有害刺激来强化联系。小鼠训练时在测试笼内僵直状态的时间被用来评估非条件反射性恐惧。在进行完最后一组训练后把小鼠继续留下（如 30s），在这期间有害刺激和测试笼子特点之间的联系就会被进一步建立起来。然后再将小鼠放回原来的笼子里。条件反射进行大约 24min 后开始第二天的测试。把小鼠放回相同的条件反射测试笼内并记录发生僵直状态的次数。第二天不施加足部电击。第二天在相同的测试笼里测试被认为是可以评估场景性条件恐惧，即在同一环境下的僵直状态。僵直行为是除了进行呼吸其余都处于静止状态的一种行为。僵直行为的出现与否通常是每 10s 记录一次，记录 5min，取一个僵直次数的最大值。自动系统记录更加频繁并且连续。小鼠被放回原来的笼子里面。如果是由人用秒表进行记录，实验人员对条件反射的处理或小鼠基因型的忽略对于评分是很重要的。为了防止实验人员在一个大型实验中感到疲劳，应该有两个或者更多的实验人员参与僵直分数记录，这是获得一批高准确性实验数据所必需的。测试的第二阶段可以开始于 1h 后或者是第二天，也可以在第三天进行。尽量变换感觉信号，使小鼠感知这是一个与原来测试条件没有任何联系的新环境。使用一个较小的、不同形状的盒子，如一个三角形的盒子。盒子壁装有可视信号。嗅觉信号也被涂到了盒子壁上，如一滴杏仁抽提物或果汁。底部表面是由不同的结构的物质构成的，如枯枝层或树脂玻璃。在训练时研究人员要戴好手套，穿好与训练时质地不同的实验服，或者由不同的实验人员进行新的测试。此外，在一天的不同时间对新环境进行测试是很实用的。恐惧条件反射的场景式区分可以由比较在相同的场景环境条件下和在新环境中僵直状态次数来进行评估。在改变环境时僵直状态应该最低限量的出现，因为现在的环境和以前在完全不同环境中发生的有害刺激经历之间是不应该存在联系的。在最初的 3min 之后在新环境中要施加单纯的噪音或者是第一天施加的那样的声音（如果第一天有灯光刺激也要加上）。在下一个 3min 可以记录在有声音（和光）时僵直状态得分。信号式恐惧条件反射是由比较在新环境中存在刺激信号和不存在信号刺激时僵直次数进行评估。痕迹性恐惧条件反射是在原来实验基础上的一种修改，在训练阶段听觉信号结束后足部电击还要持续几秒钟，而不是马上停止。这种暂时的分离增加了形成联系的难度。痕迹性恐惧条件反射越来越多地被用于更具有挑战性的标准延迟性恐惧条件反射和不同的近交系间的实验中。

基于遗传学上的一些证据，交叉物种也适用于这个实验，其速度快、对技术的要求比较低，所以这种提示性和场景式的条件反射实验系统在研究基因敲除小鼠的行为表型上使用越来越广。但是，要认真地考虑感觉和运动能力。痛阈、听觉、视觉和味觉上的差异可能会导致在判定突变小鼠记忆缺陷时产生假阳性结果。单独对痛阈进行测量尤其重要，因为对于基因敲除小鼠会表现出对恐惧条件反射的缺陷。Edmonton 大学的 Doug Wahlsten、Albertam、Canada 发现 BALB/c 小鼠在受到足部电击的时候非常高地跳起来。但是这些小鼠总的恐惧程度没有预期的明显，因为它跳起时四肢总是处于离开底部的状态。为了确保每只小鼠所接受到的有害刺激数相等，Wahlsten 教授发明了一种程序来测量和纠正四肢和底部实际的接触程度。另外，运动损伤也会使小鼠产生僵直状态，如神经肌肉功能异常、癫痫阈下或镇静作用都会导致很难解释恐惧条件反射的记忆能力的提高。

这种实验的优点在于它能够区分场景性和提示性恐惧条件反射。如果动物在相同的环境发生僵直，由于听觉信号会产生僵直，但是在场景改变的环境中不会产生僵直，就可以推断动物的感觉和运动能力是正常的，记住第一天施加的成对有害刺激信号和区别非第一天施加的成对有害刺激信号。表明在实验的全部过程中有很好的记忆能力。组分中每个要素的损伤或改变都会得到有关记忆的神经解剖学、神经递质和基因调控方面的信息。

恐惧条件反射相对的也属于一种应激性实验。我们的实验室通常会把这个实验放在后面进行，但应该在 Morris 水迷宫实验之前进行。恐惧条件反射和其他的实验都会涉及足部电击（如被动回避实验），对同一只小鼠进行两种实验项目会出现混乱的结果。

3. 被动和主动回避实验（passive and active avoidance） 回避实验和场景性和提示性恐惧条件反射实验在技术上很相似，被广泛的应用于认知增强药物的筛选。用轻微的足部电击进行刺激，受到足部电击的反应是逃离原来受到足部电击的位置。被动回避实验是要小鼠避免进入已经产生有害刺激的笼子里。主动回避实验是要使小鼠从发生有害刺激的笼子里出来。回避实验一般采用的是穿梭箱。

被动回避使用的穿梭箱是由两个外形相同的箱子组成，其中一个为暗箱，另一个予以光照，两个箱子之间有小门连接，动物可以自由进出（图 6-11）。相对于开放和有光照的隔间，夜行啮齿类动物更加青睐黑暗封闭小室。在两隔间，之间有门的装置里，当小鼠进入黑暗隔间后，关闭小门并对其进行一次足部电击，电击后仍将小鼠置于黑暗隔间 10s，然后将其放回母笼。24h 后，将小鼠放置于有光照的隔间中。通过观察小鼠进入黑暗隔间的延迟时间测算小鼠对先前有害刺激的记忆能力。关上门后，通过底面格栅进行一次足部电击。最低电击强度要能够使得小鼠退缩和尖叫。依据实验要求和小鼠品系的不同，使用如为 0.2 ~ 0.8mA 的电流，100V 的电压，50 ~ 60Hz 的频率等系列电击参数电击持续 1s 或 2s。仍将小鼠放在黑暗的隔间维持 10s，这段时间用来加强小鼠对黑暗隔间和电击间的联系。然后把小鼠放回母笼中。24h 后将小鼠从母笼中拿出然后放到有光照的隔间中，并把隔间（黑暗和有

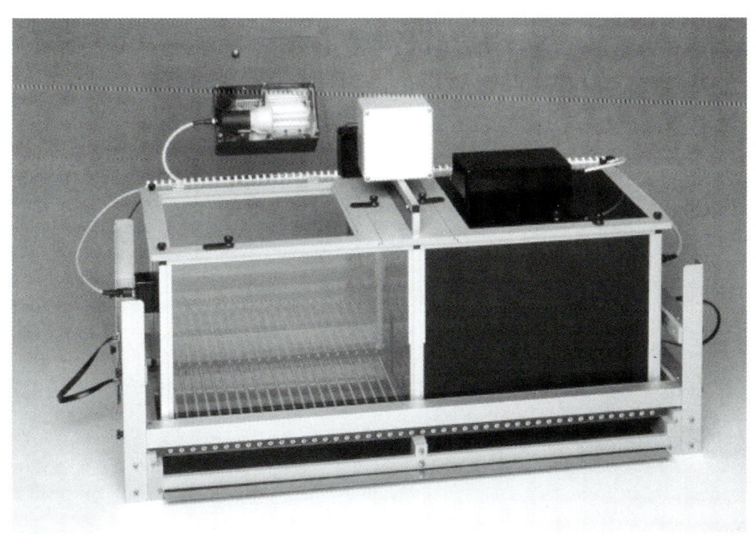

图 6-11　被动回避训练装置（图片来源：TSE 公司）

光照隔间）之间的门打开。实验记录小鼠进入黑暗隔间的延迟时间。通常情况下，小鼠进入黑暗隔间很长，临界延迟时间可达300s之久，经常是不会进入，大概是因为小鼠记得先前在黑暗隔间遭受过电击。

主动回避实验和被动回避实验所使用穿梭箱类似，但没有明暗室的区别。实验分为记忆获得和记忆保持两个阶段。在记忆获得阶段中，首先把实验动物放入其中一个箱子中，待动物适应环境后，先给予动物60dB，1000Hz的声音刺激。间隔50～70s后，再给予动物足底电击，动物只有逃避到另一个箱中方能逃避电击，共训练30次。记忆获得实验后的24h和48h进行记忆保持实验，实验步骤和记忆获得实验相同，记录动物对实验刺激作出反应和产生逃避行为的延迟时间。

4．物体识别实验（object recognition test） 物体识别实验是利用啮齿类动物喜欢对新物体进行探测的行为特点而建立的学习记忆测试方法。本实验设备为一个70cm×60cm×30cm的白色聚氯乙烯塑料盒子，盒子上方约50cm处有一照明用的75W灯泡。用于识别的盒子也是由白色聚氯乙烯塑料制成，其形状分别为立方体、锥体和圆柱。实验前先将动物置于盒子中2min以适应新环境，进行2轮实验，间歇期为60min。第1轮实验将2个相同形状物体分别置于盒子2个相对的角落，将动物置于盒子内20s，观察其探索活动（将鼻子靠近物体的距离小于2cm或者直接用鼻子触碰到物体为探视1次）。第2轮实验时将第1轮实验中的一个物体换成另一种形状的物体，将动物置于盒子内5min，分别记录探视新物体（n）和熟悉物体（f）的次数。辨别指数为D＝（n－f）／（n＋f）。辨别指数越高，说明动物对新事物探究能力或兴趣越强。

5．条件性厌食症（conditioned taste aversion） 条件性厌食症实验是建立在啮齿动物的一类经典的条件反应模式。大鼠非常善于区分那些曾经在体内产生的厌食刺激或疾病的食物。通常只需要一次或少数几次实验，厌食性条件反射就可以显著增强，并且能够长时间记忆。厌食实验对于了解大脑区域及其生物化学机制的衰退和增强具有非常重要意义。

6．瞬膜条件反射（eyeblink conditioning） 瞬膜条件反射是一种经典的条件反射模型，已经广泛地应用于小脑的运动性学习记忆功能研究，并且对于背部海马的损伤研究也非常有效。常规建立瞬膜条件反射的方法大多是在眼睑皮下埋植电极，以电流做为非条件刺激信号，观察动物眼睑闭合情况。对家兔的研究表明：家兔阳性反应所需时间在训练初期和后期存在明显差异，前者的时间为后者的4倍多。研究证实：小脑突触长时程抑制（long-term depression，LTD）是小脑学习记忆的神经基础和细胞突触模式。由于家兔在学习训练的初期，小脑LTD尚在形成之中，因此反应时间较长；而后期经过反复训练后，条件刺激和非条件刺激诱导家兔小脑蒲氏细胞的突触后膜发生了神经可塑性变化，进而形成了牢固的 LTD，使得家兔瞬膜反射的反应时间较训练初期明显缩短。

7. 嗅觉任务实验（olfactory tasks） 啮齿动物具有高度发达的嗅觉。嗅觉分辨实验能够很好地测试大鼠和小鼠学习和记忆能。虽然很多嗅觉学习和记忆任务都依赖于海马，但是海马在一些任务中的作用仍有争议。

早期的嗅觉学习仪器如图 6-12 所示。气味是由在通过装有水的烧瓶时将香气、臭气、戊酯、柠檬烯、丁香酚、苯和酒精等进行混合并在空气压力下进行传输。每一种气味通过在放射状通道末端的运输气体管道进行输送。实验区气味的移除是通过仪器上方的风扇完成的。动物将其鼻孔移动到气味管道的排气口处，阻断了光电二极管的光束，并通过计算机进行自动的检测和记录。在该项实验的一个模型中，受饮用水限制的大鼠通过选择低强度的气味而获得补给水。

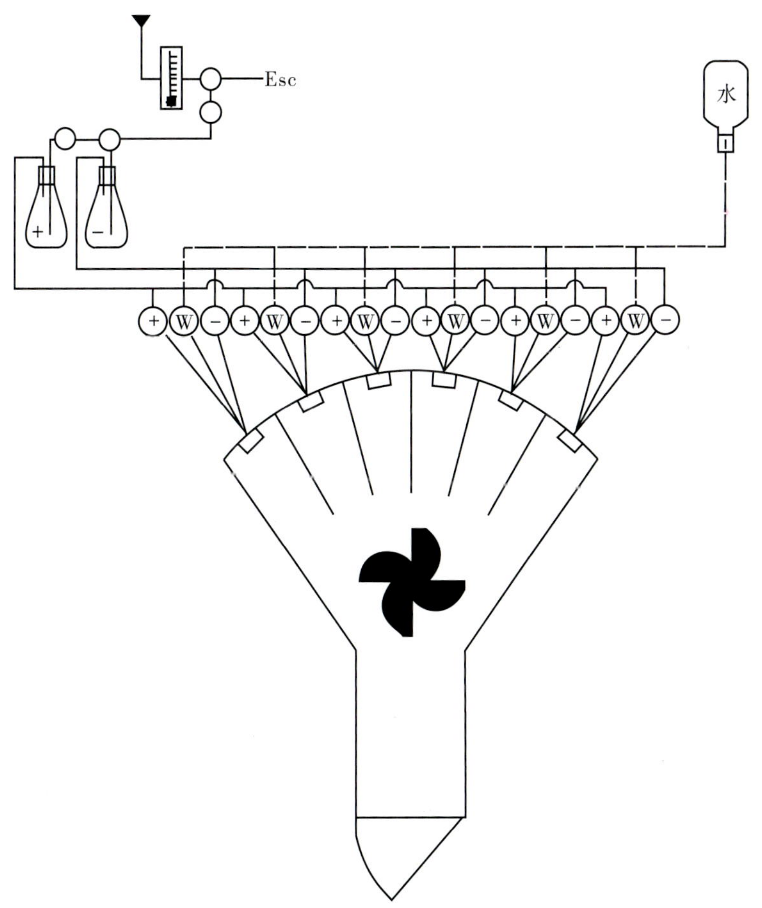

图 6-12 嗅觉分辨学习装置

8．种群识别（social recognition） 同种个体内部的个体识别是在群体识别的基础上发展形成。最初由法国波尔多的 Robert Dantzer 和其同事首先提出，随后群体识别实验越来越多的应用于表型突变小鼠的记忆能力实验。大量的行为学证据表明许多物种具有识别同种成员的能力，这种能力通常是通过血缘关系，性别状况，优势等级状况，群体同种性和个体一致性为依据。群体识别集中于两个单体之间熟悉的程度。Dantzer 关于大鼠早期的实验见图 6-13。将被测小鼠放入有丝网窗口的实验笼中。该装置为圆形笼状，包含有两个隔间，每一个隔间都含有一个临近实验隔间的丝网窗口。在一个隔间中将一只大鼠与被测大鼠一同放置 5min，这一过程称为同种个体之间的熟悉阶段。随后在另一隔间中放置另外一只大鼠，转动圆形笼使得测试笼的丝网窗口与两个隔间中的每个窗口分别连通 5min。记录被测大鼠在观察同种个体所花的时间。相比之前熟悉的大鼠，被测大鼠将会花更多的时间去嗅没有接触过的大鼠。接触过程和测试部分之间要存在几个小时到几天的延迟时间。该实验对于性腺类固醇和后叶加压激素处理敏感，是一类与性别和种群行为相关的大鼠脑部的神经通路神经递质有关系。

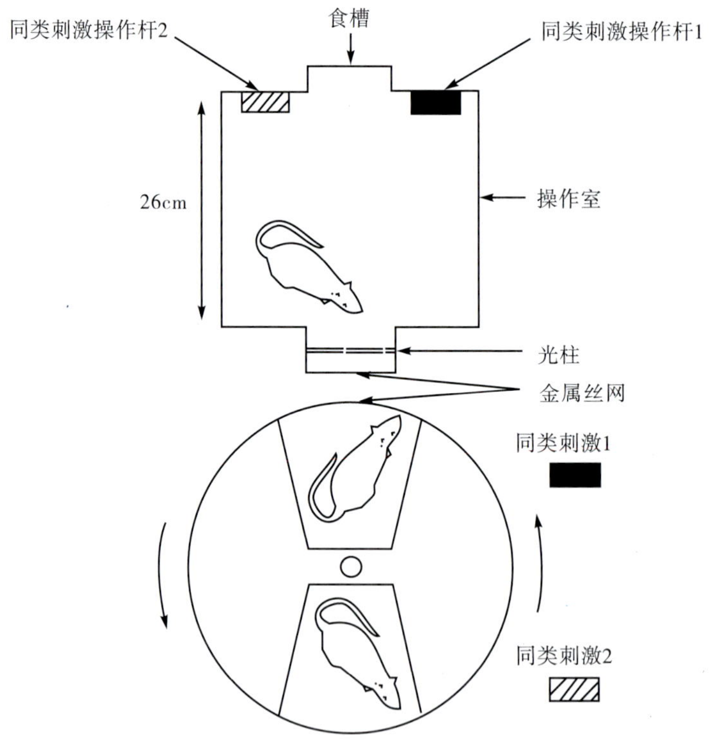

图 6-13 群体间识别的记忆能力

群体识别任务实验的另一个模型基于在成年啮齿类动物通过其嗅觉辨别能力区分一个熟悉的年轻个体。在实验的每一阶段都将一个幼鼠暴露在成年的雌性个体面前4min使其进行观察。在暴露过程中，实验人员记录成年鼠嗅、添幼年鼠的次数。然后将幼鼠放在另一个有新鲜垫料的笼中，在30、60、120、180min时分别暴露一次。然后将成年鼠放在装有熟悉的和不熟悉的幼鼠的笼内。观察成年鼠对两只幼鼠的行为并记录。实验表明成年鼠与不熟悉幼鼠和熟悉幼鼠的接触时间有明显的差异，说明成年鼠记得熟悉的同种个体。

群体识别利用了嗅觉和其他感官模型以及大脑的一些与行为相关的学习和记忆机制。群体识别是由横向内嗅皮质、腹下脚、犁鼻器、雄激素、催产素和后叶加压素在内的下丘脑神经肽及其受体系统所调节。群体间嗅觉识别对海马和间隔的损伤非常敏感，这种识别并随年龄增长而有所降低。

9．计划表控制操作任务实验（schedule-induced operant tasks） 按计划表控制行为是一个研究实验心理学常用的工具。研究者发明了一种自动的操作小室，在这里面控制大鼠学会去压杠杆获得奖赏。标准操作包括固定的比率（FR）和固定的间隔（FI），固定的比率即每按n次杠杆便获得援助物品（如FR20指每第20次按杠杆提供一片食物）。固定的间隔即每隔一定时间按杠杆便会提供一次补给物品（如FI30，在每一个30s时按杠杆便会获得一次补给物品）。频率变化和间隔变化的计划表对于评价大鼠的包括时间测定，机动状态和药物反应方面的行为有帮助。一个有趣的现象是在人类行为的直接暗示下大鼠在可变的比率和变动间隔的计划表下表现出最多的按杠杆次数，这说明当突发事件似乎会随机造成最大的按杠杆次数。这就好比你在不知道何时能获得奖励之前会努力工作一样。

按计划操作实验进行有许多优点，包括严格实验安排和高的精确度。被测小鼠在进行多方面的训练后能够达到稳定的表现水平。完全自动化装置对研究者来说省去了许多高劳动强度的工作。每一个被测小鼠在药物治疗、损伤和诱导突变中起自主控制作用。这样少量的动物就可以够完成大量的实验。缺点是需要很长的时间进行训练，训练时间从几周到几个月不等。尽管小鼠通常情况下在进行任务训练时比大鼠需要更长的时间，但是小鼠的快速自动塑型任务实验装置通过加强操作过程可以减少开始时熟悉小鼠的时间。

最好的啮齿类动物的学习和记忆任务实验是通过位置匹配的延迟补给和位置不匹配的延迟补给完成的。其操作隔间装有两个应答装置，其中一个在壁的前面，另一个应答杠杆位于近壁处，并且杠杆受光刺激调节。在含水食物的限制性供应中通过一个凹进前面墙的液体滴注器供应0.05ml（50μl）。同样，食物的限制性分配通过合适的单一片状食物供给进行。被测小鼠首先训练到能够按左边或右边的可伸缩杠杆或是通过鼻孔嗅动作来获得补给物品。对于样本不匹配的延迟补给，第一阶段的训练包括了解位置非匹配的补给。这种补给通过两个杠杆之一或是鼻孔嗅物洞上面的信号状况完成。然后点亮两个信号灯。为了获得补给物品，被测小鼠必须在先前没有被照亮时，通过对按杠杆或是鼻孔嗅的洞做出正确的选择。在训练的第二阶段包括在样本和选择阶段之间间隔延迟时间的增加。延迟时间为 1 ~ 20s 或更长（如位置不匹配延迟的变化）。对样本的应答起始于延迟阶段。在延迟起始后被测小鼠必须要按下后面的杠杆，并随着时间的不断进行作出选择。延迟时间越长，被测小鼠必须记住样本位置的时间也就越长。并随着延迟时间的延长选择的准确度下降。着整个实验中延迟时间是随机设置的。在所有延迟实验中降低选择准确性的处理都被称作延迟非依赖型处理。延迟非依赖型处理的缺点被认为干扰了记忆的准确型或是任务的程序性组分。对于短时间的延迟没有作用，但是随着时间的延长会降低选择的准确性，被称为延迟依赖性处理。延迟依赖性处理的缺点是被认为反映了明显对短期工作记忆的特殊损伤的影响。位置非匹配性延迟广泛应用于评价大脑损伤、神经递质受体和认知增强性药物对记忆过程的影响。

10. 五种选择系列反应时间的注意力实验（five-choice serial reaction-time attentional task） 过程注意力按计划表进行的行为操作实验中起重要的作用。这一实验类似于研究人类的注意力过程中的持续表现行为。这要求大鼠同时监视 9 个场所。操作间的墙壁呈曲线凹进，同时包括 9 个小洞并且在小洞的上面有灯。在这一任务中经常用到的模型是每一个实验中同时照亮 5 个洞口并持续 0.5s。在洞中会出现补给物品并持续 5s。实验间隔的长短非常重要，对于小鼠来说应给予足够的时间来吃食物碎片。对于液体补给物提供 0.05ml 可以缩短实验间隔的长短。在每一连续实验中，随机照亮 5 个洞口，并且在洞口提供简单的食物碎片。通过一个穿过洞口的光束检测小鼠用鼻子去嗅洞口的行为。通过软件程序分析并记录被打断的光束时间和提供光刺激的光束打断的定位情况。动物必须观察所有的洞口，并要求注意洞口空间分布。反应的准确性和速度用来研究动物的注意力表现行为。

11. 动力学研究（motor learning） 小脑进行学习这一观念已经得到确认，它可以通过动力实验的重复进行实验检测，在动力实验中要求各部分相互协调并保持平衡。学习走路、游泳、骑车或是体育运动等都是动力学习。反复测试小鼠在加速的旋转跑步机上的行为用来研究小鼠动力行为能力。标准的实验流程中，小鼠应该每天在旋转跑步机中训练，并且在 5min 内，要从 4 转/分加速到 40 转/分。通过测量得到的在旋转跑步机上摔下来不断加长的延迟时间，反映其表现随着训练动力的学习有所改善。

综上，目前对于学习记忆的研究进展十分迅速，各种学习记忆的理论不断出现，按照各种理论设计的动物模型也相应出现，研究者要把传统的行为学研究方法和最新研究技术结合，根据研究目的和实验设计的需要，避开各种实验的缺点，合理选择行为学实验方法，使实验结果更加可靠准确。

（张建军）

参 考 文 献

1. 范志勤．动物行为．北京：科学出版社，1988.
2. Jacqueline N，Crawley. What's wrong with my mouse-behavioral phenotyping of transgenic and knockout mice（2nd）. Wiley-interscience，2007.

第七章　摄食行为模型与研究方法

第一节　摄食行为与疾病

摄食是最基本的生存行为，每种生物体有自己的摄食习惯。营养物和水的摄入为机体维持自身结构、生化和生理功能提供了原材料。在人类和哺乳动物中，机体已经形成了复杂的摄食行为调节机制，大脑针对饥渴的环路信号可以启动觅食行为，直到得到了饱足感后它才关闭。调节摄食行为的神经递质多种多样，口渴和食欲是一种复杂的神经药理调节机制。

一、摄食行为相关因素

人和动物的摄食不仅包括生理的需求，也存在心理因素的影响，即对于某种食物的偏好会影响摄食动机。对于人或任何一种动物而言，对食物都有选择性。在条件允许的情况下优先选择喜欢的食物，其次是选择能够满足饥饿感的食物。如果前两者皆不具备，就捕食为身体提供必须能量和基本生理需求的食物。由于有心理因素的参与，人和动物摄食动机就会影响到摄食习惯，摄食结构，摄食规律等。摄食是复杂而重要的伴随一生的行为，因此除了遗传学方面的影响外，摄食行为对于健康等诸多方面产生不同的反馈。

另一个方面摄食动机还会受到个体自身情况和环境的影响。与健康个体相比，患有疾病的个体摄食动机会显得不足，尤其是在与其他健康个体分食有限食物的时候。环境的变化也会影响到动物和人的摄食行为，在夏季温度高，生物体的摄食动机会大大下降，有些动物会进入夏眠状态降低消耗保存能量。而在冬天寒冷的时候，由于可摄食的东西不多，为了保存体力，有的动物减少了摄食的频率甚至冬眠。

在自然界中有成千上万种食物可供人类和动物选择，由于这些食物的成分、味道和外形各异，加之摄食动机的影响，动物和人会形成自有的摄食习惯。尤其对于杂食动物，摄食习惯更能影响生物本身的生存和发展。

摄食习惯还表现在动物觅食有一定的规律性，大部分表现出来的是白天觅食，夜间休息，也有一些动物例外，如小鼠、猫以及一些以夜间活动生物为食物的动物（图 7-1）。动物和人都有生物钟，由此决定了它们的摄食也是有一定规律的，只有保持属于机体特有的规律的摄食才能让机体更好的运转。如果打破饮食规律，机体的各种脏器就必须要根据摄食时间和摄入量的改变而相应改变，这样使机体的整体就会发生改变会影响到机体的正常功能。

图 7-1 动物的摄食行为和食物来源各有特色

摄食习惯还包括进食速度的快慢，对于动物尤其肉食动物，快速的不加咀嚼的进食是很正常的。而对于人类，进食速度过快和欠缺咀嚼会造成食物消化的障碍，损伤胃功能最终，最终对人的健康造成不良影响。

由于受到环境改变，食物不稳定的限制，动物可以一次进食大量的水和食物（如狮子等大型肉食动物），饱餐一次就可以坚持几周不进食，骆驼能一次喝下很多水而维持无水状态行走多天。目前，大部分地区的人类基本上进入了良好的饱食状态，反而是成为人类的一种摄食行为疾病，并带来多种并发症。近些年来，中国人饮食中的糖类和脂肪的比例在不断增高。糖类是高热量食物，过量摄入会影响体内脂肪消耗引起肥胖、动脉硬化、高血压、糖尿病等疾病，长期高糖饮食还会使体内环境失调，容易患龋齿、感冒和骨质疏松症。糖属于碳水化合物，过量摄入会使人产生饱腹感，从而不想进食就可能引起饮食规律发生改变，导致营养不良甚至更多的疾病。食物中如果含有大量的糖类则会增加患胰腺癌的概率。少儿时过多进食糖类食品，会影响骨骼生长发育，引起佝偻病，并且成年后患高血压、冠心病等心脑血管疾病的概率也呈增高趋势。多糖会造成体内维生素 B_1 消耗过多，引起眼球内膜弹性减退、眼球变形、视神经炎和轴性近视，甚至引发脚气病、慢性消化不良、多动症等病症。

人和动物的摄食与代谢是相互平衡协调的复杂过程，由于摄入和排出之间可能存在不协调所以机体会受此影响产生疾病。目前研究结果所知与摄食和消化相关的因素有如下几种：

1. 缩胆囊素　缩胆囊素（cholcystolinin，CCK）是由十二指肠和空肠黏膜 I 细胞释放的一种肽类激素。CCK 在肠道中 98% 分布在黏膜层，还广泛分布于中枢和周围神经系统内，并以神经递质或调质的形式发挥重要作用。CCK 对胃排空起反馈调节作用，可调节食物摄入。CCK 抑制胃动力，产生饱食感，减少摄食，一部分是通过它对胃肠道的直接作用，另一部分是通过它对中枢的作用来实现的。CCK 产生明显的外周和中枢效应，胃和迷走神经是其外周作用部位，它产生的摄食抑制现象在很多哺乳动物中都能观察到，如大鼠、仓鼠、兔、猪、绵羊、猴和人。

2. 瘦素　瘦素（leptin）是由肥胖基因编码、脂肪细胞合成分泌的并具有多种功能的肽类激素，在调解脂肪代谢方面起着十分重要的作用。瘦素由脂肪细胞分泌入血后，将有关脂肪细胞量的信息传递给大脑，进而调节食欲和体重平衡。

3. 谷氨酸脱羧酶　谷氨酸脱羧酶（glutanate decarboxylase，GAD）是催化谷氨酸脱羧形式抑制性神经递质，是 γ-氨基丁酸的关键限速酶。GAD 在动物体内可催化谷氨酸脱羧，提高谷氨酸脱羧后形成的中枢抑制性递质 γ-氨基丁酸的浓度，使动物安静嗜睡，同时可刺激促胃液素、胰岛素等激素的大量分泌显著提高动物机体代谢率，增强食欲，促进动物生长发育。

4. 肠抑胃肽　肠抑胃肽（gastric inhibitory polypeptide，GIP）是一种肠激素，是哺乳动物十二指肠和空肠黏膜 K 细胞产生的一种含 42 氨基酸的多肽，属于促胰液素族，主要生物学功能是进食后促进胰岛 B 细胞分泌胰岛素。

5. 甘丙肽　甘丙肽（galanin，GAL）是一种具有生物活性的肽，属神经肽类，能调节腺垂体经典激素的分泌，还能刺激摄食和调节睡眠。

6. 5-羟色胺　5-羟色胺（5-hydroxytryptamine，5-HT）是一种经典的神经递质，对哺乳动物的研究发现它在摄食通路中发挥着调节作用。

7. 神经肽 Y　神经肽 Y（neuropetite Y，NPY）是一种大量分布于丘脑下部背内侧核的重要的调节能量平衡、进食等生理过程的神经肽，能有效的刺激食欲。在高血压、饮食混乱和焦虑状态下 NPY 表达异常。

8. 垂体腺苷酸环化酶激活多肽　垂体腺苷酸环化酶激活多肽（PACAP）参与对神经系统、消化系统、生殖系统等的调节功能。

9. 增食欲素　增食欲素（orexin）与 leptin 的作用相反，它主要作用于下丘脑，能增强食欲，但其促进摄食的效率要低于神经肽 Y。

二、人类常见饮食行为异常和相关疾病

常见的人类饮食行为异常主要有厌食症、贪食症、夜食症、偏食症等。厌食症和贪食症主要是由于社会压力、自身精神状况、家庭环境影响以及机体内分泌环境的改变等主观客观等诸多的原因引起的。偏食症是由于个人口味引起的对食物选择的偏好或由于厌食症或贪食症的影响造成了对某一类食物的偏爱。夜食症是由于精神方面的问题引起的。

1. 厌食症　厌食症（anorexia nervosa，AN）是由于怕胖、心情低落而过分节食、拒食，造成体重下降、营养不良的一种心理障碍性疾病。约 95% 为女性，常在青少年时期就有类似的性格倾向，包括小儿厌食症、青春期厌食症以及神经性厌食症。厌食症患者治疗困难，部分患者是因为营养不良引起的并发症和精神抑郁而自杀。

AN 的产生主要包括 3 个方面的因素：①与社会因素有关，大多数有过度追求身体苗条的心理；②与家庭环境有关，如父母对孩子管教过严、过分追求完美；孩子对父母过分依赖；儿童期受到虐待、单亲家庭等；③与体内激素分泌失调有关，如雌激素、甲状腺激素分泌下降，皮质激素激素升高等。

2. 贪食症　贪食症（bulimia nervosa，BN）是年轻女性易患的疾病，BN 有四个特点：①发作性不可抗拒的摄食欲望或行为，一次可进食大量食物，每周至少发作 2 次，且持续至少 3 个月；②有担心发胖的心理；③常采取引吐、导泻、增加运动量等方法，以消除暴食引起的发胖；④不是神经系统器官性病变所致的，也非癫痫、精神分裂症等继发的暴食。

3. 夜食症　夜食症（night eating syndrome，NES）是一种由精神压力诱发、导致激素分泌失调引起的疾病。NES 特点是经常性夜晚食欲旺盛，体重逐渐增加，觉得沮丧而又无助。大多夜食症患者往往感到精神压力大，而且睡眠质量不高，进食欲望无法抑制。夜食症患者有三种失调症：包括饮食失调症、睡眠失调症、情绪失调症。研究证实，夜食症患者体内两种与睡眠和食欲有关的激素——褪黑素和瘦素的水平含量出现下降，与此同时，与精神压力有关的皮质醇分泌则有所增加。这意味着患者可以通过服用褪黑素和瘦素来促进睡眠和减少饥饿感。

4. 肥胖 肥胖是一种以基因为基础的，有特定的某些生化因子引起的一系列进食调控和能量代谢紊乱的疾病，基因决定了个体发生肥胖的易感性。如果不能节制食欲，体内的能量代谢调节要不断向新的平衡调节，具有肥胖易感的个体就会表现出肥胖症状。肥胖的发生与贪食症和夜食症有很大关系，这些异常的饮食习惯会导致体内摄入过多的热量产生过量的脂肪堆积，最终造成肥胖。

5. 糖尿病 糖尿病是一种与遗传、肥胖、饮食习惯相关的疾病，高热量的食物和运动量的减少均能引起糖尿病。肥胖是诱发 2 型糖尿病的重要因素，中心肥胖的人由于脂肪大多堆积在腹部更容易得 2 型糖尿病。

6. 高血压 高血压是一个复杂的病理生理过程，为是遗传因素和环境因素长期相互作用的结果。高血压的常见并发症有冠心病、糖尿病、心力衰竭、高血脂、肾病、周围动脉硬化等，其中以心、脑、肾损害最明显。高血压是一种慢性生活方式病，引起高血压增高及波动的因素有情绪不稳定、精神高度紧张、饮食失调和嗜盐等。

7. 心血管疾病 近些年心脑血管疾病已成为全球占首位的死亡原因，随着经济的发展，饮食结构向高热量转移以及生活中缺乏运动，使得心脑血管疾病的发生率和死亡率持续增高。

8. 肿瘤 饮食因素与肿瘤的发生有密切的关系，不当的饮食已被认为是消化系统、胰腺、肝、卵巢、乳腺、子宫内膜、甲状腺、肺和膀胱等部位癌症的致癌因素。高热量饮食能够加速细胞的有丝分裂，使细胞增殖加快，导致肿瘤形成。肥胖和糖尿病会直接导致胰腺癌的发生。

9. 代谢综合征 代谢综合征是以腹型肥胖、胰岛素抵抗、高血压、高甘油三酯血症、低高密度脂蛋白胆固醇、糖耐量下降或 2 型糖尿病为主要临床症状表现的一个综合征，其主要病因有肥胖、遗传因素、环境饮食以及精神因素。

第二节 摄食行为动物模型

正常的摄食行为表现在有规律的摄食时间和摄食量。饮食异常多数是在精神病理基础上发生的，有很大一部分精神患者发生少食、拒食、饮食过量和异食等饮食障碍。

一、厌食症模型

厌食症模型最先开始使用的动物是小鼠和大鼠，用来研究压力下进食的影响。主要的模型分以下几种：

1. 环境因素模型

（1）饮食限制模型：通过限制食物摄入使体重减轻，然后出现营养不良，发展为饥饿导致的免疫缺陷和脾、胸腺萎缩，复制神经性厌食症关联的核心行为。制作过程是将一定数量的17周龄雌性小鼠分为7组，6个实验组和1个对照组，每组数量在13～15只，进食量按照100%（3.6g/d每鼠），60%（2.16g/d每鼠）和40%（1.44g/d每鼠）的营养需求供给，1个对照组和2个实验组按照100%配给食物，2个实验组按照60%配给食物，另外3个实验组按照40%配给食物，全天供应饮水，所有小鼠按照每48h一次供应食物，每两周称一次体重，当小鼠体重在一周内达到平稳或者体重达到22g时（经验认为小鼠低于此体重时死亡率很高）可以牺牲小鼠来做其他生理生化方面的实验，实验期限为50d。实验结果显示40%营养供给小组的小鼠体重减轻的速度比60%组要快，并且在50d实验期内在40%组内94%小鼠达到目标体重，相比之下在60%组内只有63%。

（2）饮食-运动模型：将17周龄，69只雌性小鼠分为3组，小鼠的平均体重为33g，第1组有25只小鼠，每5只放在一个有2个转轮的笼子（ACT）里饲养，2只小鼠可同时在转轮上运动，每天1h时间进食。第2组24只小鼠，每6只放在分隔为6个空间（SEP）的一个大笼里饲养，每只小鼠单处，同样是每天1h进食。对照组20只小鼠分别养在2个笼子里每天同样方式供给食物。实验数据显示两个实验组的小鼠体重减轻速度均比对照组快。同样以22g为目标体重，在CAT小组中28%在达到目标体重前死亡，SEP小组中是21%，对照组中没有小鼠死亡。实验证明在同样限制饮食的条件下加大运动量会给小鼠带来极大损伤。

（3）压力模型：通过刺激使动物丧失饥饿感制作厌食症模型，这样的模型是建立在一种错误认为食欲丧失的基础上。猪的衰弱综合征可能是此种厌食症模型的潜在模型。母猪产仔不久后将其与猪仔分离，并放入陌生的猪群中饲养，可能导致母猪的恐惧从而食欲下降。不同家系母猪遇到这样恐慌压力时由于遗传方面的差异所受到的影响程度是不同的。神经镇静类药物（如5-羟色胺受体拮抗药）可以减缓这种症状。压力条件下饮食减少后可引起的体重下降，因此压力模型可能用来研究厌食症的危害因素。

（4）分离模型：小鼠分离饲养能够引起压力导致抑郁状态，会出现饮食下降，体重减轻和认知的改变。把小鼠放到一个大的能看到并闻到彼此气味的透明盒内饲养，然后转移到普通盒内饲养。隔离后饲养使得它们摄食量减少而产生严重的体重下降以及在迷宫里认知能力的损伤。这种模型是慢性的压力所造成的饮食混乱模型更接近与人的真实厌食状态。

2. 遗传模型

（1）Crhr2 敲除小鼠：Crhr2（corticotropin releasing hormone receptor 2）对于压力调节有重要作用，在有压力的情况下丘脑下部会释放 CRH，通过与其受体结合从而激活促肾上腺皮质激素受体增加血液中糖皮质激素水平来缓解紧张情绪。Crhr2 敲除小鼠对于压力异常敏感容易出现焦虑行为，在正常的饲养条件下敲除小鼠与同窝阴性小鼠的进食和体重没有差别，但是在 24h 禁食的压力下，观察发现敲除小鼠摄食量只有同窝阴性小鼠的 75%。这可为研究缺乏食物压力是否直接改变代谢或者影响焦虑情绪和食欲提供动物模型。

（2）anx/anx 厌食小鼠：这是一种自发突变小鼠，可作为一种研究食物摄入和能量消耗的动物模型。这是一种逐渐退化的突变，突变导致食物摄入量减少。anx/anx 突变小鼠与同窝正常小鼠相比在出生后 5d 开始出现胃容量减小，在 5 ~8d 的时候脖子和尾巴出现消瘦，接着就是出现生长停滞和整体消瘦，并且伴随着一系列的异常行为，如身体不断颤抖、摇头、过分活跃和走路步调不协调。在出生后 9d 的 anx/anx 突变小鼠与同窝正常小鼠相比有明显的体重差异。突变小鼠通常在 3 ~5 周死亡。anx/anx 突变小鼠的表型与人类临床使用抗肥胖药物预期出现的表型很相似，应用于研究新型抗肥胖药物。

（3）多巴胺基因敲除小鼠：多巴胺（dopamine，DA）能够影响摄食行为。DA 敲除小鼠出生时很正常，它们也能寻找和进食，但是在生长过程中由于缺乏 DA 而渐渐的食欲减退并且活动力下降，造成不能摄入维持机体生存必需的食物量，最终在 3 ~4 周后死亡，DA 敲除纯合子小鼠的脑部对 DA 特别敏感，可作为药理干预或者基因治疗的良好模型。

（4）M3 受体敲除小鼠：乙酰胆碱受体 muscarinic3（M3）在外周神经刺激胃部收缩和腺体分泌起重要作用。M3 受体敲除小鼠表现出明显的食物摄入量减少，体重减轻，在出生 1 周后敲除小鼠纯合子出现体重下降，12 周后体重比同窝阴性对照要减轻 22%。

（5）MCH 敲除小鼠：黑色素聚集素（melanin concentrating hormone，MCH）对瘦素和黑皮质系统起到下调作用。MCH 敲除小鼠表现出食欲减弱和代谢率升高，体重减轻。6 周龄的敲除小鼠纯合子与同窝阴性小鼠比较在 24h 内所消化的热量减少 12%，摄食量的减少主要发生在夜间。到 17 周龄时相对比同窝阴性小鼠，雄性纯合子小鼠体重减轻 28%，雌性纯合子小鼠减少 24%。MCH 敲除小鼠对于验证 MCH 对肥胖的治疗效果的模型。

（6）CB1 敲除小鼠：阿片受体（central cannabioid receptor 1，CB1）敲除小鼠在摄食与体重方面与同窝阴性小鼠没有差别，但是在禁食 18h 后敲除 CB1 的小鼠进食量会明显低于同窝阴性，阿片受体可以调节进食量。

二、贪食症模型

1. 环境压力导致的贪食　大鼠在限食一段时间后进入自由摄食环境中，大鼠会一次摄入过量的食物，在摄食量增加后一段时间再重复限食，大鼠在这种反复环境变化刺激情况下会出现贪食症。表明食物可获得的不确定性刺激能引发消极情绪，从而导致对食物强烈的需求欲望，出现饮食行为的饮食混乱。

2. 饱腹感损伤引起的贪食　在有可口食物的情况下大鼠也会贪食，口腔感觉的刺激能够影响使大鼠正常摄食产生贪食。人类中这种由于味觉需求刺激过量饮食而导致贪食症同样存在。

3. 摄食模式引起的贪食　人和动物的进食一般是随着食物呈现而开始的，所以食物呈现速度和进食速度会出现一定的模式，一是进食速度慢于食物呈现速度，二是进食速度快于食物呈现速度。这两种不同的模式反映出不同个体的模式习惯，相比较之下有第二种习惯的个体会更容易表现出贪吃，有形成贪食症的倾向。

三、肥胖模型

ob/ob 小鼠不能合成瘦素，导致过量进食和极度肥胖，并且伴有糖尿病的症状，高血糖，葡萄糖耐受，血浆胰岛素水平升高，繁殖力降低，伤口愈合受损，垂体及肾上腺激素分泌增加，代谢及体温也降低（图 7-2）。另外，A^{Y} 小鼠携带 A^{Y} 基因，可用高脂饲料诱发肥胖而发生高血糖症：db 小鼠到 3～4 周龄时，腋和腹股沟皮下

图 7-2　正常野生小鼠（左）和 ob/ob 小鼠（右）比较

组织出现脂肪的异常沉积，肥胖、高血糖、糖尿、蛋白尿、烦渴、多尿，最后可因酮尿而死亡，是研究肥胖和糖尿病的动物模型；Cpefat 小鼠发生肥胖及高血糖，用外源胰岛素治疗可控制，胰岛 B 细胞形态明显异常。

第三节 摄食行为研究方法

一、模型制作方法

1. 压力刺激法　在小鼠中包括掐尾法，饥饿状态下在冷水里游泳，冰面上行走后马上到温水中洗澡，或直接刺激脑部（包括注射或是电刺激等方法）。这些刺激能对动物造成物理性伤害进而产生食欲减弱症状。在丘脑下部注射吗啡或者电刺激能导致体重的下降。但是这些短暂的刺激所造成的行为改变并不能真实反映人类出现的饮食混乱，长期压力刺激下形成的模型更能反映人的情况。

2. 运动刺激法　过量的运动能导致饥饿和死亡，一些引起机体不适的运动（如眩晕等）也会导致胃部不适、恶心甚至呕吐的现象，长期如此可能造成厌食症。并且在不适运动后精神可能受到极度刺激出现厌食现象，利用强制运动的方法可以自作厌食症模型和研究这种病理行为。

3. 日常饮食限制法　动物和人日常进食量、进食次数和进食间隔都有一定的规律，如果因为环境条件改变或者人为因素诱导会使人或动物产生精神或其他方面的压力，那么这些规律发生变化则会带来生理上以及心理上的不适，极可能会导致厌食症或者是贪食症，甚至是夜食症，利用日常饮食限制法可以自作厌食症模型、贪食症模型和研究其病理行为。

4. 基因工程方法　主要通过转基因或基因敲除技术产生特定的与摄食相关的基因插入或者缺失的大小鼠模型，应用摄食量、代谢、运动等方面的研究设备对模型的饮食、活动力等方面进行分析。

二、摄食行为研究常用设备和用途

行为学的分析仪器和分析评价的数字化为研究动物摄食行为提供了准确和有效的手段。

1. 小鼠摄食饮水监测系统　由小鼠笼、气泵、各种管道组成的代谢检测系统

（图 7-3），可测定实验动物的氧气消耗量、二氧化碳的产量、呼吸互换作用的比率、热量及测量进入笼子的空气量等。

图 7-3 小鼠摄食饮水监测系统

2. 小鼠能量代谢监测系统 为研究小鼠的饮食、排泄行为及相关性自发行为设计的分析设备（图 7-4），可长时间对小鼠进行代谢分析。

图 7-4 小鼠能量代谢监测系统

3．LabMaster 动物代谢测量分析系统　LabMaster 动物代谢测量分析系统是一种综合分析系统，可检测饮食、排泄、消耗、自由活动、呼吸、血压、心电等多项功能（图 7-5）。

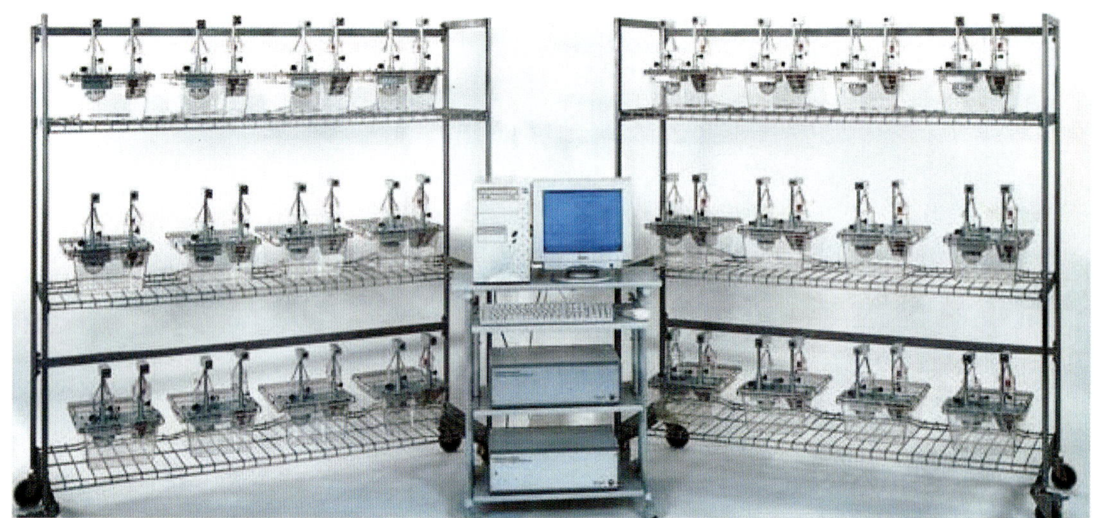

图 7-5　LabMaster 动物代谢测量分析系统

（周文君　张连峰）

参　考　文　献

1. Regina C, Casper Elinor L, Sullivan Laurence Tecott. Relevance of Animal Models to Human Eating Disorders and obesity. Psychopharmacolog, 2008; 199 : 313 – 329.
2. Zahava Siegfried, Elliot M. Berry, Shuzhen Hao, et al. Animal models in investigation of anorexia. Physiology&Behavior, 2003; 79 : 39 – 45.
3. Trivedi P, Yu H, MacNeil DJ, et al. Distribution of orexin receptor mRNA in the rat brain. FEBS Lett, 1999; 442 : 122 – 123.
4. Van den Pol AN, Gao XB, Obrietan K, et al. Presynaptic and postsynaptic actions and modulation of neuroendocrine neurons by a new hypothalamic peptide, orexin. J Neurosci, 1998; 18 : 7962 – 7971.
5. Abdel A, Laurent Y, Michel A, et al. Inunnunocytochemical distribution of VIP and PACAP in the rat brain stem implications for REM sleep physiology. Ann N Y Acad Sci, 2006; 1070 : 135 – 142.
6. Filipsson K, Pacini G, Anton J W, et al. PACAP stimulates insulin secretion but inhibits insulin sensitivity in mice. Am J Physiol, 1998; 834 – 842.
7. WHO. Reducing risks, promotin healthy life. Geneva: World Health Organization, 2002; 1.

8. Soghomonian JJ, Martin D L. Two isoforms of glutamate decarboxylase: why? J Trends Pharmacol Sci, 1998; 19:500-505.

9. Hao SZ, Avraham Y, Bonne O, et al. Separation-induced body weight loss, impairment in alternation behavior, and autonomic tone: effects of tyrosine. Pharmacol Biochem Behav, 2001; 68 (2):273-281.

10. Gluck ME, Geliebter A, Satov T. Night eating syndrome is associated with depression, low self-esteem, reduced daytime hunger, and less weight loss in obese outpatients. Obes Res, 2001; 9:264-267.

11. Rand CS, Macgregor AM, Stunkard AJ. The night eating syndrome in the general population and among postoperative obesity surgery patients. Int J Eat Disord, 1997; 22:65-69.

12. Wang S. Effects of restraint stress and serotonin on macronutrient selection: a rat model of stress-induced anorexia. Eat Weight Disord, 2002; 7:23-31.

第八章　运动行为研究方法

动物各式各样的运动（如跑、跳、游泳和飞翔等）是动物行为学研究中的重要组成部分。几乎动物的每种行为都需要它进行运动。如果你在实验中使用的小鼠运动功能被削弱，那么它就不能用来承担复杂的实验任务，主要是因为它不能走着去吃食物，不能参加社会互动，或者不能游迷宫。所以我们在开始一系列比较复杂的行为实验之前，应该对小鼠的运动功能进行一系列测试。在某些情况下，运动缺陷限定了期望的表型。脊髓、小脑及前庭的基因突变将会导致生物体运动的调节及平衡异常。

运动行为是最后输出的共同行为。用来调节神经细胞体、轴突、树突、神经递质、受体、传感器、肌肉、腱或骨骼等的某方面的基因发生缺陷将会损伤其运动功能。如果沿着大脑命令传递链反方向前进的话，骨骼的运动是由肌肉牵引的，肌细胞由脊椎运动神经元所支配，而脑神经的运动神经元是由脊髓的后脑神经元支配的，小脑后脑的神经元是由中脑和前脑所支配，所以大脑运动皮层主要归功于最高水平的整合。感觉神经元及其相关的神经元把它们接受的输入信息输送给运动通路。因此存在很多的基因，在生物体的各部分运行，由此控制着生物体的运动行为。这些基因的其中任何一个发生突变都可能导致一个异常的运动行为表型。此外，很多代谢性疾病和运动功能密切相关。代谢综合征（metabolic syndrome，MS）是一组以中心性肥胖、高血压、糖代谢及血脂异常等为主要临床表现的综合征。MS 的发病机制目前尚未完全阐明。近年来通过流行病学及临床研究发现 MS 发生的核心是胰岛素抵抗（insulin resistance，IR）。鉴于它与糖尿病及心血管疾病的密切关系，显著增加心血管事件及死亡率，控制代谢综合征的流行已成为当务之急。美国糖尿病协会（ADA）第 58 届年会上许多专家提出，运动锻炼是目前可供选择医治 MS 的“最佳药物”。随着人类社会的发展，MS 的发病率日益增高，已经成为社会的沉重负担，严重影响着人们健康。MS 的发病机制尚未完全阐明。综合目前的研究，运动对于 MS 的改善作用主要体现在：提高胰岛素敏感性，包括降低体内胰岛素水平以及增强血糖控制能力；增加能量消耗，降低体重，减轻内脏性脂肪，降低血 TG 及 LDL 水平和提高 HDL 水平；提高组织脂酶活性，减少组织脂质堆积；总之，运动可以减低 MS 的发病率，及其伴有的心血管病等的病死率，提高生活质量。本章就介绍一下常用的研究动物运动的一些方法。

第一节 自主活动检测

对运动功能的测试最标准的一个是在一个开放的空间进行的自发活动，或称旷场实验（open field test）。早期的开放空间是由很多大的木质盒子组成的，在这里地板的表面被标记成很多小的场地。实验时将动物从饲养笼中转移到标准透明观察室，待动物适应新环境 10min 后，开始记录其自发活动及变化，一般观察 30～60s，以动物水平和垂直运动次数来衡量其活动的强弱。

目前，正方形，矩形及圆形设备很常用。这个开放场地在不同的实验室之间是不一样的。比较大的开放场地一般大于 1m^2，为远距离的运动提供了更多的机会，便于发现小鼠与恐惧有关的行为。大鼠和小鼠需要在同样大小的场地进行测试。然而，为了保证有足够的场地空间来测量我们所要研究的小鼠行为和发掘其与焦虑有关的行为，对一个大型的动物来说，选择一个相对大的场地效果要好一些。而在一个非自动开放场地实验中，这个实验过程要用录像记录下来，因此可以允许有最后一次性的测量结果。用录像带记录的过程可以避免由于观察员近距离接近实验动物打乱了实验过程。

现在，自动化开放场地已经取代了观察员使用的木质记录盒。神经行为科学实验室惯用的自动化开放场地一般都装有光电管或视频追踪相机和软件（图 8-1）。自动化的运动系统通常也有个比较小的开放场地。研究环境空间变小将会增加小鼠对开放场地习惯的概率。

树脂玻璃实验盒子通常用清洁剂或清水来彻底清洗，在每天使用完后要被抹干。此外，在每次单独的实验后，这个开放场地都需要清洗，以此防止下一个实验小鼠被前一个小鼠的尿和粪便味所影响。如果这个树脂玻璃实验盒子被使用的是它的赤裸的地表面，这么做是很重要的。也以选择干净的薄叶层放在地面上，在不同的动物实验过程中都要更换。很多行为神经科学实验室推荐用酒精在不同的实验动物中进行仔细的清洗来清除所有嗅觉上的气味，湿的纸巾轻轻擦拭只能除去尿液和粪便。清洁行为实验仪器的规则要求隔一定的时间用清洁剂或清水进行全面的清洗，例如，在一次实验周期的最后一个或在实验的最后。

图 8-1 用来测试运动协调和平衡功能的滚轴实验（摄影：潘思丹）

为了给一般的运动行为做调查评估，在一个开放场地进行一个 5min 的实验对衡量一个严重的行为异常是足够的。实验有可能是在标准房间的灯光下在昼夜周期的明亮或黑暗的阶段进行的，或是在一个变暗的房间在昼夜周期的明亮或黑暗的阶段进行。运动中质量及数量的差异在这 4 个条件中就可以看出来。

如果在动物居住的房子里，白天关掉照明灯，夜间点亮照明灯，这样保持一个昼夜周期，即一个逆向的光周期，这对小鼠行为实验可能有很多好处。实验室研究中所用的家鼠（如小家鼠）是一种夜间活动的种类，这种逆向的光周期可以让研究者在它的夜间来对其进行实验，这时小鼠最活跃。24 小时昼夜光周期控制器可以用来调节每天的照明系统。房间灯的红色灯泡，或者手持式的手电筒，可以让研究者和动物看管人员在黑暗中看到动物的活动。红色的灯光对啮齿动物是不可见的。

在一个新开放场地的 5min 测试为新环境中探索性的运动提供了一个测量尺度。通常，5min 足够用来发掘有重要意义的功能亢进或行为镇定现象。对运动行为更多细节的分析是通过检查运动时间参数来进行的。根据不同的变种，小鼠通常会在 30min 或 1h 之内适应开放场地环境的新变化。

旷场实验多用于毒理学、精神药理学、行为科学等。其优点在于可在同一时间段、相同环境下比较不同组动物的活动状态，客观定量地反映活动量及自主活动功能。

第二节 协调运动分析

一、滚轴实验（rotarod test）

滚轴实验需要动物在滚轴上保持平衡并连续运动，是广泛采用的检测运动协调性的实验。运动的调节及平衡能力是通过小鼠在一个旋转的棍子上的表现来衡量的。实验时将动物置于转棒仪的滚轴上并避免滑落，大鼠采用直径为3.75英寸的滚轴，小鼠采用1.25英寸的滚轴。转动滚轴时根据实验要求可选择恒速、加速度模式。动物滑落下来时会相应的停止下面的传感平台，并记录动物从滚轴掉下的潜伏期。图8-1显示了此设置：旋转的棍子是一个旋转的圆柱体，直径大约是3cm。实验中的小鼠必须一直往前走才能保证不从旋转的棍子上掉下来。匀速的旋转棍已经被使用很多年了。通常会先给小鼠一两次实际的实验，然后再把它放在旋转圆筒上。从上面掉下来的潜伏期是一个依赖变量。大部分的小鼠都能轻易地在旋转棍上保持平衡几分钟，这个旋转棍的速度是5转/分或更高。在每个时间段的1min最大间隔也比较常用。自动旋转系统包含一个连接到地板的踏板开关上的计时器，实验小鼠会掉到地板上的踏板开关上，在地板上面的光电束可以来测量小鼠掉下的延迟时间。地面一般是在旋转棍下面15cm范围内，以此来激发小鼠在旋转棍上前进而不是跳下来。

加速的自动旋转棍现在也很常用。以一个很慢的旋转速度把小鼠放到圆筒上，如4转/分。其旋转速度在一个5min实验过程中逐渐增加，主要是根据一个事先规定好的程序进行的，直至加大到最大旋转速度40转/分。从旋转筒上掉落的延迟时间是小鼠平衡能力的一个很好的衡量，因为在上面运行的难度也在增加。运动协调和平衡能力有缺陷的小鼠都会在这个5min的实验前掉下来，通常发生在第1分钟。小鼠在旋转筒上的重复训练的表现是运动学习的衡量。

小脑的缺陷导致小鼠在旋转测试上表现不足。走路摇晃，颠簸及蹒跚都是在小脑神经解剖学中众所周知的自然突变。走路摇晃的突变小鼠失去了下橄榄体，小脑颗粒状神经元及浦肯野细胞。走路颠簸的小鼠表现出浦肯野细胞的神经支配缺陷及一些坏死的小脑颗粒细胞。走路蹒跚的小鼠则表现出小脑皮层的退化。这三种类型的小鼠在旋转实验中表现很差，从旋转棍上滑落的时间延迟的时间范围是0～100s，而野生型的小鼠的延迟时间则是300～400s。

二、平衡木测试（balance beam test）

小鼠的运动协调和平衡能力是通过测试其跨越一系列等级的窄木到达一个封闭安全的平台。图 8-2 显示了这个平衡木装置。实验所用的横梁是与桌面平行的，并高于桌面 50cm。起始的地方用一束光照亮。一个封闭的 20cm^2 的逃生盒子，置于横梁的末端。训练小鼠跨越方形或圆形的直径递减的横梁。方形横梁的边长分别为 28mm、12mm 和 5mm，圆形横梁直径分别为 28mm、17mm 和 12mm。在每个横梁上进行两次连续的实验，记录小鼠跨越每个横梁的时间和后脚从横梁上滑落的次数。

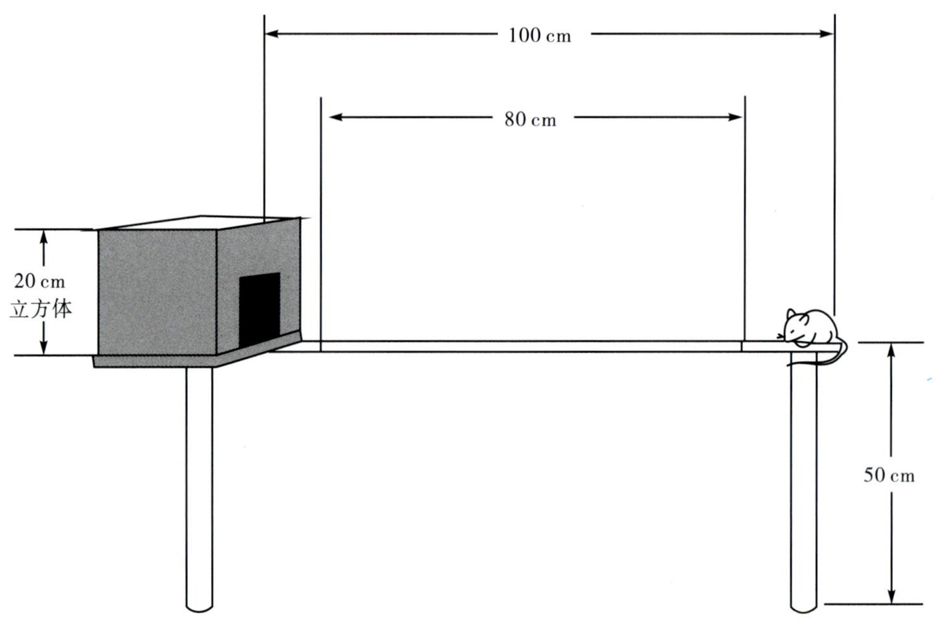

图 8-2　测试运动协调和平衡的平衡木装置

三、直杆实验（vertical pole test）

直杆实验是用来测试小鼠运动协调和平衡能力的最简单装置实验（图 8-3）。一个金属或塑料的杆，直径大约 2cm，长度为 40cm，用布带子捆裹来提高摩擦力。小鼠被放在杆的中央，这个杆开始的时候被水平放置，然后慢慢抬到一个竖直的位置。从杆上掉下来的延迟时间是一个依赖变量。正常的小鼠都能在杆上不掉下来，还能沿着杆向山或向下走。而运动协调和平衡能力有缺陷的小鼠通常会在杆上掉下，通常在直杆倾角达到 45°之前就掉下来了。

图 8-3 抓力和运动协调的直杆测试（摄影：潘思丹）

四、钢丝悬挂实验（hanging wire）

小鼠的神经肌肉异常可以用简单的运动力量的方法来检测。平衡力和抓力对于小鼠维持它身体的悬吊是必须的。这里使用了一个标准的钢丝笼盖。这个盖子的周围用布带或条带遮盖起来防止小鼠从边缘出来。研究人员要轻轻摇晃这个盖子 3 次让小鼠抓住钢丝，然后把盖子翻过来。这个翻过来的盖子大约高于笼子底层 20cm，要足够高防止小鼠轻易地从上面爬下来，但不能太高防止小鼠万一从上面掉下来造成摔伤。研究人员用一个秒表来记录小鼠从钢丝盖上跌落的延迟时间。一个标准实验是用 60s 作为一个时间间隔。

五、足迹分析法（footprint analysis）

动物步态分析系统是一个用于定量评估啮齿动物脚步和步态的工具，能用来评估神经外伤，神经退行性疾病，神经系统疾病以及疼痛症状群的鼠类模型。该系统是一个转匙系统，包括软件和硬件。它的工作原理：小鼠无任何强迫的从玻璃步行台的一端走到另一端，置于玻璃板下方的高速摄像机通过发光技术可以很容易地捕捉到小鼠实际真正的足迹并录制成视频。这个技术非常敏锐，还能探测到脚步压力差异。该系统能处理视频数据，并根据每个脚步的尺寸、位置、移动步态和压力，计算各种参数。

动物步态分析系统的核心设备是一个封闭的步行台，小鼠可以从一端走到另一端。脚印照明技术实现了利用高速摄像机从步行台下方捕获真正的脚印。脚印照明技术甚至可以探测压力差异，从而测量动物体重在四脚的分配情况。为了动物保持自然步态没有采取强制措施。在步态分析中行走速度是一个非常重要的因素。步态分析系统可以测定行走速度，进行数据选择和分析。不需要外部标记、修剪指甲和大量光照等。测量的参数包括着地时间，悬空时间，步长，压力，左右脚间距，前后脚印记间距，步序等。

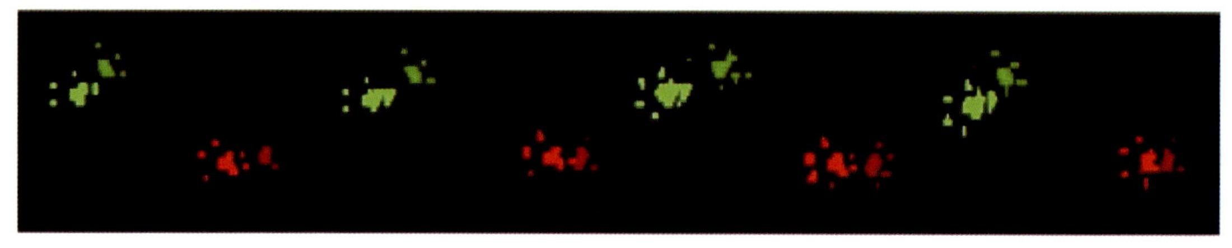

图 8-4　足迹分析法

六、楼梯实验（staircase test）

小鼠脚爪的协调到位对大脑运动结构的单方面的损伤是敏感的，如帕金森病损伤模型中的纹状体。爬阶梯需要运动协调及脚爪的到位。楼梯实验可以测量小鼠爬梯的步数这个工作用来确认与焦虑有关的运动行为。

七、昼夜轮转运行（circadian wheel running）

每种生物的活动周期都是由许多重复单位组成的，这些重复单位叫周期（cycles），完成一个完整周期所需要的时间就是节律期（rhyrhm period 或 period），如一个日节律的节律期就是24h。在饲养笼中的仓鼠、大鼠及小鼠的每天活动的周期性可以用车轮运行的活动来估计。

八、姿势和步态的观察

姿势和步态的严重的异常可以通过一个开放场地实验，孔板实验及转旋测试等，进行一个5min的实验观察出来。弯曲的脊柱，肌无力，肢体不协调及类似的症状会导致小鼠在实验中出现摇摆不定，蹒跚及迂回前进。在一个开放场地的垂直活动是个合理精确的方法来检测姿势和步态的异常，因为垂直向上的位置比水平运动需要更多的四肢及肌肉的复杂的协调动作。

九、握力实验（grip strength）

根据小鼠善于攀爬，喜用爪抓持物体的习性，设计出握力实验，用于评价啮齿类动物肌肉力量或神经肌肉接头功能。将小鼠置于细线或细金属线上，水平悬于距地面 30cm 的空中，两端用支架固定好，小鼠会用前肢悬于细线上。观察小鼠是否会用四肢抓住细线，以及抓住细线时间的长短来反应小鼠的体力。正常小鼠会同时用后肢抓住细线并在 5s 内攀住细线，小鼠在 5s 内不能用后肢攀住细线，或从细线上滑落者，即视为抓握能力受到损伤。

十、网屏实验（inverted screen）

网屏为 $45cm^2$ 网带，网眼为 $12mm^2$，网板的左右和上方都有 5cm 高的木条框边，网屏距离地面高 30cm。先将网屏水平放置，将动物置于其上，其后换抬高一段，并于2s 内将网屏置于垂直位，保持120s，观察动物在此期间是否会掉下，并记录掉下来的潜伏期。

十一、衣架实验（coat hanger）

此设备可以自制，形状类似衣架，其水平长 35cm，直接约为 3mm，距离地面约 40cm。实验时，将动物前爪抓住衣架水平部位中央，观察 30s。动物在 10s 内从衣架上掉下为 0 分，前爪挂在衣架上为 1 分，试图爬上衣架为 2 分，前爪和至少 1 只后爪挂在衣架上为 3 分，四肢及尾巴绕在衣架上为 4 分，试图逃到水平部的末端为 5 分。同时记录动物各个行为得分的潜伏期。

十二、U 型杠实验（bar cross test）

水平 U 型平台距地面约 30cm，两个水平臂长 30cm，直径约 18mm，连接臂 30cm 长，直径 2mm，因此通过连接部比较困难。实验可以分为 2 部分，第一部分是把动物首先置于水平部，观察动物在 10min 内的自主活动。第二部分是将动物置于连接臂中央，观察动物是掉下还是通过连接臂安全到达水平臂，观察时长 120s。

十三、洞板实验（hole board test）

该实验装置为一个正方形的木质盒子，大小约为 29. 5cm × 29. 5cm × 19cm，地板上均匀分布 36 个直径 2cm 的小孔。实验时，将动物置于地板中央，观察 5min，记录其四肢落入小孔次数，次数越多，协调性越差。

十四、倾斜板实验（unstable platform test）

该实验装置由一个轻的圆形平台（直径为 8.5cm，重 16g）构成，表面覆盖橡胶塑料，利于动物攀附，中央固定在 1m 高的垂直长轴上，圆形平台可以在任意方向倾斜 30°。实验开始时将动物置于圆形平台的中央，圆形平台保持水平位。当动物活动时，平台发生倾斜，观察并记录动物 2 个以上肢体在圆形平台外的潜伏期，时间控制在 2min。

十五、游泳实验

游泳实验是检测动物体力和建立动物疲劳模型常用的方法。游泳中的运动功能不同于转轮、平衡木、旋转棍及其他的实验，每种运动功能需要一组肌肉，脊椎反射及大脑的某些区域的参与。游泳是动物的一种本能运动方式，通过给予适宜的水温和充足的运动空间，可以使动物的运能能力得以充分的发挥。小鼠在深水中游泳的能力用一个专用的水槽（图 8-5）。在一个对大鼠运动疲劳模型建立的实验中，所用游泳箱为 120cm × 120cm × 120cm 的玻璃缸，静水深 80cm，水温 30℃ 左右。实验前，给予实验鼠连续 3d，每天 20min 的适应性训练，随后开始连续 10 天的实验观察。在游泳过程中，动物出现运动协调性明显下降，反复下沉时，将动物取出休息 3min。如动物浮在水面不动用木棍驱赶，使其维持运动状态。研究发现，短时间的游泳运动会造成动物运动能力下降，对外界刺激反应迟钝，食欲降低，但长期游泳

图 8-5　水平游泳箱测量动物的运动能力（摄影：潘思丹）

锻炼可消除不良情绪，预防抑郁症。

以上所述各类行为学检测方法，对实验动物相关动物模型和疾病模型的建立具有重要的启迪意义。如何选择符合自己实验要求的方法，对研究者来说十分重要，部分方法可以参照他人的实验设计直接使用，但一些方法还要进行适当的改造，以期符合自己的实验要求。

（张建军）

第九章　跑台与动物模型运动研究

动物跑台主要用于动物模型，包括大鼠、小鼠和狗等实验动物的运动研究，是运动训练、运动损伤、新陈代谢、生理和运动相关病理等实验研究的手段之一。

第一节　动物跑台使用和参数的设定

一、动物跑台的构造

动物跑台与人用的跑步机相似，只是体积较小，以适应动物的体型。动物跑台通常附带一个透明的塑料盖，防止动物跳出跑台，跑台的主要部分是一个滚动的传送带，表面的材质有利于动物抓地。分隔板将跑台划分成若干通道，通道的后壁安装有刺激电极和/或发声装置，各个通道的刺激装置是彼此独立的（图 9-1）。

当动物拒绝跑动或者跑速低于实验要求时，就会在传送带上退行而碰触到后壁的刺激装置，较强的电刺激或声音刺激将迫使动物按照跑台的速度奔跑。除此之外，还可以应用其他的方式，如光刺激。但是过多的刺激会引起生理上的变化，如肾上腺素升高；不同的刺激方式也会对实验结果造成影响，电刺激的强度比机械刺激大，有研究发现在达到相同的疲劳标准时，两种刺激所造成的疲劳对动物机体糖代谢的影响是有区别的。因此，在跑台实验中应当尽量降低刺激强度和刺激频率。

实验动物采用跑台的方式进行运动的主要优点在于：

1. 运动方式符合实验动物日常的运动情况。
2. 动物在各个通道内独立运动，不会受到干扰，彼此之间的限制因素较少。
3. 与游泳和自主转笼运动相比，跑台的坡度和速度都是可调的，可以更加准确地控制运动负荷。
4. 与游泳训练相比，更符合啮齿类或狗的天性，动物的死亡率较低。

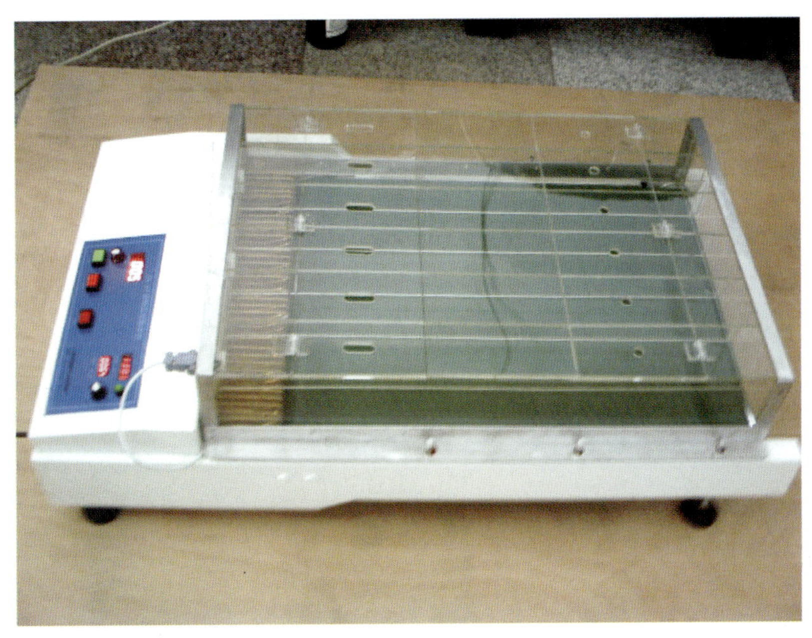

图 9-1 常见大、小鼠跑台

综上，随着电子信息技术的飞速发展，一些跑台采用了完全的计算机控制系统，可以准确地控制动物的状态，计算动物运动过程中做功并进行数据处理，能够实时获取实验数据，同时提高了实验数据的分析效率，是动物生理功能定量分析的发展趋势。然而，这种运动设备现在还存在不足，如电动机的噪音较大可能会影响动物的运动表现。

二、运动负荷和跑台参数的设定

根据不同的实验目的，动物的跑台运动包括持续性运动、间歇运动等各种方案。在对动物进行运动训练时，大多数研究中的运动频率为每天跑 1 ~ 2 次，每周 5 ~ 6d，持续若干周，并且通常需要 1 周左右的适应期，此期间运动量较小，使动物逐渐适应实验要求的运动负荷。

一般用摄氧量与最大摄氧量（VO_2max）的百分比衡量运动强度，对强度的控制可以通过调节跑台的速度和坡度来实现，最大摄氧量与体重和性别有一定的关系，因此应全面考虑以确定运动强度。1979 年，Bedford 等将年龄、性别、体重、训练程度等因素对大鼠最大摄氧量的影响进行了研究，并得出了不同速度和坡度与摄氧量之间的关系，为运动强度的量化提供了理论依据。

一些跑台的设计已经具备测定最大摄氧量的功能，但是在应用不能测量实验动物代谢状态的跑台时，可以根据 Bedford 等人的研究结果做以粗略的估算。

1. 大鼠的最大摄氧量的估算

（1）小于 200d 的雄性大鼠的最大摄氧量 =0. 19 × 体重（g）+91. 16；

（2）小于 200d 的雌性大鼠的最大摄氧量 =0. 20 × 体重（g）+95. 58；

（3）大于 200d 的大鼠的最大摄氧量 =0. 35 × 体重（g）。

2. 大鼠运动负荷与摄氧量的关系　运动负荷和摄氧量的关系与使用动物的品系，实验方案由密切关系，运动负荷于摄氧量的关系需要在实验中校验，表 9-1 是大鼠在不同方式的递增负荷运动时摄氧量的变化，可供参考。

表 9-1　大鼠在不同方式的递增负荷运动时摄氧量的变化

运动强度	摄氧量［ml/（kg · min）］	摄氧量/最大摄氧量（%）
安静（置于跑台上）	28. 1 ±2. 0	33. 3 ±3. 3
0°坡度，8. 2m/min	45. 2 ±2. 5	52. 9 ±3. 1
5°坡度，15. 2m/min	54. 9 ±3. 6	64. 0 ±4. 5
10°坡度，19. 3m/min	64. 7 ±2. 6	76. 0 ±2. 8
10°坡度，26. 8m/min	78. 6 ±1. 6	92. 3 ±2. 8
最大强度	85. 5 ±2. 3	100
中等强度，5% 坡度，15. 2m/min	49. 5 ±1. 6	58. 40 ±1. 7
大强度，5% 坡度，26. 8m/min	63. 8 ±1. 9	74. 30 ±2. 9
大强度，10% 坡度，26. 8m/min	63. 8 ±2. 6	81. 00 ±3. 5
大强度，20% 坡度，26. 8m/min	75. 8 ±2. 0	89. 90 ±2. 2
力竭运动，35% 坡度，26. 8m/min	81. 3	

注：鼠龄为 80 ~90d，平均体重 0. 280 ±0. 010kg 的 SD 大鼠

第二节　跑台在动物实验中的应用

一、跑台在建立运动模型中的应用

人体实验，如最大强度运动、力竭运动等，受到方法学和道德方面的限制，具

有很大的局限性，很难进行深入研究。所以必须采取动物模拟性实验，而复制动物模型是其中的重要环节，模型的适用性、可靠性和可行性直接关系到实验结果的科学性。

为了提高竞技水平，减少运动伤病，研究运动训练过程中机体的生理变化规律，创建了各种运动模型，包括运动性疲劳模型、过度训练模型、运动性贫血模型、运动性损伤模型等，模拟运动人体的各种生理和病理过程，探讨运动对机体的影响以及机体对运动的反应。跑台是建立各种运动模型的重要工具之一。

1. 运动性疲劳模型　当前运动成绩正逐渐接近人体的生物极限，强度越来越大，疲劳程度也就越来越深。运动性疲劳已经成为运动医学的热点问题，它是指机体的生理过程不能持续其功能在一特定水平或不能维持预定的运动强度。建立理想的运动性疲劳模型有助于深入研究运动性疲劳的发生机制和恢复手段，对训练的科学化以及运动员运动能力和健康的维护都有十分重要的意义。

田野等根据动物的表情、逃避反应、跑姿和运动能力等指标判断是否达到疲劳和疲劳的程度，建立了几种不同的急性运动性疲劳动物模型：①大鼠在水平跑台上进行20min、速度为28m/min的向心运动，这种短时间、大强度的运动能够较快地诱发身体疲劳，但是疲劳程度较轻，可以通过增加运动组数加深疲劳；②采用长时间、中等强度的运动，以18c的速度跑100min，大鼠表现出明显的疲劳症状，恢复时间延长，可以作为有氧运动的疲劳模型；③力竭是疲劳的一种特殊形式，是在疲劳时继续运动，直到肌肉或器官不能维持运动的状态，以1m/min的速度进行200min的超长时间跑台运动后，大鼠基本无法继续运动，达到了力竭状态。在对具体的体育项目进行的动物实验研究时，可以依据运动方式的差异选择不同的运动性疲劳模型。

另外，还可以通过7周的大强度跑台运动建立慢性运动性疲劳动物模型。具体方法是：前5周采用递增负荷运动，每周训练5d，每天训练20v，各周的速度分别为15m/min、22m/min、27m/min、31m/min、35m/min；接下来两周的跑速维持在35m/min，以两种运动时间建模，一般训练组每天跑20min，强化训练组每天跑25min。

2. 过度训练模型　运动训练负荷过大，超过机体的承受能力，训练后机体未能得到充分恢复，运动训练与恢复的长期失衡会导致过度训练。过度训练综合征是最常见的运动性疾病，发病率在各类运动性疾病中占据首位，对运动员的身心健康和运动成绩都是巨大的损害。

大鼠模拟周期性耐力项目的反复超长距离跑，逐渐递增跑速和时间以加大运动量，应用心电图、饮食量、精神状况、毛发、运动能力以及血液等指标进行判断，诱发过度训练，建立过度训练动物模型。对大鼠的大运动量跑台训练过度训练动物模型，跑台坡度为10°，一般训练和力竭训练各4周，每周6天，每天的运动量安排如下：第一周：10m/min×10min；第二周：10m/min×10min，然后再进行15m/min×10min；第三周：10m/min、15m/min和20m/min的速度各10min持续跑；第四周：以10m/min、15m/min、20m/min以及25m/min的速度各进行10min持续跑；从第五周起，每天分别进行15m/min、20m/min和25m/min各10min的运动后，加速至30m/min和35m/min各20min，并不断递增跑速，直至力竭。同步监测大鼠的体重、血红蛋白、血尿素氮、血浆总睾酮和运动能力，符合人体过度训练的表现。

3. 运动性骨骼肌损伤模型　运动性骨骼肌损伤是反复运动导致的肌纤维损伤，易发生在骨骼肌的离心收缩过程中，多见于周期性运动的耐力项目。运动性骨骼肌损伤的动物模型，基本上是驱使动物在一定坡度的跑台上进行下坡跑。在下坡运动中肌肉离心收缩做功，主要工作肌群是前肢的股四头肌和小腿三头肌，由于体重的分布原因，对后肢的作用效果小，所以在使用这种动物模型时，应该在前肢取材。大鼠在16°的跑台上以16m/min的速度持续90min下坡跑，可引起肌纤维损伤。在光镜下可见肌细胞变性、坏死、炎细胞浸润；在电镜下可见肌细胞的肌丝扭曲、溶解、断裂，线粒体肿胀、破裂溶解等形态结构变化，是典型的运动性骨骼肌损伤的病理特点。16°是大鼠下坡跑不打滑的最大坡度，然而不同型号跑台的传送带材料和质地存在差异，故可以适当地调整坡度。在保证大鼠能够正常跑步的前提下，坡度越大，模型的复制效果越明显。

肌肉的慢性损伤是由于局部过度负荷、多次微细损伤的积累造成的劳损，或者是由于急性损伤处理不当转化而来的陈旧性损伤。对慢性肌肉损伤动物模型的复制，大都应用过度负荷或过度牵张等原理制作。大鼠以16～20步/10s的速度在10～15°的跑台上持续上坡跑30～60min，共训练272天，复制出肌肉慢性损伤模型。上坡跑的难度较大，对于没有经过训练的实验动物，可以适当降低坡度或逐渐增加坡度和跑速，还可以应用间歇训练法。

二、跑台运动在生理和病理研究中的应用

跑台运动是耐力训练的一种很好的方式，使机体在生理上出现一系列有益的适应性变化。适当的运动可以调节机体各器官系统的功能，进而缓解病情，因此越来越多的研究开始致力于运动康复方向。

1. 跑台运动与心血管功能的相互作用　耐力运动和心血管功能之间具有一定的关联性，心血管功能的增强可以提高耐力运动能力，同时耐力运动有助于改善心血管功能。

通过 11 种近交品系大鼠的研究表明，耐力能力和离体心脏功能之间都有很好的相关性，DA 和 COP 大鼠的跑台运动能力相差两倍多，DA 大鼠离体心脏的排血量比 COP 大鼠高出 50% 以上，DA 大鼠心脏的其他一些指标也显著高于 COP 大鼠，如离体乳突肌的最大张力、离体心肌细胞中 Ca^{2+} 从肌质网中的释放、离体心肌细胞的 Na^{+}-K^{+}-ATP 酶的活性。Bradley 依据跑台测试成绩，将高运动能力（HCR）和低运动能力（LCR）的大鼠分别近交繁殖，与 HCR 子代相比，LCR 子代的血压较高。跑台运动能力高的大鼠对室性心律失常的敏感性降低，这是由于在缺血过程中心脏的代谢需求减少，并且心率自动调控的范围扩大所引起的。α 肌球蛋白 R403Q 突变的转基因小鼠诱发心肌病，其运动耐量显著受损。常用上坡跑作为评价实验动物心功能的应激测试，进行性假肥大型肌营养不良（DMD）对心肌功能也有影响，可通过多级跑台测试评估心衰小鼠的心脏状况。

心脏是运动最直接刺激的部位，剧烈运动会导致心脏病患者的病情加重，甚至有致命的危险。但是，强度适当的运动可以给予心脏良好的刺激，长期坚持能够改善心脏功能。人类流行病学调查和许多实验研究都表明有规律的运动可以减少心血管疾病的发病风险。有研究显示跑台运动引发了心脏的保护性应答，增加了热应激蛋白 70（Hsp70）的转录和表达。运动能够促进心肌细胞产生适应性肥大，增强心肌收缩功能。对雌性 SD 大鼠进行间歇训练，训练期以 85%～90% VO_2max 的强度跑 8min，间歇期以 50%～60% 的强度跑 2min，4 周后发现心肌肌丝的 Ca^{2+} 敏感性增加，这可能是心肌细胞收缩力增强的主要原因。

然而运动对心血管的积极作用是否存在性别差异颇有争议。一般认为雌激素是对抗心血管疾病的保护性因子，流行病学调查显示绝经前女性的冠心病发病率低于男性，绝经后女性与男性发病率的差距缩小。但是考虑到生活方式这个因素后，冠心病发生率的性别差异也减小。大鼠在跑台上以 30m/min 的速度运动 60min 后，雄鼠和切除卵巢的雌鼠的心功能都得到了明显的改善，如左心室的最大收缩率和最大舒张率升高，而正常雌鼠的变化并不大，因此，运动疗法对男性可能比女性更有效，有利于缩小心脏敏感性的性别差异。

许多心脏疾病最终都发展成心力衰竭，它是造成死亡的一个重要原因。心力衰竭是由各种原因的初始心肌损伤引起心脏结构和功能的变化，最后导致心室泵血功能低下，心脏不能泵出足够的血液以满足组织的代谢需要，或仅在提高充盈压后才能泵出组织代谢所需要的血量。对于病情稳定的心衰患者，采用运动疗法是安全的，与药物治疗相结合，可以取得更佳的疗效。对雄性和雌性自发性高血压心衰大鼠模型分别以 14m/min 和 14. 5m/min 的速度，每天跑 45min，每周 3d，结果显示长期的运动训练推迟了心力衰竭的发生，提高了它们的存活率，运动可能是通过改善线粒体能量代谢的途径来达到缓解心力衰竭的目的。在确定雄鼠训练强度的过程中，强度的增加导致了训练时的猝死。不同原因引发的心力衰竭，运动疗法的效果不同。由于严重的心肌缺血阻碍了心肌能量的产生，影响心肌的舒缩功能，导致心力衰竭，可以通过运动改善侧支循环和冠状微血管舒张，从而促进心肌灌注；由心肌梗死引起的心力衰竭对运动的敏感性较差。不过，有研究对心肌梗死导致的充血性心力衰竭大鼠进行中等强度的跑台训练，发现最大摄氧量增加，腹膜巨噬细胞的功能得以恢复。实验结果的不一致可能是由实验条件的差异造成的，如动物模型、心肌梗死的面积、心力衰竭的程度和持续时间等。

2．跑台运动对代谢的调节作用　运动所需的能量主要来源于糖和脂肪两类物质，通过运动可以调节机体的糖、脂代谢。肥胖就是由于脂代谢紊乱所造成的，已经成为全世界共同面临的公共健康问题，被列为世界四大医学社会问题之一，它会增加许多慢性疾病的发生风险。单纯性肥胖的主要原因之一是静坐少动的生活方式。因此在限制饮食的同时，进行适当的运动是应对肥胖的良策。

12 周的跑台运动显著减小了雄性大鼠脂肪细胞的体积，增强了肾上腺素刺激的脂肪分解作用，Askew 和 Hecker 认为这是训练产生的代谢适应，食物限制虽然也能减轻体重，但是达不到这样的目的。Arunabh 等对雄性 Balb/c 小鼠进行 14 周的跑台训练后发现，虽然运动导致了摄食量的增加，但是运动组的体重增加值却低于安静组，主要是由于体脂的含量和比例发生了变化，同时，运动降低了血浆葡萄糖浓度和瘦素水平。雄性 SD 大鼠在经过中等强度（60% VO_2max）的耐力跑之后，全身的脂肪酸氧化水平提高，Ishikawa 等首次提出大脑中的生长转化因子-β 参与了这种调节。

运动增加了 Zucker 大鼠的脂蛋白脂酶（LPL）活性，而 Elizabeth 对 Osborne-Mendel 大鼠的研究结果与此相反，她认为在这两种形式的肥胖中，LPL 对脂肪生成和维持的作用具有较大的差异。中等强度的跑台训练促使身体成分发生有益的变化，脂肪合成减少，但是在停训 2 周后，摄食量、体重、脂肪合成以及腹膜脂肪细胞的数量都迅速增加，Elizabeth 等提出训练时引起的胰岛素敏感性增加可能是原因之一。也有其他研究显示运动训练对脂肪代谢的改善作用不具有持续性，停训后脂肪沉积。这种现象也可能与训练期的长短等因素有关。

大多数研究都表明跑台运动具有增加瘦体重，降低体脂百分比的作用，然而关于年龄与运动的研究结果并不一致。随着年龄的增长，生活方式和生理功能发生了改变，体脂百分比逐渐增加，有人认为不同年龄的生理状况对运动的应答不同会造成运动效果的差异，运动对老年的减脂作用不明显。对 6 月龄、15 月龄和 27 月龄的雌性大鼠进行 12 周的跑台训练，运动增加了 6 月龄和 15 月龄大鼠的摄食量和瘦体重，而27月龄大鼠的摄食量和瘦体重几乎没有变化，但是各年龄组大鼠的体脂含量都有明显下降。在运动耗能相同的情况下，很难说明老年大鼠体重和体脂的降低是否直接由运动引起的，但是与27月龄对照组的体重和体成分变化（瘦体重下降）相比，运动组能够维持瘦体重不变，证明了运动的积极作用。该研究中的运动强度对于老年大鼠来说是非常大的，因此运动强度很可能是造成实验结果差异的主要原因。

跑台运动不仅对脂代谢有很好的调节作用，还能够改善糖代谢。运动中的骨骼肌是胰岛素的主要作用部位，长时间运动可以提高胰岛素敏感性。红肌纤维和肝中的甘油三酯（TG）含量和胰岛素之间具有明显的相关性，4周的跑台训练则削弱了TG对高胰岛素血症和胰岛素敏感性的负面效应。Zucker糖尿病肥胖大鼠（ZDF）可用作高脂饮食诱导的2型糖尿病模型，跑台运动增加了肌肉中GLUT4的蛋白表达，Angela等认为训练可能通过降低FAT/CD36，削弱了胰岛素抵抗的现象。

3. 跑台运动对骨质疏松症的改善　年龄的增长伴随着骨矿含量逐渐减少，骨小梁体积分数下降，骨质疏松是中老年人常见的疾病之一，特别是绝经后的女性。一般认为雌激素可以直接调节骨对机械力的应答反应，有助于增加骨量。另一方面，运动能够引起骨的形变，进而产生适应性应答反应。尤其是撞击性运动项目如跑步，对骨的机械性撞击可以增加骨密度、加强骨骼强度，是预防和减缓骨矿物质流失的有效方法。跑台运动常被用于骨质疏松动物模型的研究中。

这方面的报道中，很多都是针对雌激素缺乏而展开的研究，实际上，雄性激素不足也会加速骨量的流失。Wu等对雄性激素缺乏的睾切小鼠进行4周的中等强度训练，速度为12m/min，研究结果提示我们运动预防骨质疏松的良好作用不仅适用于绝经后的女性，也适用于性功能低下的老年男性。在雄性激素不足的情况下，运动对骨量流失的预防作用主要是通过抑制骨的吸收，并不是促进骨的生成。

对47～61周龄的成年大鼠和75～102周龄的老年大鼠进行研究，发现老年大鼠的骨矿物质含量等指标显著低于成年大鼠，说明老年组的骨架结构已经发生了恶化；14周的跑台运动后，老年大鼠的骨量显著增加，产生了适应性应答。等量负荷作用于相对不坚硬的骨骼上，会发生更大的变形，产生更强烈的应答反应，因此对老年大鼠骨吸收的抑制作用更显著。

跑台运动对骨的积极作用表现出位置的特异性，远端骨受到更强烈的地面作用力，运动的刺激作用更显著，Wu和Hamrick等许多实验研究都证实了这一点。12周龄的雌性小鼠每天跑30min，每周5d，共4周，速度为12m/min，运动对股骨远端的成骨作用大于骨干，这种差异性是多种机制共同作用的结果。例如，运动增加了干骺端骨小梁的表面积，为成骨细胞和破骨细胞的附着并活化提供了更大的接触区域；干骺端和骨干的生长发育机制不同，可能会导致机械敏感性的不同。另有研究对切除卵巢的5月龄 Wistar 雌性大鼠进行3个月的中等强度跑台训练，除了长骨和椎骨发生了有益的变化之外，鼻骨显著增厚，并且骨细胞的连接增加。运动不仅可以通过机械力的作用直接调节骨量，还可以引起激素的改变，促使骨细胞中细胞因子的产生和生长因子的释放，间接促进骨量的增长。不过，关于运动如何引起骨细胞形态和活性的变化，有待进一步的研究。

承受体重较多的骨骼对跑台运动的敏感性更高，实验动物（如大鼠）在跑步时，四肢骨比中轴骨承受更多的负荷，运动对胫骨和股骨的作用大于腰椎。但是，人在跑步过程中，中轴骨和下肢骨都受到机械负荷。因此不能将跑步对大鼠腰椎的影响用于对人类的分析中。还有人指出大鼠的密质骨缺少以哈弗管为基础的再塑造，所以运动对大鼠骨骼的作用并不完全适用于人类。此外，关于运动对密质骨的影响，说法并不一致。不同研究使用的实验动物品系不一，不同年龄的骨骼发育程度不同等因素都会造成实验结果的差异，需要更全面的考虑，更深入的研究探讨。

运动训练和运动康复的研究越来越深入，跑台运动作为一种典型的耐力训练方式被广泛应用于实验动物研究中。通过跑台运动建立的运动模型有助于深入理解训练对机体的作用和恢复手段等问题。另一方面，还可以利用跑台运动对运动疗法作用于生理和病理的机制和效果进行进一步的探究。

（姚　璐　张连峰）

参 考 文 献

1. Bradley J. Buck, Ilan A. Kerman, Paul R. Burghardt, et al. Upregulation of GAD65 mRNA in the medulla of the rat model of metabolic syndrome［J］. Neurosci Lett, 2007; 419 (2): 178 - 183.

2. Heidi L. Lujan, Steven L. Britton, Lauren G. Koch, et al. Reduced susceptibility to ventricular tachyarrhythmias in rats selectively bred for high aerobic capacity［J］. Am J Physiol Heart Circ Physiol, 2006; 291: 2933 - 2941.

3. Brian Bostick, Yongping Yue, Chun Long, et al. Cardiac expression of a mini-dystrophin that normalizes skeletal muscle force only partially restores heart function in aged mdx mice［J］. Mol Ther, 2009; 17 (2): 253 - 261.

4. Zain Paroo, James V. Haist, Morris Karmazyn, et al. Exercise improves postischemic cardia function in males but not females: consequences of a novel sex-specific heat shock protein 70 response［J］. Circulation Research, 2002; 90: 911 - 917.

5. Elizabeth A. Applegate, David E. Upton, Judith S. Stern. Exercise and detraining-effect on food intake, adiposity and lipogenesis in Osborne-Mendel rats made obese by a high fat diet［J］. J Nutr, 1984; 114 (2): 447 - 459.

第十章　阿尔茨海默病动物模型及行为分析

阿尔茨海默病（AD）是中老年人中常见的一种神经退行性疾病，由于其发病率高、缺乏有效的治疗方法、社会负担重，因此成为现代社会和医学研究关注的热点。AD 的病理变化主要为弥散性和对称性脑萎缩、淀粉样蛋白的沉积造成神经原纤维缠结（NFT）、神经细胞外的神经变性斑（老年斑）以及胆碱能神经元缺失等。临床表现为持续进行性的记忆与智力障碍，语言、视觉与空间识别障碍及人格改变等。AD 患者在发病的早期（1～3 年）学习新事物困难，空间定向障碍，行为上表现为淡漠，偶尔出现易激惹，在第二阶段（2～10 年）患者学习记忆能力明显下降，不能计算，有时出现失语，精神上出现妄想，运动系统表现为烦躁不安；第三阶段（8～12 年）患者智力严重衰退、运动系统表现为肢体强直、屈曲体位。

第一节　阿尔茨海默病动物模型

阿尔茨海默病与遗传因素有关，淀粉样前体蛋白（amyloid precursor protein，APP）、早老素-1（presenilin 1，PS-1）、早老素-2（presenilin 2，PS-2）的基因突变与早发家族性 AD 有关，另外载脂蛋白 E（apolipoprotein E，Apo E）、α_2-巨球蛋白（α_2-macroglobulin protein，A2M）和 tau 基因是 AD 的易感基因。

阿尔茨海默病动物模型的制备方法包括化学诱变、生物诱导和基因工程等，产生的动物模型各有利弊。基因工程阿尔茨海默病动物模型能够遗传并大量繁殖，可保证实验的一致性；同时，动物模型在模仿人类阿尔茨海默病的发病机制方面具有一定优势，因此在疾病治疗、药物筛选方面获得了大量应用。目前全球基因工程阿尔茨海默病动物模型包括 APP、PS-1、PS-2、Apo E、A2M 和 Tau 等基因突变的转基因、基因敲除和基因敲入小鼠近百种，常用的模型见表 10-1。

表 10-1 常用的阿尔茨海默病动物模型

模 型	模型特点
4-VO 大鼠模型	永久性闭塞大鼠双侧椎动脉，可致海马等与大鼠智能相关的部位严重受损，而脑干部分维持正常的生理状态。优点是可高度模拟血管性痴呆（VD）的发病特点，生理指标稳定，病理表型明确，无明显肢体运动障碍。缺点是存活率较低
2-VO 大鼠模型	永久性结扎大鼠颈总动脉，造成慢性脑低灌注状态，从而造成脑组织产生缺血缺氧性损害。优点是可高度模拟 VD 的部分发病特点，手术相对简单。缺点是存活率较低，模型动物生存期短，不利于长期研究
血栓法大鼠模型	挑选小于 200μm 的血凝块悬液，于颈外动脉逆行插管注入栓子溶液，开放大鼠颈总动脉，使栓子进入颅内至大脑各动脉，造成多发性脑梗死。优点是可高度模拟 AD 的发病特点。缺点是操作较困难，不易控制梗死灶大小
铁粉注入法大鼠模型	由大鼠舌下静脉注入铁粉或尾静脉注射铁粉并在颅骨外安装磁铁，随后观察其行为改变。优点是操作简单，可重复性强，术中不必开颅，适用于慢性实验和血管性痴呆的基础研究。缺点是铁粉停留肺、肝中，影响生活质量及药物干预的评价
穹隆海马伞通路断开模型	真空抽吸、横断或电解等方法损毁单侧或双侧穹隆海马伞通路，破坏胆碱能及非胆碱能纤维传入，导致动物行为及神经化学方面的缺损，造成动物空间定向和记忆障碍及胆碱能神经元的丢失。用此方法建立的 AD 动物模型手术定位难以控制，难以避免手术区邻近组织的损伤
神经毒氨基酸损毁基底大细胞核模型	用兴奋性神经毒氨基酸，如红藻氨酸（KA）、鹅膏蕈氨酸（IBD）、使君子氨酸（QUIS）、N-甲基-D-天门冬氨酸（NMDA）注入大鼠前脑核（NBM），以损毁大鼠 NBM 建立痴呆模型。该模型的优点是胆碱能的标志酶（ChAT 和 AChE）含量下降，记忆行为减退，可再现 AD 的行为。缺点是无神经炎斑及神经纤维缠结的组织病理学改变，乙酰胆碱系统的损伤可逆转，非 AD 的理想模型
铝元素中毒模型	给予猫、大鼠或小鼠一定浓度的铝盐，造成记忆行为减退，可以用来建立 AD 的行为模型。具有一定的 AD 病理表型，但造模时间长
D-半乳糖诱导的亚急性衰老模型	用 D-半乳糖诱导形成的具有学习记忆力减退、行动迟缓、毛发稀疏等老化征象的动物模型。该模型主要应用于抗衰老的研究。它可模拟 AD 的氧化损伤、学习记忆下降、脑内胆碱能系统功能衰退、神经递质代谢异常、皮层和海马神经元损伤、超微结构和突触可塑性衰老性改变等。缺点是广泛的脑氧化损伤，缺乏 AD 针对性
Aβ1-42 肽注射致痴呆模型	将 Aβ1-42 肽段注入动物海马区可较好地的模拟 AD 病理特征。该模型可用于研究 Aβ 肽聚积或沉积、神经毒性作用和小胶质细胞的炎性反应等方面作用，是临床前药效学评价的重要模型
化学诱导模型	AF64A（特异性突触前胆碱毒）、192IgG-Saporin、喹啉酸（quinolinicacid，QUIN）、东莨菪碱（scopolamine）可用于建立化学损伤 AD 行为模型，表现为记忆行为减退。缺点是无神经炎斑及神经纤维缠结组织病变，非 AD 的理想模型
自然衰老动物模型	老年大鼠、小鼠和猴等动物会出现学习记忆减退，脑组织淀粉样斑块和 NFT 病理改变，这与 AD 患者相同，是 AD 较好的动物模型。缺点是老年动物神经系统的发病神经化学方面的改变与 AD 不完全一致，实验周期长
自发性高血压脑卒中倾向大鼠模型	SHR 大鼠品系（自发性高血压大鼠），SHR 大鼠的一个亚系 Stroke-Prone SHR（自发性高血压脑卒中倾向大鼠）。这个亚系中，80% 超过 100 日龄雄性大鼠和 60% 超过 150 日龄雌性大鼠发生脑出血。可从脑出血后存活的大鼠中筛选 VD 模型大鼠。缺点是其发病情况与临床 VD 患者为多危险因素共同作用下的发病情况有所不同

续 表

模　型	模 型 特 点
P8 和 P10 快速老化小鼠模型	P8 和 P10 快速老化小鼠亚系具有学习记忆力障碍和低恐怖低紧张状态，为脑老化阿尔茨海默病小鼠。P8 脑中出现明显的 A-beta 肽沉积、PAS 染色阳性颗粒状结构和海绵样变性。P10 则伴有广泛性脑萎缩。P8 和 P10 是比较理想的脑老化和痴呆症模型
A1-40 脑室注射小鼠模型	可溶性寡克隆 A 是 AD 发病早期主要引起细胞毒性作用的物质。将 A 注入脑室可模拟 AD 脑内 A 的毒性作用，造成小鼠的痴呆模型
鹅膏蕈氨酸（IBO）注射大鼠模型	通过兴奋性氨基酸注入基底前脑后特异地激动胆碱能神经元，并过度兴奋引发钙超载等一系列反应，导致神经元死亡，造成痴呆大鼠模型，表现为类似人类阿尔茨海默病的行为学特征
D-半乳糖致脑老化小鼠模型	制作原理根据细胞内 D-半乳糖浓度增高，在醛糖还原酶催化下还原成半乳糖醇，堆积在细胞内，影响正常渗透压，导致细胞肿胀，功能障碍，代谢紊乱，最终导致机体衰老的。以此模型进行的药效学实验包括药物对 D-半乳糖小鼠模型皮层 MDA 含量的影响、模型小鼠皮层总抗氧化能力的影响、对模型小鼠海马 CA1 区 NGF 表达的影响以及对模型小鼠海马 CA1 区 TrkA 表达的影响
慢性脑缺血致痴呆模型	通过大鼠双侧颈总动脉结扎造成的慢性脑缺血致痴呆模型。以此模型的进行的药效学实验可以包括药物对模型大鼠海马区 A 生成、海马区蛋白磷酸酶（PP-2A）表达海马 CA1 区微管相关蛋白（MAP-2）、海马神经元存活情况的影响
Tau 转基因小鼠模型	将人类 Tau 基因转入小鼠基因组，可再现人类 AD 部分表型。常见的有 TauV337M、TauR406W、TauP301L 和 TauP301 等
Tau 基因敲除小鼠模型	通过基因打靶技术敲除小鼠 Tau 基因，用于 Tau 蛋白基因在 AD 发病机制的研究
Tau 基因敲入小鼠模型	通过基因打靶技术将突变的 Tau 基因插入动物基因组，形成仅表达外源 Tau 基因的动物，用于研究 Tau 基因突变和老年痴呆的关系
Tau T44 转基因小鼠模型	将 Tau 蛋白六种亚型之一的 T44 基因转入动物基因组，形成可遗传、并可再现人类 AD 某些表型的动物
Tau T34 转基因小鼠模型	将 Tau 蛋白六种亚型之一的 T34 基因转入动物基因组，形成可遗传、并可再现人类 AD 某些表型的动物
全亚型 Tau 转基因小鼠模型	将编码六种亚型 Tau 蛋白的基因全部转入动物基因组，形成可遗传、并可再现人类 AD 某些表型的动物
APP 转基因小鼠模型	将 β 淀粉样蛋白前体蛋白（APP）基因转入动物基因组，形成可遗传、并可再现人类 AD 某些表型的动物。用于研究老年斑形成和淀粉样沉积的神经元毒性。常见模型有 APPV717F、APPK670N、APPM671L、APPK670N 和 APPM671L。这些模型获得了较理想的拟人结果，行为上表现为学习记忆功能受损，是目前国际承认的主要 AD 动物模型
APP 基因敲除小鼠模型	将与 AD 有关的 APP 基因从基因系统中敲除，用于研究 APP 基因功能与 AD 的关系
APP 基因敲入小鼠模型	通过同源重组，将人类 APP 基因整合到动物基因组的 APP 基因位点，形成表达人类 APP 基因或突变 APP 基因的动物

续 表

模　　型	模型特点
APP 转基因大鼠	在大鼠体内，通过转基因表达突变得的人类 APP 基因，目前常用的品系为 Sw/IndTg Fischer 344 大鼠，携带 APPK670N，APPM671L，APPV717F 等突变
PS1 转基因小鼠模型	将人早老素 1（PS1）基因转入小鼠基因组，形成可遗传并可再现人类 AD 某些表型的小鼠。主要用于研究 PS1 基因和阿尔茨海默病的关系。常见的有 PS1M146L、PS1M233T、PS1 L235P PS1K670N、PS1A246E 和 PS1ΔE9 等
PS1，2 双转基因小鼠模型	通过转基因技术，将人类 PS1 和 PS2 基因同时转入小鼠基因组，形成同时表达 PS1 和 PS2 的转基因小鼠
PS1-M146L/APPswe 双转基因小鼠模型	将变异的 PS1 基因 M146L 和发生 APP 瑞典突变基因导入小鼠基因组，形成同时表达 PS1 突变基因和 APP 突变基因的 AD 动物模型
APPswe/PS1ΔE9 双转基因小鼠模型	将瑞典突变 APP 转基因小鼠与人 PSΔE9 突变转基因小鼠杂交，从而形成双转基因小鼠。该品系具有 AD 行为特征和老年斑出现早的特点
APP23/TNR 小鼠模型	将 APP23 转基因小鼠与 TNR 敲除小鼠杂交后形成的小鼠模型，用以研究 TNR 在阿尔茨海默病中的作用
APPswe/NOS 小鼠模型	将转瑞典突变 APP 基因小鼠与转 NOS 基因小鼠杂交后形成的双转基因小鼠，以研究 NOS 在 AD 发生发展中所起的作用
ApoE 转基因小鼠	将人类载脂蛋白 E（ApoE）基因转入小鼠基因组，形成表达人类 ApoE 的转基因小鼠，目前有转载脂蛋白 E2、载脂蛋白 E3、载脂蛋白 E4 等不同的品系
载脂蛋白 E 基因敲除小鼠	通过基因打靶技术将 ApoE 基因从动物基因组敲除，形成无 ApoE 表达的动物，用于研究 ApoE 的功能及其与 AD 的关系
FTDP-17/N279K 转基因小鼠模型	转人前颞叶痴呆伴帕金森功能综合征 17 染色体突变小鼠模型
BACE/APP/PS1 转基因果蝇模型	将人类 BACE/APP/PS1 突变基因导入果蝇基因组，形成稳定遗传的、具有 AD 行为特征的果蝇品系
转 APP 启动子-GFP 蛋白斑马鱼模型	将人 APP 基因启动子 GFP 报告基因转入斑马鱼，用分子影像学活体检测 GFP 在大脑与脊髓中的动态表达，以研究神经发育过程中 APP 基因的作用
转 FTDP-17 突变线虫模型	转人前颞叶痴呆伴帕金森功能综合征 17 染色体突变线虫模型

在具体模型和实验的选择上，在 AD 药物有效性筛选和评价实验中需要结合药物的作用特点进行设计，模型和方法应该能够反映药物的作用特点，观察指标包括行为学变化和病理学变化两个方面，其中，行为学变化应该作为重点观察的内容，但病理学的变化也应该重视。

第二节 阿尔茨海默病动物模型的行为分析

对动物记忆功能的研究可通过动物学习或执行某项任务，之后间隔一定时间再测定其操作成绩或反应时间来衡量这些记忆过程的编码形式、贮存量、保持时间和所依赖的条件等。学习与记忆测定方法的基础是条件反射，各种各样的方法均由此衍化出来。目前已经建立了大量的学习记忆研究的行为学方法，满足阿尔茨海默病的神经药理，学习记忆药理，抗衰老药理和新药神经系统一般药理、毒理研究的需要，也可用于神经科学基础研究。

一、Modified SHIRPA

在对动物行为进行分析之前，需要对动物的行为和健康状况进行整体评估，评估方差采用 modified SHIRPA（Rogers 等，1997）实验进行，要求行为观察与记录者不了解实验设计和被试小鼠的基因型。具体方法如下（参见 EMPReSS，http://empress. har. mrc. ac. uk/browser/index. html?ont = MP0005386）：

（一）实验装置

1. 透明塑胶玻璃材质圆柱形可视广口瓶。
2. 三角架（高 7. 5cm）。
3. 塑料薄片（20cm × 20cm，用砂纸打磨，使表面不要太光滑）。
4. 透明塑胶玻璃观察场（arena）（60cm × 37cm × 18cm），观察场下面铺有塑胶薄板，薄板上标记 15 个正方形（11cm）。在观察箱上面固定一个网孔约为 12mm 的格网（40cm × 20cm）。
5. IHR 点击按钮（产生短暂的 20kHz，90dB 噪音）。
6. 透明塑胶管（直径 3cm，长 20cm）。
7. 木制暗钉棒（14cm），头部为精细棉探针。

（二）辅助材料

纸巾；酒精。

（三）实验步骤

1. 可视广口瓶内的行为观察

（1）酒精擦拭观察场，自然风干。

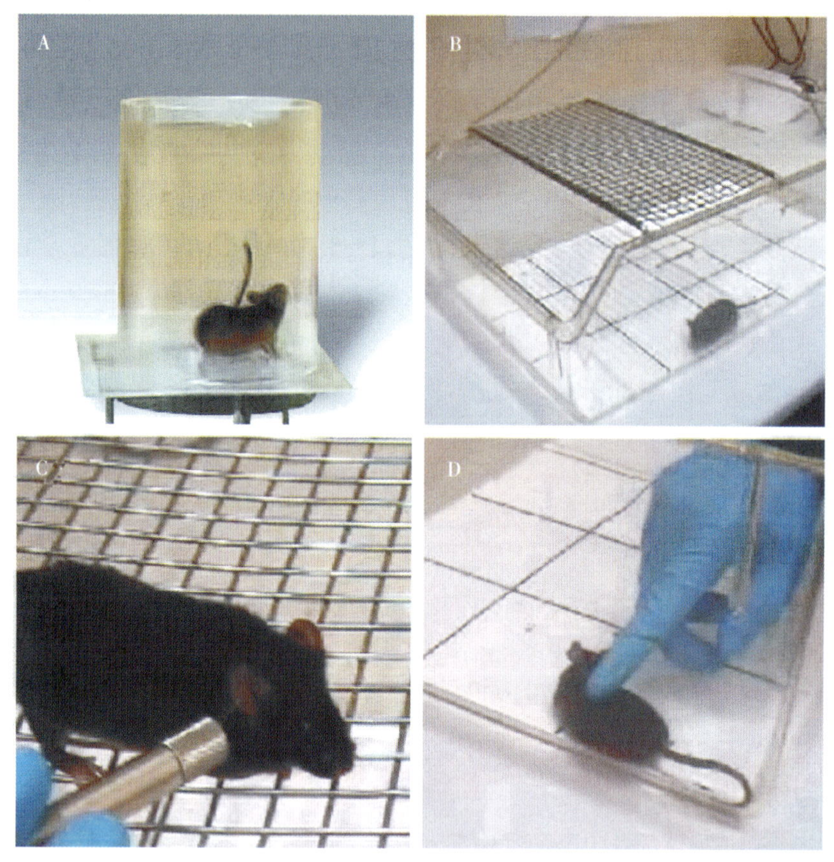

图 10-1 Modified SHIRPA 实验装置（图片来源：EMPReSS）

（2）将可视广口瓶正置在塑胶薄片上。从饲养笼中取一只小鼠，用拇指与示指抓取尾巴，轻轻放在可视广口瓶中。

（3）在不打扰小鼠的情况下，记录下述主要行为参数。观察并记录异常、刻板和惊厥行为。

A. 身体姿势（body position），观察判断小鼠处于非活跃、活跃和过度活跃状态。

B. 震颤（tremor），记录小鼠是否有发抖症状。

C. 眼睑闭合（palpebral closure），观察小鼠是否眼睑闭合。

D. 被毛状态（coat appearance），仔细观察小鼠被毛是否整洁光亮，记录立毛等异常表型。

F. 胡须（whiskers），记录小鼠胡须是否完整。

G. 流泪（lacrimation），记录小鼠是否流泪。

H. 排便（defecation），记录实验期间小鼠是否排便。

2. 观察场内行为

（1）酒精清洁观察场，自然风干。

（2）将小鼠放在观察场中央的可视广口瓶中，瓶底垫塑胶薄片，轻轻将塑胶薄片抬高至观察场上 25cm。

（3）转移觉醒（transfer arousal）：观察小鼠应对新环境的瞬时反应，记录小鼠在 5s 时间内的呆立不动、呆立后运动或立即运动行为。

（4）运动性（locomotor activity）：用秒表记录小鼠在 30s 内运动通过的方格数。

（5）步态（gait）：观察小鼠的步态，记录其行走的流畅性及前进运动中骨盆升高的程度。

（6）尾巴抬起（tail elevation）：记录小鼠前进运动中尾巴的三种状态——拖地、水平伸展或抬起。

（7）震惊反应（startle response）：在观察场上方 30cm 处，用 IHR 释放 90dB 的声音，观察小鼠的反应。

（8）触摸逃逸（touch escape）：示指弯曲从头部靠近小鼠，随后按抚颈背，观察小鼠的反应。

3. 观察场上行为

（1）用拇指与示指从观察场提起小鼠尾巴，观察下述行为：

（2）被动定位（positional passivity）按照下述顺序操作，依次观察小鼠瞬时反应。

1）固定尾巴时小鼠是否挣扎（如小鼠明显挣扎终止进一步操作）；

2）抓取颈部时小鼠是否挣扎，用拇指和示指轻轻抓住颈背（如小鼠明显挣扎终止进一步操作）；

3）将小鼠仰卧固定，观察小鼠是否挣扎（如小鼠明显挣扎终止进一步操作）。

（3）肤色（skin colour）：记录四肢足底的颜色渐变。

（4）躯干蜷缩（trunk curl）：固定尾巴时小鼠向前蜷缩（如由头向腹部）。

（5）躯干抓握（limb grasping）：固定尾巴时小鼠抓握躯干行为。

（6）耳郭反射（pinna reflex）：将小鼠轻轻放在一个网格上，用精细棉探针轻轻触碰内眦近端，观察耳朵回缩反应。

（7）角膜反射（corneal reflex）：同样将小鼠放在金属网格上，用精细棉探针轻触碰角膜，观察小鼠是否眨眼。

（8）翻正反射（contact righting reflex）：将小鼠放在透明塑胶玻璃软管中，缓慢弯曲软管，直至小鼠在其中倒置，观察其正位反射情况。

(9) 咬 (evidence of biting)：记录小鼠在实验期间是否试图撕咬。

(10) 发声 (vocalisation)：记录小鼠在实验期间是否发声。

4. SHIRPA 打分表

(1) 广口瓶内的行为记录：

身体姿势 (body position)

0 = 非活跃

1 = 活跃

2 = 过度活跃

震颤 (tremor)

0 = 未出现

1 = 出现

眼睑闭合 (palpebral closure)

0 = 眼睛睁开

1 = 眼睛闭合

被毛状态 (coat appearance)

0 = 整洁顺滑

1 = 凌乱，如毛发直立

胡须 (whiskers)

0 = 完整

1 = 缺乏 (并注释详情)

流泪 (lacrimation)

0 = 无

1 = 有

排便 (defecation)

0 = 有

1 = 无

(2) 观察场内行为：

转移觉醒 (transfer arousal)

0 = 5s 以上呆立不动

1 = 短暂呆立后运动

2 = 立即运动

运动性 (locomotor activity)

小鼠在30s内运动通过的方格数

步态（gait）

0 = 行走流畅，前进运动中骨盆大约升高3mm。

1 = 运动不流畅（标注细节，如后退，前进运动中骨盆升高超过3mm）

尾巴抬起（tail elevation）

0 = 拖地

1 = 水平伸展

2 = 抬起

震惊反应（startle response）

0 = 无

1 = 猛兽样反应（向后轻弹耳郭）

2 = 猛兽样反应之外的反应（如震惊反应）

触摸逃逸（touch escape）

0 = 无

1 = 触摸后有反应

2 = 触摸前逃走

（3）观察场上行为：

被动定位（positional passivity）

0 = 抓住尾巴后挣扎

1 = 抓住颈背后挣扎（用拇指与示指轻轻抓握）

2 = 仰卧后挣扎

3 = 无挣扎

肤色（skin colour）

0 = 苍白

1 = 粉红

2 = 鲜亮的深红色

躯干蜷缩（trunk curl）

0 = 无

1 = 有

躯干抓握（limb grasping）

0 = 无

1 = 有

耳郭反射（pinna reflex）

0 = 有

1 = 无

角膜反射（corneal reflex）

0 = 有

1 = 无

翻正反射（contact righting reflex）

0 = 有

1 = 无

咬（evidence of biting）

0 = 无

1 = 被抓取时咬人

发声（vocalisation）

0 = 无

1 = 有

二、学习记忆能力分析

许多行为学测定方法被用于 AD 模型小鼠的研究中，与野生型小鼠相比，AD 模型小鼠在 Morris 水迷宫、放射迷宫实验（radial maze）和巴恩斯迷宫（Barnes maze）中的空间学习能力下降。此外，T-型水迷宫是一种检测更简单的左右空间识别记忆的测定方法。左右识别采用一种得到-停留策略，正确的反应需要反复的训练强化。被动回避实验可用于测定动物的非空间记忆学习能力，小鼠在暗室中受到足底电击，间隔一段时间后将小鼠放入明室中，记录其进入暗室的时间。自发变换行为（spontaneous alternation）和筑巢行为可通过对非学习行为的研究模拟动物的神经精神状态。自发变换行为评估小鼠在双选择迷宫中对陌生臂的选择趋势，需要一定的探究动机和短期空间记忆。筑巢行为是一种具有种属特异性的与环境相互作用的行为，用于建立庇护所和维持体温。通常采用如下顺序进行小鼠的行为学分析：首先进行筑巢实验，然后依次是自发变换行为、各种迷宫和被动回避学习等。

（一）筑巢行为

筑巢行为（图 10-2）被用于检测小鼠情绪状态的变化，如淡漠。海马损毁小鼠和阿尔茨海默病（AD）模型小鼠会出现筑巢行为减少的行为变化。小鼠单笼饲养 1 周，以锯末作为垫物。实验第一天在饲养笼中放入两块棉花（5cm × 5cm）

作为筑巢材料。次日，按照 Deacon（2006）的方法将筑巢质量分为五个等级：①未触碰筑巢材料；②筑巢材料被部分撕破；③大部分筑巢材料有被撕扯的痕迹，但无明显的筑巢位置；④可观察到平坦的巢穴位置；⑤可观察到几乎完美的巢穴。

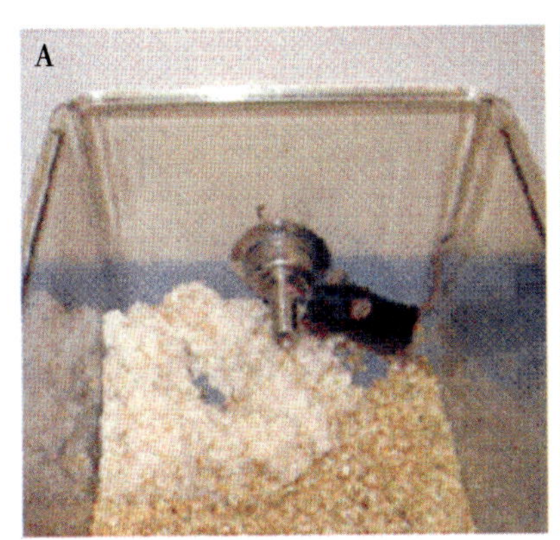

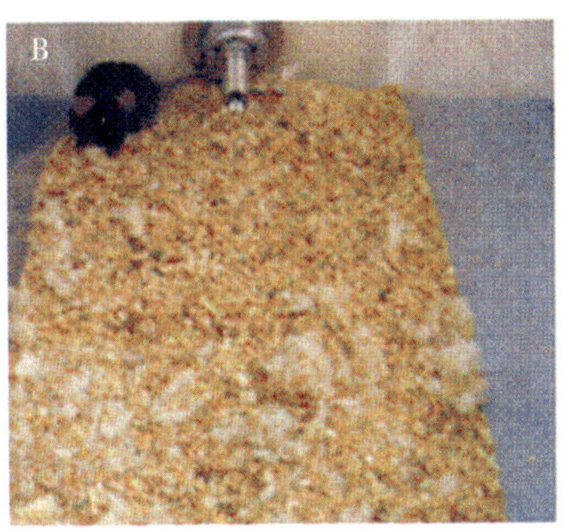

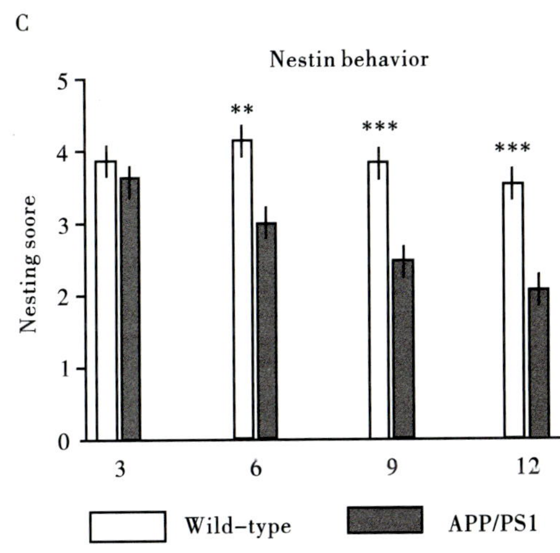

图 10-2 小鼠筑巢行为（图片来源：Filali 和 Lalondeb，2009）

（二）自发变换行为（spontaneous alternation）

T 迷宫由树脂玻璃制成（起始臂长 64cm，选择臂长 30cm，宽度为 12cm，臂高 16cm）。实验开始时，将小鼠放在起始臂中，小鼠可随意进入两个选择臂（自由选择步骤）。当小鼠进入一个选择臂（4 只爪子均进入选择臂）后，强迫小鼠在此选择臂中停留 1min，将小鼠放回起始臂中，重复第二次选择实验。记录 1min 内选择变换的次数。如小鼠停留在起始臂中不动，可从小鼠体后进行短暂刺激，但通常不要超过一次。

（三）T 型迷宫

采用 T 型水迷宫（树脂玻璃制成，起始臂长 64cm，选择臂长 30cm，宽度为 12cm，臂高 16cm），水温为（23 ± 1）°C，水深 12cm。将平台（11cm × 11cm）放入目标选择臂水面以下 1cm（图 10-3）。最初两次实验中，左右两选择臂中均放置平台，检测小鼠是否具有选择偏好。随后，仅就选择臂进行强化训练，针对两个选择臂的强化训练小鼠数量相同。将 AD 模型小鼠或野生型小鼠放在起始臂中，使其自由游泳，在 60s 时限内找到左臂或者右臂的平台。如果在上述时限内小鼠未能找到平台，实验者可将其轻轻的引导到平台上。到达平台后小鼠停留 20s，将小鼠重新放入迷宫，最多进行 48 次实验，每进行 10 次实验后让小鼠休息 10min。当小鼠连续 5 次成功地完成实验时即可认为达到标准。2d 后进行反向学习实验，实验步骤相同，训练小鼠找到另外一个选择臂中的逃逸平台。记录小鼠的逃逸潜伏期和达到标准的训练次数。

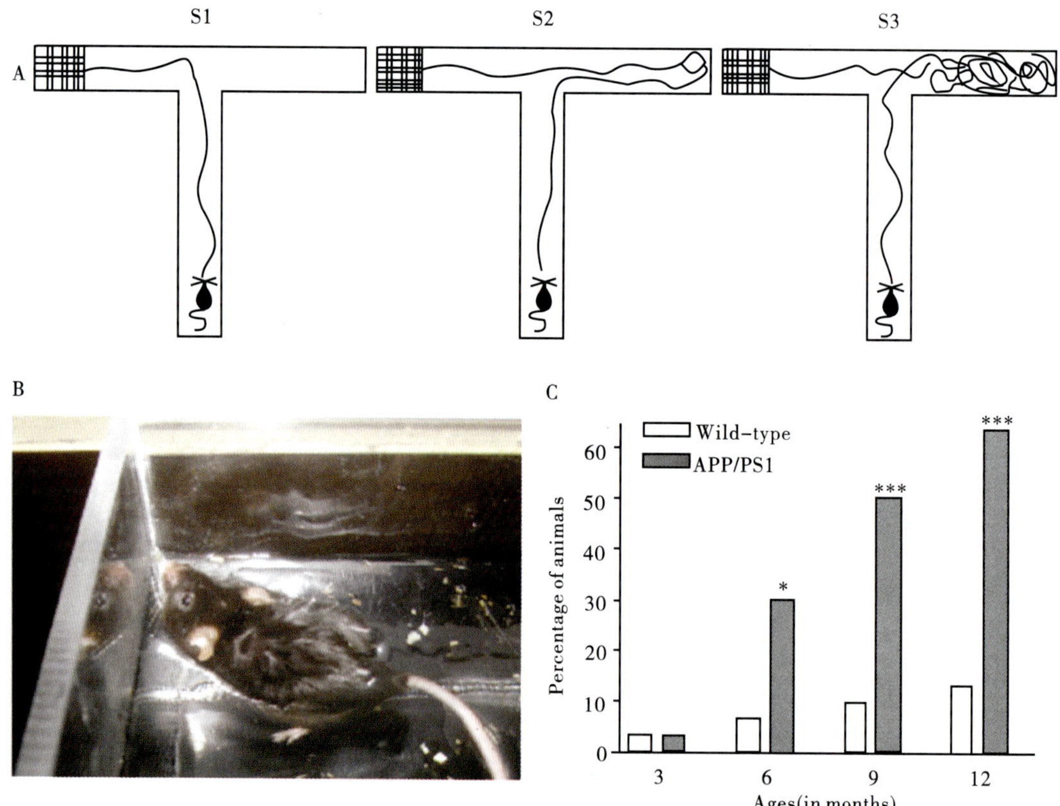

图 10-3　T 型水迷宫（图片来源：Filali 和 Lalondeb，2009）

（四）Morris 水迷宫

Morris 水迷宫所检测的是实验动物在多次训练中学会寻找固定位置的隐蔽平台，形成稳定的空间认知，这种空间认知是对空间信息（外部线索）进行加工后形成的。平台的位置与动物自身所处的位置和状态无关，所形成的记忆是一种空间参考记忆（reference memory）。从信息的加工和提取方式来看，这种空间参考记忆进入意识系统，其储存的机制主要涉及边缘系统（如海马）以及大脑皮层有关脑区，常伴有 Hebb 突触修饰，应该属于陈述性记忆（declarative memory）。而临床健忘和阿尔茨海默病患者正是陈述性记忆首先并显著受损引起的。所以从行为检测的记忆属性来说，运用 Morris 水迷宫来进行对防治此类疾病有效药物的筛选研究是比较恰当的。

1．实验方法

（1）隐藏平台实验：把水池分为四个象限，这四个象限在计算机软件中建立，每个象限面积相等，把平台置于其中一象限。每次实验使动物面对水池壁入水，入水位置随机选择，但各组动物入水位置相同。

每次实验，限制动物每次游泳 60s 以找到平台，当动物成功找到平台后，让其在平台上休息 3s 以上。当实验动物在 60s 内没有找到平台，要将其引导到平台上，让其在平台上休息 15～20s。在统计数据的时候，没有成功找到平台的潜伏期按 60s 计算。每只动物每次游泳间隔时间在 30min 以上。

（2）空间探索实验：在第五天隐藏平台实验结束后，将水池中的平台取出，将实验动物放入水池中，通过摄像系统测量实验动物的空间探索能力。在这个实验中，实验动物越过平台位置的次数是最重要的评价指标。将受试动物面壁放入水池中，摄像系统追踪记录 60s。每只受试动物只游一次。在此实验中，记录其在每一象限的游泳距离，游泳时间，穿过平台位置的次数（图 10-4）。

（3）观测指标及其生物学意义：

1）总路程。

2）平均速度。

3）上台时间（潜伏期）。

4）初始角。

5）上台前路程。

6）上台前平均速度。

7）穿越平台的次数。

8）运动轨迹图。

9）四个象限逗留的时间和路程。

10）中央逗留的时间和路程。

11）周边逗留的时间和路程。

12）平台周边逗留的时间和路程。

（4）统计学分析：对于隐藏平台实验，一般要统计动物每天寻找平台的潜伏期，因指标重复5次，应该用重复测量数据的方差分析，空间探索实验的指标通过一元方差分析进行组间的比较。

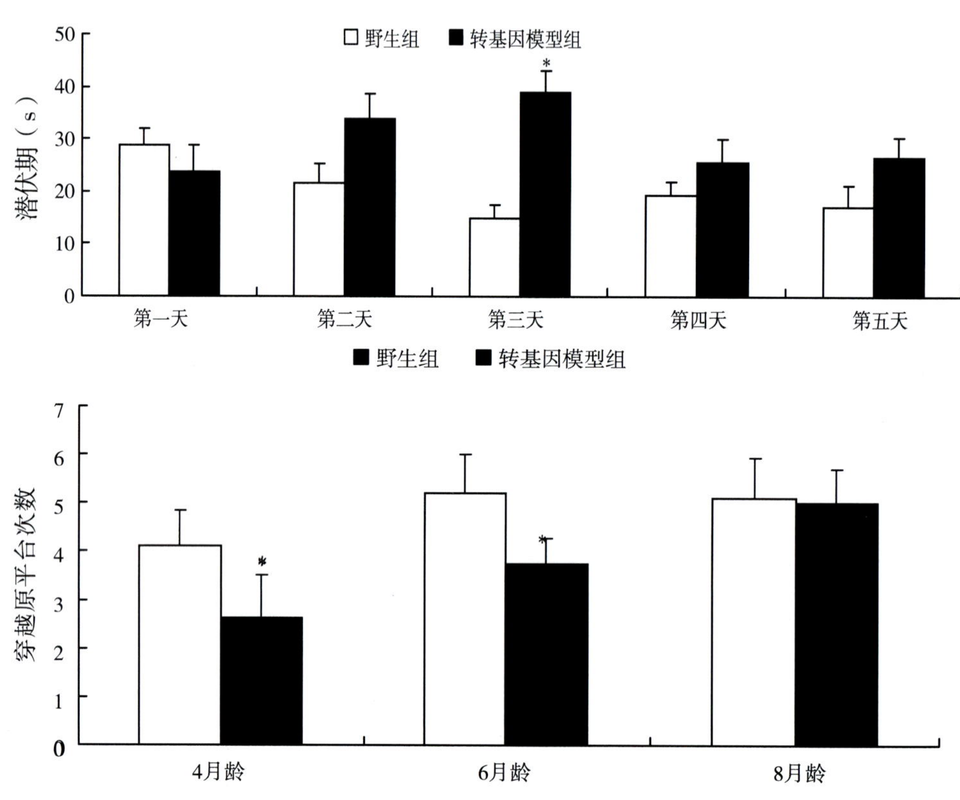

图10-4 APPswe-PSΔE9与野生型小鼠Morris迷宫空间探索实验中穿越原平台区次数的比较（* $P<0.05$）

（五）放射迷宫实验（radial maze）

放射迷宫是一个评估实验动物学习和记忆能力的传统工具，目前常用的为八臂放射迷宫。利用食物对实验动物的诱惑，动物被要求完成特定的搜索次序，或者花最短的时间/最少的错误完成搜索，以获取奖励，关键的记录参数包括监测时间和错误记录。八臂迷宫由一个中心区和其周围连接的八条臂组成，在其中一些臂的末端放入食饵或将一些臂施以电击，通过声、光、电等刺激-应答模块建立完整的各种条件、非条件刺激环境，具有超强的运行学习记忆实验的能力。

原理：动物利用房间内远侧线索所提供的信息，可以有效地确定放置食物臂所在部位。放射状臂形迷宫可以用于动物空间参考记忆和工作记忆的研究。参考记忆（reference memory）过程中，信息在许多天内都是有用的，并且通常在整个实验期间都是需要的。而工作记忆过程与参考记忆过程不同，工作记忆（working memory）属程序性记忆、短时记忆，是一短暂时刻的知觉，是一系列操作过程中的前后连接关系，后一项活动需要前项活动为参照。依赖于大脑前额叶皮层神经环路的功能，尤其是谷氨酸神经元与多巴胺神经元之间的平衡。因此它只有一个主要但暂时的信息，由于迷宫内所提供的信息（臂内诱饵）仅对一个实验期间有用，而对后续实验无用，动物必须记住在延迟间隔期内的信息。在臂形迷宫中作出正确选择，以食物作为奖赏。

因为此实验为食物驱动的动物实验，受试动物在实验期间需要有效的、严格的食物限制，一般情况下，受试动物食物限制后其体重比自由饮食时降低 75%～80%，实验后要补充优质食物和充足的水。

实验装置与方法：迷宫由光滑塑料板制成，置于距地面 58～76cm 高，中央平台直径 20～23cm，八臂的每臂长 50～58cm，宽 10cm，臂侧板高 10cm，透明。每臂距远端 3cm 处，设 1cm 深、直径 2cm 的饵食坑。开始 3d 让动物在迷宫自由探寻，吃散在的食饵以适应。每只动物每天训练 1 次，每周训练 6d。训练时只用 4 臂做食饵臂，同只动物保持喂食方式直到实验结束。每只动物训练完用酒精擦去其排泄物。动物吃完 4 个食物臂或完成固定次数选择，或 10min 结束训练。当动物连续训练 4 次且最多只有 1 次错误时，视作达到工作记忆形成标准。

主要记录指标：错误次数、完成八臂迷宫的时间、中央区滞留时间、试图取食的总次数、进入中央区次数、进入每个臂的总次数、进入/退出每臂的总次数、取走食物潜伏期和总行程。

（六）巴恩斯迷宫（Barnes maze）

根据动物会在暗处躲避的习性，使动物利用提供的视觉参考物，有效确定躲避场所的位置。实验场所和其他迷宫实验场所类似，要求能给实验动物提供视觉参考物。实验方案根据实验者的习惯以及不同的实验要求而定，每次训练后都用 70% 的酒精进行清洗，并变换正确的洞口，但洞口的空间位置不变，以防止动物通过嗅觉而找到洞口。Barnes 迷宫一般采用强光、噪声以及风吹等刺激作为实验动物进入躲避洞口的动机。

实验装置包括一个圆形平台，直径 92cm，其周边有 20 个穿透平台的小洞，小洞的直径为 5cm。在其中一个洞的底部放置有一个盒子，作为实验动物的躲避场所（target box），其大小为 28cm × 22cm × 21cm。与其他迷宫一样，在迷宫外设置几何图形，活特殊标志，为动物找到躲避场所提供参考线索。Barnes 迷宫一般采用强光、噪声以及风吹等刺激作为实验动物进入躲避洞口的动机。现在一般的装置采用蜂鸣器。动物活动数据采用计算机示踪分析系统记录。实验方法：

1. 获得实验　在实验之前，首先引导动物进入隐蔽场所，在隐藏场所中停留 2min，使其知道有可以隐藏的地方。紧接着进行第一次实验，将实验动物放在迷宫中央的一个圆形盒子中，打开灯以及蜂鸣器，10s 后提起圆形盒子，实验动物开始自由探索迷宫。当实验动物进入迷宫的管道中，立即关闭蜂鸣器，允许实验动物在管道中的停留时间设置为 1min，当实验动物找到躲避场所，立即结束实验，没有找到的，设置最长时限为 3min。小鼠的训练时间一般为每天 4 次，连续 4d，每次实验需间隔 15min。每次训练后都用 70% 的酒精进行清洗，并变换正确的洞口，但洞口的空间位置不变，以防止动物通过嗅觉而找到洞口。

主要记录指标：①错误记录；②动物在迷宫中的移动距离；③寻找躲避场所的策略和时间。错误记录判定原则：动物的鼻子和头部偏向迷宫中的任何一个小洞。寻找策略一般有以下几种情况：①径直：在整个寻找过程中，直接进入逃避场所；②混合：在整个寻找过程中，没有规律的寻找；③在最终找到目的地之前，至少去过 2 个邻近的错误洞，在寻找的过程中一般是有一定的规律，按顺时针或者逆时针方向。

在实验中，存在一种情况，就是实验动物在找到躲避场所后，并不进入，或者进行进一步的探索，尽管受试动物已经学会了根据空间线索找到目的地，但是错误记录会增减，这样就会造成一种假象。目前，解决的办法是：统计受试动物第一次到达目的地的潜伏期、路径，错误记录。

2. 空间探索实验　在每天完成获得实验后进行空间探索实验：将躲避箱关闭，将受试动物如前放入迷宫，时间为 90s。这项实验检测受试动物的短期记忆（short-retention memory），实验当中记录动物寻找策略，以及第一次到达目的地的潜伏期。第 12 天的时候，也就是停止实验一周后，进行空间探索实验，以检测受试动物的长期记忆，受试时间同样也是 90s，实验方法同前。

（七）被动回避学习

被动回避法也称穿梭箱实验（step-through test），实验装置被分隔成明暗两室：明室为开始室，暗室为逃逸室。两室地面均铺金属栅。暗室铜栅可通以交流电（0.5mA）。实验时将动物背对小门放入明室，由于动物的趋暗习性，其可自动进入暗室当其四足全部进入暗室时，暗室底金属栅自动通电，动物受到温和的足部电击（0.5mA，2s），60s 后将门重新打开。次日，将动物重新放在光照隔厢中，记录 300s 内动物进入黑暗隔厢的潜伏期（图 10-5）。

图 10-5 被动回避实验（图片来源：Filali 和 Lalondeb，2009）

另外一些研究者采取的实验方法是间隔 30s 后再进行下一轮训练，反复实验，直至动物放入明箱后 5min 不进暗室为学习完成。记录每组动物至学会为止需的训练次数以比较各组动物的学习速度。将学习完成的动物停止实验 7d，于第 8d 分别再放入明室中，观察并记录动物进入暗室前在明室停留的时间，比较各组动物记忆保持情况。

也有研究者采用双向穿梭箱训练法，穿梭箱结构类似，分为两室由小门相通，箱底铜棒可通交流电（1mA，持续 10s）产生足电震，两室内各装有一个发光电源，以光信号作为条件刺激。实验在安静、避光的环境中进行，由电脑自动控制操作和记录数据。从光信号出现到开始电击的潜伏期为 10s，如动物见到光信号就跑到对面暗室，则记录为主动回避反应（activeavoid response，AV）1 次；如动物见到光信号后仍需电刺激才跑到暗室则记录为被动逃避反应（passive escape response，ESC）1 次；动物主动回避反应所需时间称为主动回避潜伏期（active avoidlatency，AVLAT）；被动逃避反应所需时间被称为被动逃避潜伏期（passive escape response latency，ESCLAT）。依此法每天连续训练动物 40 次，持续训练 8d，每日连续记录。

（八）新异物体识别实验（novel-object recognition，NOR）

物体识别实验利用啮齿动物对新物体进行探究的天性，对新物体的探究选择反映了学习和识别记忆的过程。该实验不需要限制动物饮食。根据测定时间间隔的不同，认知实验可被分为短期（STM）、中期（ITM）和长期（LTM）记忆测定。STM、ITM 和 LTM 测定是有时序约束的，具有独特的分子特性。STM 的时间尺度通常为数分钟，与蛋白质合成和基因转录无关，取决于已经存在的物质（如激酶和磷酸酶）。ITM 的时间尺度是数小时，与蛋白质合成有关，与基因转录无关。LTM 与基因转录有关，记忆时间间隔通常大于 24 小时。因此，训练测定间隔时间与不同记忆损伤类型条件下的行为变化机制有关。新物体识别实验（the novel object recognition）适用于 STM、ITM 和 LTM 测定。这是因为：①训练和测定可在 10min 内进行；②通过改变间隔时间就可进行 STM（2min 时间间隔）、ITM（4h 时间间隔）和 LTM（24h 时间间隔）实验。间隔时间是动物需要记住训练阶段物体的 3D 特征，正式实验阶段其中一个熟悉物体被置换为新物体。

新物体识别实验在一个旷场实验装置内进行，旷场规格为 40cm × 40cm，四壁不透明。在地板上固定一个 $2cm^2$ 的平台底座，平台底座相隔距离为 16cm，与墙壁距离为 12cm。物体大小范围是 1.6cm × 1.6cm × 3.7cm 到 4.6cm × 4.6cm × 4.7cm（长 × 宽 × 高）。每只小鼠先适应空的新物体识别旷场箱，适应过程的同时测定小鼠的正常运动行为。适应两次，每次 10min，间隔时间为 24h。记录并分析如下运动参数：总行走距离、运动速度大于≥50mm/s 的时间、直立次数、进入旷场中央 1/9 区域的次数和停留时间。

适应期 24min 之后，进行一个为期 10min 的训练，在旷场箱中放置两个相同的无毒物体（金属或硬质塑料）（图 10-6）。记录对每个物体的探究时间，鼻尖进入物体周围 $2cm^2$ 的区域计为对物体的探究行为。训练阶段结束后，动物被放回饲养笼。不同的时间间隔（2min ~ 24h）之后，将动物重新放回旷场中，旷场内放置两个物体，其中之一与训练阶段的物体相同，但未被使用过（放置嗅觉信号，并且实验期间不必清洗物体）；另一个物体为新物体。记录动物在 10min 内对物体的探究时间。物体随机放置，小于 7s 的探究时间不做统计。实验间隔用 70% 乙醇擦拭物体和旷场装置。

三、焦虑和狂躁行为分析

AD 动物模型的焦虑和狂躁行为可用旷场实验（open field test，OFT）和高架十

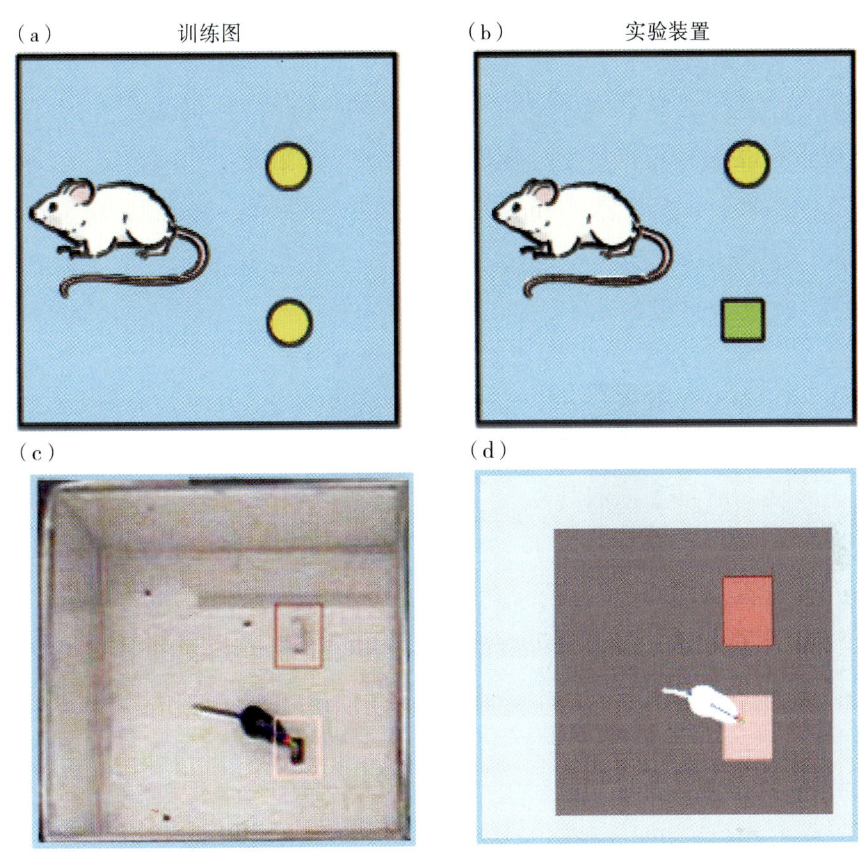

图 10-6 新异物体识别实验（图片来源：Taglialatela 等，2009）

字迷宫（elevated plus maze，EPT）进行分析。旷场实验是观察实验对象在开放区域中的活动情况，主要是自发性活动，包括观察研究实验动物神经精神变化、对新开阔环境的恐惧等。高架十字迷宫用来评估实验动物焦虑样行为和探索新环境欲望的差别。另外，动物在水迷宫实验中的游泳速度反映了动物在冷水中的胁迫或焦虑反应。

（一）旷场实验

1. 实验方法 详参见第三章。

2. 观察指标及生物学意义

（1）方格间穿行次数，方格间穿行次数与动物的兴奋性成正相关。

（2）直立次数（动物双前肢同时离地，或者双前肢放在墙壁上算作直立一次），站立的次数代表动物对陌生环境的适应能力。

（3）中央格停留时间，中央格停留时间和易激惹，烦躁不安正相关。

（4）穿过中央格的次数，穿过中央格的次数和易激惹，烦躁不安烦躁不安正相关。

AD 模型小鼠自发活动明显增多，并且没有规律性，频繁的直立，穿越的总距离增加。APPswe-PSΔE9 与野生型小鼠旷场结果（图 10-7）。

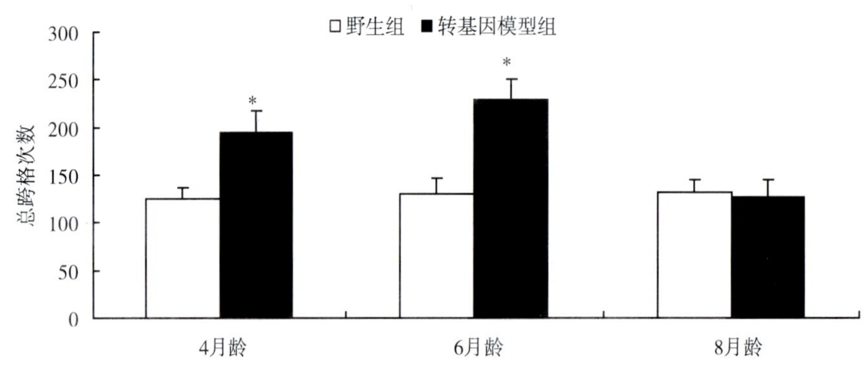

图 10-7 APPswe-PSΔE9 与野生型小鼠旷场实验

注：* 代表 $P<0.05$

（二）高架十字迷宫

高架十字迷宫用来评估实验动物焦虑行为，该迷宫用于比较不同啮齿动物在开放空间内的先天恐惧感和对新环境探索欲望的差别。

实验装置由两个相对的开放臂、两个相对的封闭臂和连接四只臂的中央平台组成。迷宫由有机玻璃制作，除四个臂的底板及中央平台为黑色外，其余均为无色透明。该装置整体固定于距实验室地面 50cm 等长宽的“十”字形可升降底座组成的支架上。实验室保持安静、光线适当，室温 20℃ 左右，周围布以 2m 高黑色单调背景。

测试指标：进入开放臂次数（open arm entry，OE）、进入开放臂时间（open arm time，OT）、进入封闭臂次数（close arm entry，CE）、进入封闭臂时间（close arm time，CT）、向下探究次数、封闭臂后腿直立次数。

实验开始前使动物适应实验环境，实验开始将动物置于迷宫中央头朝向闭臂区，通过摄像监视器垂直监视记录其活动情况，每只动物测试 5min。中间用酒精擦拭迷宫，清除粪便，继用干布擦净后再进行下一轮测试，以减少动物之间的相互干扰。实验指标以进入开放臂的百分数（OE%）和在开放臂停留时间的百分数（OT%）；开放臂和中央平台区向下探究次数则反映在非保护区内的探索行为，代表动物对陌生环境的好奇探究或因恐惧而寻求逃避；进入开放臂和封闭臂总次数反映动物运动能力。

（袁树民　梁　虹）

参 考 文 献

1. Deacon RM. Assessing nest building in mice. Nat Protoc, 2006; 1 : 1117 – 1119.
2. Filali M, Lalondeb R. Age-related cognitive decline and nesting behavior in an APPswe/PS1 bigenic model of Alzheimer's disease. Brain research, 2009; 1292 : 93 – 99.
3. Taglialatela G, Hogan D, Zhanga WR, et al. Intermediate-and long-term recognition memory deficits in Tg2576 mice are reversed with acute calcineurin inhibition. Behavioural Brain Research, 2009; 200 : 95 – 99.

第十一章　精神疾病动物模型及相关行为学研究

第一节　人类精神疾病及相关动物模型

一、人类精神疾病的定义与分类

精神活动包括认知活动（感觉、知觉、注意、记忆和思维等）、情感活动及意志活动。这些活动相互关联、紧密协调、维持人类精神活动的统一性。精神疾病是一组表现在行为、心理上的以紊乱为主的神经系统疾病。目前研究认为其主要是指各种生物学、心理学以及社会环境因素影响与患者自身的生理遗传因素和神经生化因素等内在因素相互作用，导致心理、行为及神经系统功能紊乱为主要特征的病症。

精神疾病主要分为轻型精神疾病与重型精神疾病。轻型精神疾病有神经衰弱；重型精神疾病有强迫症、抑郁症和精神分裂症等。轻型精神疾病主要表现为感情障碍（如焦虑、忧郁等）与思维障碍（如强迫观念等），但患者思维的认知、逻辑推理能力及自知力基本完好。重型精神病，如精神分裂症初期患者，也可表现出焦虑与强迫症状，同时患者的认知、逻辑推理能力降低，自知力几乎全部丧失。对由于大脑病变所导致的器质性精神疾病，或中毒性精神疾病需与一般的功能性精神疾病加以区分。

对精神疾病的分类常有变更，世界各国的分类标准也不尽相同，中国精神疾病分类与诊断标准详见《中国精神疾病分类与诊断标准第二版》（Chinese Classification of Mental Disorders；CCMD-Ⅱ）。各国大体都是通过病因、临床表现和预后进行分类的。

（一）根据病因分类

精神疾病大致可分为病因已明和病因未明两类。病因已明的是指通过现代检测方法可以找出致病依据的精神障碍，如由脑部疾病、脑以外的各种躯体疾病及外来毒素导致的中毒等病因所致的精神障碍；病因未明的一类是指目前所具有的检测方法尚不能发现致病的原因的精神疾病。前者属器质性精神疾病，后者属“功能性”精神疾病，随着科学技术的发展，这种病因不明的“功能性”疾病将会被澄清。目前，这种分类在临床诊断、治疗和科研中仍有实际意义。

（二）根据临床表现分类

精神疾病一般分为轻型与重型两大类。轻型是指患者对自身的精神异常有一定的自知力。尚能控制自己的精神活动，能保持与环境适应的能力，如神经症。重型是指患者对自身的精神异常表现没有自知力，不能控制自己的精神活动，丧失对环境的适应能力，又称精神病，如精神分裂症、躁狂抑郁症等。这种轻重之分也是相对的，一些重型精神疾病的早期常呈现轻型表现。

（三）根据预后类

在临床表现相似时，可结合病程的长短和预后的好坏对某些病因不明的精神疾病进行分类，如精神分裂症与反应性精神病，前者病程长、预后差；后者病程短、预后好。

二、人类精神疾病动物模型

人类精神疾病动物模型复制疾病的一个或者多个组分。构建动物模型的两大目标是：

1. 验证人类疾病发生机制的相关假说正确与否。
2. 预测在患者身上的治疗反应。

一种好的动物模型应该遵循以下准则：

1. 健全可繁殖。
2. 实验室条件下简单易行。
3. 量大，易于自动化。
4. 复制出人类疾病的至少一种症状（表面效度）。
5. 对人类疾病可行的治疗方法能产生反应（预测效度）。
6. 不受对人类疾病不可行的治疗方法的影响。
7. 与人类疾病的病因概念上有相似性（构建效度）。
8. 与人类疾病多种成分概念上有相似性　①行为学症状；②神经解剖病理学；

③神经化学异常；④时空演变；⑤促发因素。

（一）精神疾病动物模型的评价

通常用三个效度对动物模型进行综合评价，即表面效度（face validity）、结构效度（construct validity）和预测效度（predictive validity）。表面效度是现象的相似性，指动物模型中动物的情绪表现应该和人类相应的情绪表现具有相似性，使人认识到此动物模型是要测量相应的情绪障碍，例如，抑郁模型中动物对糖精水的摄入量降低的行为就较好地模拟了人类快感缺乏，兴趣降低这一核心症状，从而具有良好的表面效度。而焦虑动物模型中，动物表现的频繁修饰，排尿、排便次数增加，探究行为降低，社会接触减少，能够模拟人类焦虑反应时的防御障碍。结构效度建立在一个合理的理论构想基础上，是指动物模型能够测量相应情绪障碍构想意义上的主要特征，能够反应情绪障碍的行为和生理学特征。即动物模型应该和人类的情绪障碍具有相似的原因、行为反应和共同的神经生物学机制。情绪障碍应由心理社会应激所引起而非躯体应激所致，动物表现的行为反应与人类的焦虑或抑郁情绪反应对应，性质相同。除此之外，情绪障碍的生理基础必须是相似的，包括交感神经系统的反应模式，下丘脑-垂体-肾上腺皮质轴的反应性，脑内相关神经递质的类型及变化趋势，细胞信号系统的参与模式等。预测效度指模型对于相应情绪障碍有效的经典药物的反应性。如果焦虑或抑郁的动物模型能够对经典的抗焦虑药或抗抑郁药产生显著缓解反应，并且对药物的反应呈现时程效应，而对非抗焦虑或非抗抑郁药不表现有效的缓解反应，则认为该动物模型具有较好的预测效度，能够为临床药物筛选提供有力的参考。完全符合三个效度标准的情绪应激动物模型是理想的，然而，目前很少有动物模型能够完全符合这三个标准。有些模型具有较好的表面效度，如条件性电击能够较好的模拟人类的焦虑反应，但由于其应激成分中包含了相当大的躯体应激，结构效度较差。而有些模型能够对药物出现敏感和特异的缓解效应，却存在表面效度的问题，如抗抑郁药能够明显的增加动物在强迫游泳中的活动性，但目前对此动物模型的表面效度仍存在很多争议。因此，如果一种动物模型能够模拟或者塑造人类情绪障碍的任何或一些核心的症状，那么，这个动物模型就可以用来研究情绪障碍的多个机制，包括遗传机制、环境机制和药理机制等。

动物模型尤其是精神疾病的动物模型在应用于药物研究和基础研究时还存在很多问题。例如，动物模型忽略了性别差异，在情绪障碍的发病率上，男女之间存在着显著的差别，女性患此种障碍的可能性明显高于男性。同时在相同情绪障碍时，男女之间在行为表现和药物反应上也存在差异，这可能涉及社会和生理等原因。而大多数动物模型都是建立在雄性动物的基础之上，雌性动物由于涉及较多的变量以及许多不可控制的因素，操作相对复杂，致使雌性动物情绪障碍的研究很少。雌性和雄性动物之间在心理、行为、内分泌和病理生理学等多个方面存在显著差别。其次动物模型心理社会应激中含有躯体应激的成分，而通常造成人类情绪障碍产生和发展的主要应激是社会性质的。动物模型多采用限制应激、不可控制的电应激等，因而包含了躯体应激的成分，同人类的心理社会应激相比缺乏表面效度，而且容易引起直接的生理反应，混淆心理应激和生理应激的反应模式。因此，应该尽量寻求社会情境应激的动物模型以便更恰当地模拟人类的真正生活状况。例如，人类抑郁障碍的一个很重要的原因是自尊的降低或社会支持的丧失，与此相类似的动物模型就应该选择社会等级挫败或拥挤应激。

（二）转基因和基因敲除研究

焦虑症、抑郁症、精神分裂症有关的神经递质及其受体的基因突变在小鼠中广泛发生。以上阐述的行为实验证明是有利于阐明突变的结果，其中大部分已经在一些优秀的综述文献中做了总结，一些特别有见地的例子介绍如下。

治疗焦虑症最常见的有效药物是苯二氮䓬类，如地西泮（安定）。苯二氮类药物结合到哺乳动物脑内主要的抑制性递质 γ-氨基丁酸（GABA）受体的变构调节位点上。GABA-A 受体单个亚基基因缺陷敲除小鼠，可用以阐明区分苯二氮䓬类药物的抗焦虑活性与其镇静、催眠和肌肉松弛作用的亚基组成。Gerry Dawson 等人通过高架十字迷宫和明暗箱实验，发现 GABA 受体 α_1 亚基点突变时苯二氮䓬类药物的镇静活性消失，而非抗焦虑活性。后有报道 GABA 受体 α_2 亚基的点突变小鼠未能在高架十字迷宫和明暗箱实验中表现出苯二氮䓬类药物的抗焦虑样活性。与此相反，GABA 受体 α_5 亚基缺陷小鼠在高架十字迷宫中表现出与正常焦虑有关的行为，但在 Morris 水迷宫的空间学习和记忆增强。对 GABA 亚基突变小鼠的行为进行分析，可能有利于研发镇静作用低的抗焦虑药。

血清素（5-羟色胺）是情绪失常、焦虑症、自闭性精神分裂症以及冲动控制障碍等许多精神疾病所涉及的一种单胺类神经递质。5-羟色胺受体亚型和 5-羟色胺转运体（5-HTT），抗抑郁药（如氟西汀）的递质再摄取位点缺失的突变小鼠，已经在焦虑相关的行为学实验中进行分析，以了解 5-羟色胺神经传递每一元素的作用。美国国立精神卫生研究所研究了 5-羟色胺转运体的无效突变基因敲除小鼠的全部行为表型，并培育成两种不同的近交系。缺少 5-羟色胺转运体的无效突变小鼠在一般的健康状态下是正常的，但在居留-入侵实验中对外来鼠表现出较弱的攻击性；尾部悬吊实验中，发现 5-HTT 突变的 129SvEvTac 遗传背景小鼠静止时间减少；在高架十字迷宫和明暗箱实验中，5-HTT 无效突变的 C57BL/6J 遗传背景小鼠表现出焦虑行为增加。然而，在高架十字迷宫和明暗箱实验中，5-羟色胺转运体无效突变的 129SvEvTac 遗传背景小鼠与同窝野生型小鼠相比没有显著性差异，这表明基因背景，如5-HT1A受体可以弥补表达降低的5-羟色胺转运体。哥伦比亚大学的Rene Hen和纽约Cornell大学的Miklos Toth发现5-HT1A基因敲除小鼠在旷场实验和高架十字迷宫实验中的焦虑行为增加，5-HT1A基因敲除小鼠通过其海马区和皮质区选择性的表达5-HT1A基因来恢复其表型。与此相反，5-HT1B基因敲除小鼠在旷场实验中表现出探究行为增加，恐惧性反应减少，并更具攻击性。5-HT1A基因敲除小鼠在悬尾实验中的不动时间显著减少，显示了抗抑郁样表型，而5 HT1B基因敲除小鼠在悬尾实验中不动时间是正常的。

过表达促肾上腺皮质激素释放因子（corticotropin-releasing factor，CRF）的转基因小鼠下丘脑—垂体—肾上腺轴的内分泌系统异常，这也是CRF过多时的特征。高架十字迷宫实验中，CRF转基因小鼠表现出抗焦虑样行为。位于高架十字迷宫开放路径的时间百分比大约是对照组的1/3明暗箱实验同时验证了CRF过表达转基因小鼠的抗焦虑样行为；此外还检测到认知缺陷。同样，由于CRF结合蛋白突变造成的CRF过量的小鼠在高架十字迷宫实验中表现出抗焦虑样行为。进一步研究发现CRF过表达转基因鼠对应激源表现出更强的神经内分泌反应，而CRF基因敲除小鼠对一些应激源表现出神经内分泌反应减弱，这些结果与CRF的相关神经内分泌研究报道结果一致，CRF是下丘脑—垂体轴应激反应的一个关键性调节因子，在大鼠中结合药理学阐明CRF中枢给药引起的抗焦虑行为以及CRF受体拮抗剂的抗焦虑样行为。

美国和德国的研究人员通过对比两个CRF受体亚型基因缺陷小鼠的行为表型，观察到CRF-R1受体亚型的无效突变产生出与CRF肽转基因小鼠相反的行为表型。高架十字迷宫实验中，CRF-R1无效突变小鼠比对照小鼠进入开放通道的次数更多，在开放道路的停留时间更长。作为一般活动的控制措施，基因敲除小鼠在封闭通道的活动是正常的，进一步支持在开放通道次数增加的抗焦虑样表型。此外，焦虑相关行为的实验中，ERF-R1无效突变鼠在明暗箱实验中的明亮开放领域中停留的时间更长，表明其焦虑水平较低。此外，通过测量应激诱导的促皮质素释放激素和皮质酮血浆浓度增加，表明这些基因敲除小鼠表现出对抑制应激的神经内分泌反应减少。相反，在相同的实验中两种不同段CRF-R2受体亚基基因敲除小鼠均显示抗焦虑药样表型。这些研究结果支持CRF-R1是介导CRF诱导的应激相关反应的受体亚型的说法。总之，CRF过表达转基因小鼠的抗焦虑药样表型和CRF-R1敲除小鼠的抗焦虑样表型提供了有用的靶基因突变原则的证据，以便我们进一步了解脑神经递质介导的焦虑样行为活动。这些研究结果表明，可发展CRF和尿皮质醇（皮质激素）受体配基作为焦虑和应激相关疾病的潜在疗法。

情绪失常和焦虑症疾病患者会释放一些神经肽递质。P物质的拮抗剂，神经肽家族的一员，在一些动物模型中产生抗抑郁药样和抗焦虑样作用，可作为神经肽受体拮抗剂用于临床治疗抑郁症。神经肽受体 NK1R 基因敲除小鼠表现出焦虑相关行为和应激反应减少。缩胆囊素 4 肽，作用于 CCK-2 受体亚型，引起正常人的恐慌和加剧患者急性焦虑症的症状。CCK-2 受体拮抗剂在高架十字迷宫和明暗箱实验中显示抗焦虑样行为。缩胆囊素受体 CCK-2 基因敲除小鼠在开放领域表现出多动性，可通过阿片制剂拮抗剂纳洛酮扭转。另一种 CCK-2 基因敲除小鼠在同样的测试中显示出抗焦虑样行为。促生长激素神经肽（Galanin）是一种在蓝斑区与去甲肾上腺素共存的神经肽，其过表达转基因小鼠在高架十字迷宫、明暗箱实验、旷场实验中心区时间和悬尾实验中的基线是正常的，但很少出现回应去甲肾上腺素激活因子育亨宾（yohimbine）的抗焦虑药样行为。促生长激素神经肽受体 GAL-R1 基因敲除小鼠表现出焦虑样行为，特别是在高架十字迷宫实验中。神经肽 Y（NPY）也在少量的蓝斑神经元中与去甲肾上腺素并存，虽然 NPY 基因敲除小鼠在高架十字迷宫实验中是正常的；但在开放区域实验中在中心区的时间较短，并对声音惊恐反应强烈。NPY 过表达转基因大鼠在高架迷宫中行为正常，应激 Vogel 冲突实验中表现出抗焦虑样表型。缺乏 NPY 受体亚型 NPY-Y2 的基因敲除小鼠，在高架十字迷宫的开放道路和明暗箱实验中的光室中抗焦虑样时间增加，强迫游泳实验中不动时间减少，表明 NPY-Y2 拮抗剂可能有抗焦虑和（或）抗抑郁样活性。

缺乏生物胺代谢酶单胺氧化酶 A 的基因敲除小鼠用于 Porsolt 游泳实验测试浮动时间。1～90d 的这种小鼠的脑血清素水平升高。在 4min 的测试期，突变小鼠的不动时间显著低于野生组。这种抗抑郁药样表型与临床应用升高 5-羟色胺的药物（如百忧解）相一致。5-羟色胺受体亚型和 5-羟色胺转运体基因敲除小鼠具有抑郁和焦虑模型以及抗焦虑药和抗抑郁药物治疗反应的特点。缺乏 5-HT1A 受体的无效突变鼠在高架十字迷宫的开放道路的次数和时间更少，表现出较高的基线焦虑样行为。5-HT1A 基因敲除小鼠在 Porsolt 游泳实验，尾巴悬挂实验中不动时间较少，表现较弱的抑郁症样行为。

Fyn 酪氨酸激酶缺陷小鼠在一些恐惧和焦虑相关的行为实验中显示出罕见的行为。与同窝杂合子对照组相比，fyn 基因敲除纯合子小鼠在明暗箱实验中的亮-暗室过渡花费的时间及在亮室停留的时间更少。该突变体在高架十字迷宫中开放道路的次数和停留时间较少，八臂迷宫实验没有在基因型之间发现差别，显示正常的认知功能。作者发现，fyn 基因敲除小鼠的扁桃体有一些异常，这可能能解释其高架“恐惧”以及听源性癫痫发作的发病率增加的现象。

与精神分裂症中的表现相似的前脉冲抑制缺乏，在多种基因敲除小鼠中均有报道。同样的，已经证明模拟精神分裂症注意异常的潜在抑制现象在神经递质受体突变的基因敲除小鼠是有益的。多巴胺受体蛋白 D_1、D_2、D_3、D_4 和 D_5 基因敲除小鼠表现出正常的前脉冲抑制基线，但 D_2 敲除鼠对多巴胺受体激动剂的破裂效应敏感。多巴胺转运蛋白基因敲除小鼠表现出前脉冲抑制减少，用血清素受体 5-HT2A 受体拮抗剂治疗后得到逆转。5-羟色胺受体亚型 5-HT1B 基因敲除小鼠表现出前脉冲抑制减弱，惊恐反应减少和对 5-羟色胺药物的反应有差别。5-羟色胺受体 5-HT_3 过表达转基因小鼠的潜在抑制有改善，而前脉冲抑制仍然正常。代谢型谷氨酸受体 mGluR1 和 mGluR5 缺陷小鼠显示减少声音惊恐反应的前脉冲抑制减弱。M5 型胆碱能毒蕈碱受体基因敲除小鼠的潜在抑制改善。促肾上腺皮质激素释放因子过表达的转基因小鼠对声音惊吓不习惯，在惊吓实验中声音惊跳反应降低，运动活动增加。腺苷 A2A 受体敲除鼠，可观察到前脉冲抑制减弱，对声音惊吓习惯。前脑特异的神经钙蛋白敲除鼠前脉冲抑制和潜在的抑制作用受损，同时运动增加，群居性相互作用减少。缺乏神经细胞黏附分子 NCAM-180 的无效突变体，前脉冲抑制大大降低，同时伴随着侧室扩大。这些研究都有利于我们对感觉运动门控电路的关键性神经递质的进一步了解。

第二节 常用的人类精神疾病动物模型和研究方法

一、焦虑相关行为及其研究方法

焦虑是由预知且不可避免的、即将发生的应激性事件引起的一种预期反应，以恐惧、担心、紧张等精神症状为主要表现，同时多伴有心悸、多汗、手脚发冷等自主神经功能紊乱，其核心症状为忧虑。

动物的防御反应是人类恐惧和焦虑反应的原始成分，动物所表现的恐惧样反应与人类的焦虑反应相似。人类的焦虑反应主要表现为逃避现实、逃跑行为、警觉性提高，而当动物面临一种不熟悉的环境时，就会表现出一系列的行为和生理反应，包括探究行为减少、呆滞（僵持行为）、逃跑、心率加快、排尿、血浆皮质酮水平升高等，这些反应表明动物面临危险时防御系统被激活。大多数啮齿类动物焦虑的形式和人类的突发焦虑症相似，但与慢性严重焦虑症不相关。

目前常用的焦虑动物模型主要包括两类：一类是基于动物非条件化的模型，根据其行为特点又可分为探究行为模型和社会行为模型。探究行为模型主要包括经典的高架十字迷宫实验和旷场实验。社会行为模型包括天敌暴露、社会隔离、母爱剥夺等。另一类焦虑模型是基于条件反射的模型，主要包括饮水冲突模型、条件性电击等。

1. 高架十字迷宫测验　高架十字迷宫测验（elevated plus maze，EPM）是一种基于自然的冲突测试，即一方面小鼠具有探索新环境的倾向性，而另一方面具有避开厌恶的明亮开阔环境的本性。将动物置于十字迷宫的中央区，它可以沿四个窄跑道中任何一个走下，其中两个是开放的，可以看到下面是“悬崖”，另外两个是封闭的与墙面相接。在对动物进行测试之前，需要对迷宫进行彻底的清洁，实验开始将小鼠放置于十字迷宫的中央区，头部朝向一开放臂，然后在一定的时间内观察动物分别进入开臂和闭臂的时间和次数，由于开臂和外界相通，对动物来说具有一定的新奇性同时又具有一定的危险性，动物在产生探究好奇心的同时也会产生焦虑反应。如果焦虑水平高，则动物会离开开臂退缩到闭臂中，反之则在开臂停留更多的时间，对开臂的探究次数也增多。抗焦虑药物可以特异性增加小鼠进入开臂的次数和在开臂滞留时间。通过检测胡须和皮毛，该实验还可以测出趋触性和与墙面接触的倾向性。不同品系的小鼠在 EPM 中的表现并不相同，如 C57BL/6J 小鼠比 BALB/c 小鼠的活动更多，其在封闭臂中的活动增加要考虑到在开放区和封闭臂转换的表面相似度。与 BALB/c 小鼠相比 C57BL/6J 小鼠进入开放臂更为频繁，提示其较 BLAB/c 小鼠的焦虑水平要低，可能是由于其苯二氮䓬类的受体密度更高所致。

EPM 广泛应用于焦虑相关模型的焦虑行为测试，并用于药物公司的新药开发。根据迷宫的尺寸可应用于大鼠和小鼠的测试。但在构建基因敲除小鼠时会在高价十字迷宫等行为学实验中花费很多的时间。有研究者观察到 Bcl-2 转基因小鼠表型的特征就包括焦虑、恐惧和认知能力降低。EPM 的改进是所谓的零高架十字迷宫，其优势在四条臂都汇聚于起始区域和中央区域，小鼠会迅速回到起点而不是完全进入一条臂路。EPM 的起始区可能导致进入臂路与否难以界定，同时也增加了数据的变数；而零高度十字迷宫没有起点，时间是连续的，解决了这些问题。

EPM 的测验还经常与旷场测试和孔板测试相结合对啮齿类的焦虑行为进行评估。例如，一些研究中，在进行 EPM 实验之前将动物置于一个新的环境中（如旷场），能够增加迷宫实验中的运动和动物进入开发臂的可能性；尽管 EPM 中的焦虑行为指数与孔板探究行为没有相关性，但在迷宫实验之前进行孔板探究实验能够提高活性指数和探索行为，这种方法已经成功地应用于对啮齿类实验性癫痫的研究工作中。在抗焦虑药物特性的研究中，许多研究者都在实验中应用了 EPM 的预暴露。最近的研究显示对 EPM 的预先暴露可能会导致测试衰退效应的产生；即如果啮齿类动物多次进行十字迷宫的行为学测试，其在 EPM 内的行为会有所差异，典型的变化有当动物第二次进入迷宫时，其在开放区域的活动较第一次进入时会有所减少，解决该问题的方法可以是两次测试间间隔尽量长的时间，或者将迷宫装置移入新的环境有所不同的房间进行测试。

经典的临床抗焦虑药物（如地西泮）确实能减少 EPM 中的焦虑行为。但是一些新的化合物，如 5-HT1A 拮抗剂却得到了混合性的结果，其他一写临床上应用于治疗焦虑症的药物，如选择性 5 羟色胺再吸收抑制剂和三环类抗抑郁药也都没能在 EPM 实验中得到稳定的实验结果。这提示 EPM 可能是一种测试 GABA 相关化合物（如地西泮，或是直接的 GABAA 拮抗剂）的稳定模型，而对其他类的药物并不完全适合，但由于其操作方便并已被广泛接受和应用，EPM 仍可作为焦虑症机制一般性研究中可能的抗焦虑药物的筛选实验。EPM 实验中给大鼠外周注射 GABA 增强剂（包括甲氨二氮䓬、地西泮和乙醇）或中枢杏仁核注射 GABAA 受体激动剂（如蝇蕈醇）能够增多其进入开放臂的时间。给大鼠注射 5-羟色胺调节化合物（如中缝注射 5-HT1A 受体激动剂——8-OH-DPAT；或长期外周给予 5-HT1A 受体激动剂——吉吡隆 gepirone），或是外周急性注射 5-HT1A 受体阻断剂均可以产生与 GABA 增强剂同样的抗焦虑作用。相反，如果在大鼠侧间隔或是背侧海马注射 8-OH-DPAT，或者外周给予 5-HT1B 受体激动剂、5-HT 再摄取阻断剂，则动物在开放臂探索的时间会减少。外周给予甲氨二氮䓬（chlordiazepoxide）、地西泮（diazepam）、咪达唑仑（midazolam）、阿普唑仑（alprazolam）、蝇蕈醇（muscimol）和丙戊酸盐（valproate）可以增加动物对开放臂的探索行为。其中地西泮在小鼠的分级焦虑测试中起到抗焦虑作用。

甲氨二氮䓬增加了 BALB/c 小鼠进入开放臂的时间和其占总时间的比例，高架十字迷宫对其抗焦虑能力的敏感性与 Swiss、Swiss-Webster、NIH Swiss 小鼠以及 OF1 小鼠在高架零迷宫的结果一致。尽管与甲氨二氮䓬相类似，但 5HT1A 受体激动剂的抗焦虑作用则较为有限。丁螺环酮增加了开放臂在总时间中所占的比例，而 8OH-DPAT 增加了在开放臂的停留时间。丁螺环酮在不影响开放臂停留时间的情况下增加了小鼠进入开放臂的次数。

2. 旷场实验（Open Field Exploration Test） 旷场实验是最早的恐惧相关行为的定量测试，中心区域对动物来说是潜在的威胁情境，而外周区则相对安全，因此，如果动物的焦虑水平高则倾向于停留在外周区，反之，对中央区的探究次数及时间就会增加，同时还可以测量小鼠木僵行为（freezing behavior）和排便的次数。木僵状态是指除了呼吸之外的完全不动，是一种反映恐惧或焦虑的可靠指标，面对突如其来的刺目光线，疼痛刺激或者抓捕时，动物都可能会停下任何正在进行的动作，呆立不动，如大鼠、小鼠在经历一个足部电刺激后立即静止不动。对动物实施 0.3～0.5mA，持续 1～2s 的一次或多次足部电刺激之后的禁行观察，每 5s 或者 10s 观察一次，在自动化设备的条件下观察可以更加频繁，观察持续 3～6min，以有或者没有记录木僵的情况。这种旷场测试的缺陷为中心滞留时间可能为很多因素所干扰，如运动和感官障碍。所以自发活动旷场实验必须预先初步考虑到可能的发现和结果，还要据此进行更多具体的恐惧相关或者焦虑相关测试加以验证。

反复进行旷场测试能够将恐惧基础上的自发活动与探索活动区分开来，第一天与第二天的测试结果的变化与受试对象的遗传背景和社会背景相一致。旷场测试必须进行两次（最好间隔 24h 以上）以达到对双因素趋避冲突基础上的自发活动的正确解释。不同品系的动物对旷场实验的反应不尽相同，C57BL/6J 小鼠与 BALB/c 小鼠相比，水平运动和站立的运动都要多，但刻板动作要少；但就刻板动作能够反映搔抓、理毛和摇摆，C57BL/6J 小鼠比 BALB/c 小鼠的动作要快。

许多不同种类的药物都经过旷场实验的观察，包括有抗抑郁效果的化合物（苯二氮䓬类、5-羟色胺配体、神经肽）、一些兴奋剂（安非他命、可卡因）、镇静剂（精神抑制药）和衰竭诱导剂（致癫痫药物）。在中央运动或在设备的核心部分的时间和垂直探索的增加可视为抗焦虑样作用。

地西泮作为一种经典药物临床上广泛地用于焦虑症的治疗。它通过表达在 GABAA 五聚体复合物上的苯二氮䓬类受体起作用。GABAA 受体可以通过至少六个不同的位点进行变构效应的调节：苯二氮䓬类受体激动剂和巴比妥酸盐受体激动剂有抗焦虑作用，但五聚体的其他配体，包括 GABAA 受体激动剂均没有此作用。如 Tashma，Z 等对一种苯二氮䓬类受体部分激动剂溴他西尼（Bretazenil）的研究中应用了十字迷宫和旷场测试两种方法，在给药 30min 后，将大鼠置于旷场箱的中央，计时 30min，白色的 SD 大鼠在黑色的旷场箱背景下可以通过视觉跟踪系统追踪其运动轨迹。旷场箱被平均分为 25 个小区域，大鼠的位置从一个区域移动到另一个区域定义为活动，计数 30min 内的活动。不同浓度的甲氨二氮䓬和 8-OH-DPAT 都不能影响动物在旷场实验中的行为表现，相反丁螺环酮（buspirone）能够减少水平移动和刻板行为。

影响旷场实验的结果主要有两方面的因素，第一个因素实际上是由于动物被移出饲养笼，并在整个测试过程中与动物群体相隔离；第二个因素是明光、无保护的新的测试环境对动物造成的压力。

3. 明-暗箱实验（Light↔Dark Exploration Test） 利用相似的原理，利用动物对明亮地方具有天然的厌恶和好奇倾向建立了明-暗箱实验，属于纯自然的冲突测试，可以测定小鼠逃脱厌恶的明亮开阔的环境进而探索一个新异环境的倾向性。这项测试设计简单易行且可自动化。一个标准的塑料的大鼠鼠盒用光电板隔开成两个小间：一个小间占总面积的 2/3，透明无盖，顶端有灯泡照明；相邻的小间占 1/3，黑色喷漆且有黑色树脂玻璃笼盖（黑白箱装置）；光电隔板上开关允许小鼠从一个小间到另一个小间，应用光电监控器自动记录小鼠的穿行，同时用计时器记录在暗室所停留的时间（秒数），标准的测试是以10min为一个测试时间段，动物逃离明亮区域时间长则表示焦虑水平高。在不同实验室该实验装置的设计上会有一定的差异，但大体的结构都一致。

明暗箱实验中选用不同品系的动物也是一个关键的因素，可能仅对某些特定品系的小鼠和特定种类的药物有作用。实验结果显示C57BL/6J小鼠和SW-NIH小鼠是该实验比较理想的实验对象，其中C57BL/6J小鼠在大剂量地西泮的作用下的探索行为增加幅度达到129%。实验中多使用雄性小鼠作为实验对象，而雌性小鼠的反应情况如何以及实验结果是否会受到动情周期的影响还有待于进一步研究和观察。研究证实如果在给予受试小鼠一个急性应激后立刻进行明暗箱的测试，可以增强其抗焦虑样反应，且Belzung等人观察到与强迫游泳实验和足部电击实验相比，尾部悬吊实验是一种较为合适的应激方式。与高架十字迷宫相类似，该实验中涉及两种环境，一种是对动物来说有保护的黑暗的室格，一种是对动物来说没有保护的明亮的室格，也有一些研究联合应用高架十字迷宫和明暗箱实验检测动物的焦虑状态的变化。虽然明暗箱实验和高价十字迷宫实验都是用来评估焦虑样行为的，原理也很相似，但两者得到的结果并不总是一致的。

苯二氮䓬类药物可以被明暗箱穿梭实验可靠地检测，但是大剂量应用会明显减少穿梭。一些部分激动剂和反向激动剂也在测试中显示出一定的活性，但对抗物氟马西尼未观察到效果。经典的5-HT假说认为焦虑水平的降低与5-HT神经元的活性下降有关，反之亦然。很多研究都未能发现调节5-HT神经传递的药物有抗焦虑或是抗焦虑样的效应。这一药物效应的变异可能与种属差异、动物性别、测试装置及环境等因素有关，也提示模型本身反应恐惧和焦虑的水平有差异。Handley等人的研究提示焦虑模型中可能不只涉及一种5-HT机制，不同的模型机制间不能等同看待，例如以自发反应为基础的探索类测试或明暗测试反应的是一种与不可控的压力相关的焦虑（抑制性焦虑“depressive anxiety”），其原因是由于动物被迫进入一个新的或是不利的环境当中而不能逃脱；另外有些以条件反射为基础的测试如Vogel冲突测试可能反应的是一种对可控制的有害事件的焦虑（期待性焦虑“anticipatory anxiety”）。对于5-HT_2受体激动剂，2,5-二甲氧基-4-碘苯基丙烷（DOI）急性给药（2mg/kg、4mg/kg、8mg/kg）能够明显减少动物在暗室内的活动，也能减少动物从明室向暗室穿梭的等待时间（1mg/kg、8mg/kg）。BW723C86（4mg/kg）在明暗箱实验中对小鼠的行为没有影响。RO 60-0175能够显著减少两室间的穿梭，和明室内的活动时间。1-(3-氯苯基)哌嗪(mCPP)0.5mg/kg可以显著降低动物在明室内的活动。5-HT_2受体拮抗剂在明暗箱实验中的文献报道较少，只有酮舍林（ketanserin）

给药后能够减少动物在两室间的次数和在暗室内的活动，而 RS 10-2221、SDZ SER082 和 SB 206553 在明暗箱的实验中对小鼠的行为没有影响。酮舍林的作用可能与肾上腺素能或组胺能受体活性有关，或是联合拮抗了 5-HT_{2A} 和 5-HT_{2C} 两种受体。这也说明明暗箱实验在检测 5-HT_2 受体拮抗剂方面的能力不足，也有研究认为在明暗箱实验中可能是 5-HT_3 受体而不是 5-HT_2 受体在起作用，并且伏隔核和杏仁核可能在介导 5-HT_2 受体拮抗剂的抑制效应过程中发挥作用。

很多研究发现一些抗抑郁的药物在多种动物模型中也能起到抗焦虑样的作用。如吗氯贝胺（moclobemide）一种可逆性的 A 型单胺氧化酶抑制剂，能够显著减少动物在明暗箱中的焦虑样行为。两种抗精神病药物氰美马嗪（cyamemazine）和氯氮平（clozapine）在明暗箱实验中能够表现出抗焦虑样的作用。某些药物如果能够既促进穿梭又促进运动，可推断其很可能是一种广泛的运动刺激剂，可以作为潜在的抗焦虑药物进行进一步的研究。前脑特异性的神经贮钙蛋白敲除小鼠在明暗箱的实验中在明室一侧停留的时间降低，而在 EPM 实验中在开放臂的停留时间则延长。不同剂量的神经肽 Y 使小鼠在两箱（明箱和暗箱）间的穿梭更为频繁，并且在明室一侧的停留时间明显延长，而促生长激素神经肽的效果不明显；神经肽 Y 的中枢给药能够起到抗焦虑样作用。AXB 和 BXD 重组纯系小鼠数量性状位点分析揭示了几个染色体位点与明暗穿梭行为、黑暗时间和对安定的应答等行为连锁。

4. 暴露实验（the emergence test） 最初的天敌暴露模型一般是将动物暴露在对其生命具有强烈威胁性的另一动物面前，如将大鼠暴露于猫或具有很强攻击能力的另一雄性大鼠前，则另一动物会对其进行猛烈的攻击，由此造成其焦虑水平提高。但这样的模型往往会造成躯体的创伤，此后研究发现只是将天敌或者将天敌的排泄物暴露于动物面前，而不进行躯体的攻击也能够造成很强烈的焦虑反应，因此，后来广泛采用可视天敌暴露和天敌气体暴露等模型。

暴露测试还包括开放区域暴露，一个小型暗盒放于开放环境中央，小鼠被放置于暗盒里面作为测试起点，从在暗盒里面的潜伏到出现再到暴露于开放区域，都被记录下来。镜盒实验也包括了明暗测试和暴露测试的成分：一个由可反射影子的镜子组成的立方体放置于开放环境中，潜伏到进入立方体及在里面的滞留时间都将被记录下来，用于测试小鼠对于反射平面的反应，把镜子换成白色或者灰色的反射平面也会得到相似的结果。

与高架十字迷宫相比，暴露实验的实验结果相对较少。大鼠急性给以地西泮或造成色氨酸缺乏导致 5HT 耗竭，都可以使暴露潜伏期缩短。Htr2a 基因无效的突变体小鼠缺少 $5HT_{2C}$受体，其暴露潜伏期缩短；而 Slc6a4 基因敲除小鼠缺乏 5HT 转运体，其暴露潜伏期延长。

暴露实验可能对于苯二氮䓬类的抗焦虑药物有特异的筛选作用，但对于 5-HT_{1A} 受体拮抗剂效果不明显。而且这一实验最好应用于重复多次急性给药。另一方面作用于 5-HT_{2C} 位点的药物可能更为有效。2.5mg/kg 的甲氨二氮䓬增加了 C57BL/6J 初次实验中的暴露潜伏期。如果联合其他测试，暴露实验在检测苯二氮䓬类的抗焦虑作用中有着更大的潜力。

5. 社会互动测试（social interaction） 两只陌生的啮齿类动物再相互接触过程中的行为包括：嗅、理毛行为及身体接触。随后由伦敦大学的研究人员开发出的一个大鼠评分系统能显示出某些可明显受到抗焦虑药物干扰的群体接触行为，即社会互动测试，其特点是一种根据自然冲突针对啮齿类动物的抗焦虑药物测试方法，记录在动物熟悉的低照明环境与陌生的高照明环境两种不同情形下两只大鼠的不同的社会互动行为，并进行打分。测试时间为 10min，观察的行为包括探查、追踪、照料、踢撞、乘骑、跳跃和摔跤等身体接触。同时还要有录像及打分以避免观察者人为的干扰。熟悉环境且灯光较昏暗条件下，大鼠之间的社会接触较陌生环境且灯光明亮条件下的大鼠要多。抗焦虑药物可增加高照明条件下社会交往的频率并能达到低照明条件下人所看到的频度水平。这种社会互动测试可以很好的鉴别抗焦虑药物应答，小鼠较大鼠有更高层次的运动性和低水平的社会互动，测试和评分与大鼠略有不同。

此测试对一种抗焦虑药物神经激肽受体拮抗剂及肾上腺皮质激素释放因子的促焦虑作用敏感。David Overstreet 等自创大鼠选育系对一个血清素 5-HT_{1a} 受体拮抗剂 8-OH-DPAT 的低温效应高度敏感或者不敏感，两者在社会互动测试中扮演的角色不同。尽管社会互动测试可以很好地鉴别抗焦虑药物的应答，但却不十分适合于小鼠，因为小鼠较大鼠有更高层次的运动性和相对低水平的社会互动。不过现在已经开发出适合于小鼠的修订版的社会互动测试。

6. 恐惧条件化 场景性恐惧条件化（contextual fear condition）与提示性恐惧条件化（cued fear condition）是恐惧诱导性木僵行为的延伸。根据事先和足电刺激相关联的环境提示，大鼠和小鼠可调节性产生木僵行为，24h 和 48h 可以测量场景和提示性条件作用。这个测试可以评估动物对事先和电刺激偶联的环境的视觉、触觉和嗅觉记忆。该实验属于一种应激性实验，通常在 Morris 水迷宫实验之前，其他行为学实验之后进行。恐惧条件反射和其他的涉及足部电击的实验（如被动回避实验），对同一只动物进行两种实验项目会出现混乱的结果。

实验开始时，将动物置于一个新的环境之中，同时给予有害刺激，随后将动物移走。当动物被再次置于同样的环境时，如果它对环境和伤害性刺激之间的联系有记忆，则表现出冻结反应。该反应可能持续数秒钟至数分钟，其持续时间取决于有害刺激的强度、暴露的次数和在对象中学习的程度。

场景性恐惧的获得可能与构象记忆或是空间记忆有关，许多证据表明海马在场景性恐惧条件化中发挥作用。场景恐惧提示可能由场景的统一表征介导，或者可能是由组成场景的许多单一的元素造成的。条件恐惧应中测量一个与非条件性刺激（足部电击或是空气喷射）同时出现的冻结反应，再加上一个条件刺激（一个特殊的场景或是线索）。在大鼠或是小鼠非条件刺激通常使用足部电击，如足部电击与声音同时出现，则动物不仅仅会学习并记住声音，也会对发出声音同时的场景（情景）有所记忆。与条件性恐惧相关的脑区有杏仁核、海马、额叶皮层、腹内侧皮层和扣带皮层的参与有关。

将动物置于实验装置的房格内，首先不施刺激让动物习惯120s的时间，然后给予持续15~30s的70~80分贝声音信号，在声音信号的最后2s内给予一个中等程度（0.17~0.8mA）的足底电击，持续1~2s。随后间隔60~210s再进行第二次相同的过程。实验结束30~60s内将动物移出。也有一些实验室在实验中同时施加多种听觉信号和有害刺激来强化联系。实验中一个饲养笼中的动物最好同一批完成实验，这样是为了避免先进行实验的动物会对同笼的其他动物造成行为上的影响。如果需要几天内反复进行实验，要最大限度地保持实验的一致性，包括实验装置中的气味、光线、每天的实验时间。

痕迹性恐惧条件反射是在原来实验基础上的一种修改，在训练阶段听觉信号结束后足部刺激的电击还要持续几秒，而不是马上停止，这种暂时性的分离增加了形成联系的难度。长时恐惧条件反射用测定在训练24h后把小鼠放到存在听觉信号的场景式环境中的僵直时间来进行评估。

神经回路是精确地与场景性和提示性恐惧条件反射过程进行调节的，大鼠的提示性恐惧条件反射的主要作用部位之一就是杏仁核。在啮齿类的海马、扣带皮质前端、额前皮质、鼻周皮质、感觉皮层和近中侧颞叶都参与介导场景性恐惧条件反射。

恐惧增强惊吓是一种恐惧条件性测试，惊吓刺激和足部电刺激配对使用可测试动物的听觉惊吓应答。给大鼠足部电刺激和声音惊吓配对使用后，大鼠即对响亮的声音刺激显现出更大程度的畏惧。如果只给声音刺激，而不予足部电击，经过几次之后，单独由声音引起的惊吓反射强度又恢复到原来的水平，这项测试可模拟人类创伤后应激障碍的症状。DBA/2J小鼠较C57BL/6J小鼠恐惧惊吓增强更多，而在两种小鼠的杂交F2代小鼠上发现了持续的恐惧增强惊吓应答分布。

7. 紧张性刺激（stressors） 紧张性刺激是由夏威夷大学研究人员设计的一套小鼠防御实验，可测量小鼠在应激的自然状态下恐惧相关的行为。具体是将大鼠引进一个跑道或者一个直的狭长通道，鼠的行为可被探测器测量（包括防御性进攻，冒险评定，回避距离，频率，逃跑速度，木僵行为，超声波，生育，爬墙和逃跑跳跃）。这些压力应答的要素都可以被抗焦虑和抗恐慌药物所抑制。

啮齿类动物可发出超声波来应答紧张性刺激，超声波可能执行着社会通讯的功能。幼鼠用 50 ~ 70kHz 频率范围的声波呼唤父母，这种发生似乎可以作为应答隔离的一种求救信号，当幼鼠与母鼠及同窝隔离时会发出这种声音，而当返巢或和母亲团聚时则会停止，小鼠出生 12d 后各种声波会减弱。Noldus 提供一种自动化装置，Ultravox 能够记录、存贮和计算幼鼠的超声波发生。大鼠幼崽的超声波可被抗焦虑药物（如苯二氮䓬）所抑制，也能被抗抑郁类药物治疗。美国 Tufts 大学的研究人员也证实了抗焦虑药物和抗抑郁剂对隔离小鼠的超声波减弱作用。成年大鼠在捕食者出现或遭遇另一只好斗的雄性鼠时，会发出一种频率为 22kHz 的超声波，这种超声波可以被抗焦虑和抗恐慌的药物所抑制。

紧张性刺激实验是将一只大鼠引入一个跑道或是一个狭长的笔直通道，鼠的行为可以被探测器测量到，包括防御性进攻、冒险评定、回避距离和频率、逃跑速度、木僵、超声波、爬墙和逃跑跳跃等。这些压力应答的要素都可以被抗焦虑药和抗恐慌药所抑制。这种自然的动物模型模拟了人类应激反应的相关特征，似乎可以更好地预测药物治疗的应答。

8. 冲突实验（conflict test） 饮水冲突又称为 Vogel 冲突实验（Vogel conflict test），采用 24h 禁水，有规律的给水结合温和的电击，利用这种需求来训练大鼠去压杠杆。将动物的饮水行为和不确定的电击结合起来，动物如果想满足饮水的需要就可能会受到电击的创伤，由此造成动物在饮水和避免电击之间的趋避冲突，产生焦虑反应。此项测验无须长期限食和长时间训练，已经证实对抗焦虑药的专一有效，且已经广泛应用于药理学工业开发新的抗焦虑药物。

条件性电击模型是将某种信号和电击随机结合起来，信号出现后可能会出现电击，也可能不出现电击，由此造成动物的期待性焦虑反应。例如 Geller-seifter 冲突实验，很早就获得药理学认证的啮齿类动物焦虑相关行为的测量方法。大鼠通过学习压杠杆获得食物供给，而每压十下或者二十下时通过杠杆给予一种温和的电击（惩罚期）。实验前对没有电击偶发事故下小鼠为了获得食物而压下杠杆的次数（非惩罚性应答），作为接受电击的惩罚条件下测试的对照，以避开无惩罚的影响。这个测试优点在于可用于选择抗焦虑药物，对其他种类精神类药物无效；而且一个训练有素的大鼠可以反复用多种药物治疗。缺点在于动物需长期限食，至少要 1 ~ 3 周的训练时间才能使大鼠达到可进行稳定的惩罚性应答测试的标准。这类模型在模拟人类的焦虑反应，预测抗焦虑药物方面是非常有效的，但其中不可避免的包含有电击这类物理应激的成分，使心理应激中躯体应激的比例增大，这也是其主要缺陷。调节恐惧应答的主要脑区是杏仁核，与其相关联的脑区有前脑、中脑、海马和脑边缘结构等，在条件恐惧训练中受试动物的中央杏仁核和基底外侧杏仁核都有即刻早期基因 c-fos 表达。

此外还存在着众多有效的焦虑应激模型，如空瓶应激模型已经证明是一种有效的焦虑应激模型。经过几次固定时间的饮水学习之后，在饮水时间给予动物空瓶，能够诱发动物出现攻击，撕咬瓶子和笼子，频繁修饰等焦虑反应，同时还伴有肾上腺素、去甲肾上腺素以及皮质酮水平的升高，较好地模拟了人类焦虑的行为和生理反应。

这些焦虑相关冲突测试已经在许多抗焦虑药物如二氮杂草、乙醇、尼古丁/神经甾体和神经肽 Y、甘丙肽、促肾上腺皮质激素释放因子和血清素等受体亚型的配体上得到广泛的验证，且小鼠和大鼠都成功用于这些测试。但突变小鼠也可能在一种测试中有表型出现而在另一项测试中没有表型。目前高架十字迷宫的应用较为普遍，但最好测试一群小鼠在三个焦虑相关的行为学测试中的反应（高架迷宫、明暗实验、Vogel 冲突测试等是三种在病理学上验证了的很好的测试方法），某种程度上能够测试不同形式的焦虑相关行为。按照这样的顺序进行测试，它们之间不会相互干扰，即同一组小鼠可以有序的进行高架迷宫实验、明暗实验、Vogel 冲突测试三种实验，只是两个测试要间隔几天。一旦三个相关测试都可以得到相似的结果将可以为行为学表型提供强有力的证据。

焦虑的动物模型中有些主要用来建立动物模型，而有些既可以建立模型也可以用来测量焦虑情绪的水平，不同的动物模型这两种作用的比例有所差别，其中天敌暴露、饮水冲突、社会隔离和母爱剥夺常用来建立焦虑动物模型，而高架十字迷宫和旷场实验则既可以建立模型也可测量焦虑反应。

社会隔离测试提供了一种涉及习性相关内容的焦虑样行为的测试方法，实验中排除了需要引入有害的刺激或是食欲相关的条件

二、抑郁相关行为及其研究方法

抑郁症是一种以情绪低落，思维迟钝，行为迟缓为主要症状的精神疾病，同时可伴有睡眠减少，体重降低等躯体症状，不可控制的应激是其产生的重要原因。因此，所有抑郁动物模型共同的特点就是：抑郁行为是由不可控制的负性事件所产生的。目前抑郁动物模型的建立方法主要分为三类：行为绝望、习得性无助和慢性温和的不可预知性应激。

1. 行为绝望（behavioral despair） 啮齿类动物与人类相似的抑郁相关行为是

压力诱导的逃避减弱，又称为行为绝望。相关的综合征包括惊恐障碍、创伤后应激障碍、恐惧症、强迫症、神经性厌食和贪食等，但很难确认和人类抑郁综合征的慢性循环性因素概念相似的小鼠行为。

（1）在行为绝望模型中，大鼠或小鼠的 Porsolt 游泳测试［强迫性游泳（forced swim test，FST）］是目前评价抗抑郁药作用效果最常用的抑郁动物模型。Porsolt 强迫游泳实验是测试在一个装满了水的高大圆筒里，记录动物游泳的时间以及浮动的时间。大鼠和小鼠一般会在水中游泳以寻找求生路径；一段时间后，动物可能会停止游泳，而浮于水面，出现了“放弃寻找”的现象。疲劳是一个因素，但似乎并不能解释为什么停止游泳，因为一个小扰动他们还会重新游泳，这种行为可称之为“行为性绝望”或“习得性无助”，对抗抑郁药物的急性和慢性治疗敏感。此模型对抗抑郁药有很好的预测效度。然而对此解释目前尚存争议。动物漂浮既可以是抑郁的表现，也可以是一种适应机制，动物以此节约能量，漂浮更长的时间，以维持更长的存活时间。

标准的 Porsolt 强迫游泳实验水深至少 10cm，该距离超过小鼠尾巴可以延伸的长度，使小鼠不能通过它的尾巴抵住圆筒底部而保持平衡；圆筒顶部离水面至少 15cm，这样小鼠不能爬出圆筒；水温维持在室温下或更高，最高 35℃；小鼠被放置在水中并且在实验期间不受干扰，实验时间持续 4 ~ 20min，实验开始前有一个 2 ~ 5min 的暴露前期，然后开始计时。浮动的定义是包括只有一条腿的最低限度的运动以保持头部位于水面以上，实验人员记录测试期间浮动的总秒数。

抗抑郁药治疗降低了 Porsolt 强迫游泳实验中浮动的总时间。这项实验从模拟人类抑郁症的具体表征方面来看不具有明显的建构效度，但对抗抑郁药物治疗敏感，而其他种类的精神药物也能对强迫游泳产生积极的反应。神经肽 Y 相似地减少不动时间，表明这一神经递质也具有抗抑郁药样作用。紧张性刺激（如制动性和足部电击）和群居失败能够增加 Porsolt 强迫游泳实验中的不动性。应用促肾上腺皮质激素释放因子受体-1（corticotrophin releasing factor receptor-1，CRFR-1）拮抗剂和激动剂能够产生抗抑郁药样作用，在强迫游泳实验中表现为不动性减少。

焦虑状态，如经过紧张性刺激（如足部电击）的小鼠在 Porsolt 强迫游泳实验中不动性增加；而群居失败的小鼠在该实验中表现出抑郁症样效应。雄性 DBA/2 小鼠与强攻击性的雄性 C57BL/6 小鼠配对饲养中 DBA/2 小鼠被打败，这一结果可导致其游泳时间减少。自动化系统可以使 Porsolt 游泳实验更精确，从而高通量地筛选药物。

（2）尾部悬吊实验（tail suspension test，TST）：在概念上与 Porsolt 强迫游泳实验相似，通过尾部悬吊，小鼠身体在空中摇摆，面朝下；小鼠往往挣扎着面朝上，抓固体表面；几分钟后，小鼠一般停止挣扎，并悬吊不动。观察者记录或通过钩连接到一个张力测量仪测定累计不动时间。该张力测量仪将小鼠的运动传递到一个自动化装置，该装置可以合计出小鼠总的不动时间。经抗抑郁药物治疗可减少不动时间。较之抗精神病药物和抗焦虑症药物来说，TST 对抗抑郁药有很好的检验预测有效性。

可卡因和安非他明停药可使大鼠和小鼠在强迫游泳和尾部悬吊实验中的不动时间增加。近交系小鼠的研究阐明了不动时间差异的遗传因素。有意思的是在 5-HT_{1B} 受体敲除小鼠中，雌性小鼠在 TST 实验中的行为与雄性小鼠有一定的差异，雌鼠的行为就像给予抗抑郁药治疗，而雄鼠则没有这样的表型。

1996 年法国的学者选育出在 TST 实验中稳定得分的小鼠用于抑郁症的相关研究，被称为 Rouen 抑郁（或无助）小鼠。这些无助小鼠还在睡眠结构上有改变，其觉醒状态和快速动眼睡眠等待时间都减少，与抑郁症患者的睡眠改变相类似。

以上两种实验方法虽然原理相似，但药理学实验研究发现部分抗抑郁药对两者的反应不尽相同，排除人为因素后仍存在明显差异性，提示两种动物模型中动物脑组织内的多种神经递质的变化及受体功能改变并不一致。应用神经递质抑制剂的研究发现，尾部悬吊实验对 5-羟色胺系统的影响更为突出；而多巴胺系统更多地参与到了强迫性游泳模型中；γ-氨基丁酸和谷氨酸系统的作用在两种模型中的作用也不尽相同，但是报道不多。所以现在认为在进行抗抑郁药药物的筛选时，最好结合两种模型进行实验。

2. 习得性无助　习得性无助（learned helplessness）模型中，将动物暴露在不可逃避的应激（如电击）条件下，动物经过多次尝试不能逃离应激情境，开始变得被动接受，在此后的认知作业中出现更多的行为缺陷，而将动物暴露于可控制的应激条件下，动物则不会出现认知缺陷。如果抗焦虑类药物抑制某些形式的行为绝望，并且在习得性无助中焦虑产生的药物可模拟不可逃避的厌恶刺激，这些都表明在这些测试中存在着内在的焦虑样成分。

美国科罗拉多大学 Steve Maier 设计出一种针对大鼠的标准方法，观察动物对厌恶性刺激的逃避缺乏的程度。大鼠被放置于三个大小一致的树脂玻璃盒中，大鼠面前是一个带沟的树脂玻璃转轮。动物分为三组，可以回避电击、不可以回避电击和基础条件。在可以避开电击的条件下给予尾部电击，转轮是与尾部电击装置相连接，转动转轮就可以关闭电击发生器，大鼠很快学会转动转轮以避免被电击。在不能逃避电击的条件下，用另外一个转轮将第一个转轮卡住，大鼠接受与前一情况数量一致的电击，只是不能对厌恶性刺激进行控制。基础条件下，大鼠尾连接电极，但电极并不与电击发生器相连，所以该条件下的大鼠没有经历偶然事件也没有受到电击。1h 观察结束后，大鼠被放回饲养笼。24h 后动物再被置于一个新的往返箱中，接下来的任务是一个标准的主动回避测试，动物可以在穿梭箱的两侧自由往返以逃避底板的电刺激。在前一天实验中基础条件下和可逃避条件下的大鼠都能够在主动回避实验表现很好，少有被电击；而曾经处于不可逃避条件下的大鼠则表现很差，将近一半的大鼠不能学会主动回避反应。在暴露于无法逃避的应激刺激 24h 之后，动物不能学会简单的逃避反应，这种现象可以用行为绝望来解释，即大鼠似乎学习到它没有能力控制厌恶性刺激，从而对新的刺激显得无助。现已有将这种实验应用于小鼠的规范。

3. 慢性温和应激　慢性温和应激的抑郁动物模型，主要是将动物长时间的暴露在多种不可预知的应激源下，这些应激源包括不定期的禁水、禁食、震动、电击和游泳等，由此引起动物对奖励刺激的缺乏（主要是对可口的甜味溶液的消耗量降低，通常用糖精水）是抑郁的重要表现。慢性温和应激更真实地模拟了人们在现实生活中遭遇的“困难”，动物对甜溶液的饮用量降低反映了抑郁的核心症状，即快感缺乏（anhedonia），在啮齿动物身上可定义为对奖赏无应答。在慢性温和应激的动物模型中，动物的糖精水溶液的摄入量明显降低，快波睡眠的时间增加，慢波睡眠时间缩短，这些都在人类抑郁症患者身上发现，因此，可以认为此应激模型是一种有效的抑郁动物模型。研究发现可卡因停药使大鼠表现出沮丧样状态，其特点是颅内自我刺激奖赏阈值升高。

还有一些根据动物自身的生活习性设计的实验，如雄性树鼠的等级从属模型，该模型利用雄性树鼠好斗的习性，将多只雄性树鼠分入同一组内，则动物表现为相互撕咬和打斗，经过一段时间的这种相互接触，动物之间逐渐建立起一种统治和从属关系，打败其他树鼠的雄性树鼠处于统治地位，而被打败的树鼠则处于从属地位，在这种动物模型中也观察到从属鼠表现为与抑郁症患者相似的行为和内分泌变化，动物对抗抑郁药有良好的缓解效应，从而在非啮齿类动物身上也复制了较好的抑郁动物模型。

4. 其他模型　嗅球切除大鼠作为一种抑郁模型，切除嗅球影响探索活动、认知、神经递质、激素和免疫反应，一些抗抑郁药可扭转这些影响。躁狂和双极（躁狂抑郁症）很难在啮齿类动物建模。药物诱导的方式包括给予毒毛旋花苷（一种钠泵抑制剂）以及多巴胺受体激动剂喹吡罗激活的双相运动。

还有一类药物诱发的抑郁症动物模型，使用氯米帕明诱导抑郁模型，可持续几个月，基本符合抑郁模型的要求，因而也被广泛使用，其中氯米帕明为三环类 5-羟色胺再摄取抑制剂，可通过在幼年大鼠脑内抑制 5-羟色胺的再摄取而导致其耗竭，造成成年后大鼠脑内 5-羟色胺水平明显低于正常大鼠。而 5-羟色胺缺乏与抑郁心境、食欲减退、失眠、昼夜节律紊乱、内分泌功能紊乱、性功能障碍、不能应付应激、活动减少等症状有关。某些抗抑郁药物，如 SSRI，就是通过提高 5-羟色胺含量而发挥作用。有研究表明，氯米帕明诱导的大鼠还表现出了明显的焦虑症状。

目前尚无公认的经典测量抑郁情绪的测验。在各种抑郁动物模型中主要通过以下几个指标来测量抑郁水平：①行为抑制，动物在强迫游泳中的漂浮时间增加，逃避电击的失败次数增加，在旷场中的爬行格数降低；②快感缺乏，对糖精水的摄入量降低，快感缺乏是评价抑郁情绪的重要指标，而且也是非常敏感的指标。

临床上焦虑和抑郁共病的现象相当普遍，在焦虑动物模型中大多数动物在表现为焦虑反应的同时也出现了抑郁反应，因此，大多数焦虑动物模型也适合于抑郁模型。而且，焦虑反应和抑郁反应二者之间往往有一个时间的跨度，在短时间的应激条件下动物以焦虑反应为主，而长时间的应激则会显著的增加抑郁情绪的成分。

三、精神分裂相关行为及其研究方法

在啮齿类动物上模拟精神分裂症症状设计的测试涉及经典的多巴胺激动剂介导的运动活性增加、精神兴奋、紧张性刺激及对安定药多巴胺拮抗剂的应答。精神分裂症患者身上发生的惊跳反射弱刺激抑制已经在啮齿类动物模型上得到复制；但幻听和幻觉等症状很难模拟；而阴性症状，认知损害，神经化学异常，感觉运动门控障碍和注意缺陷多动障碍在小鼠身上显得较为容易模拟。另外躁狂和双极（躁狂抑郁症）很难再啮齿类动物上建立模型。

精神分裂患者脑脊液和尿中生化指标的改变（如多巴胺代谢水平提高，二羟基苯乙酸和高香草酸含量增加）在啮齿类动物在实验水平上能够模拟。已经获得认可的精神分裂症治疗药物包括典型的抗精神分裂药物（如氟哌丁苯）是 D_2 多巴胺受体的拮抗剂，而非典型的精神抑制药（如氯氮平、利培酮、奥氮平）是多巴胺和血清素受体的共同拮抗剂。精神分裂症症状的啮齿类动物模型验证了这些经典药物的药理学应答的特异性，也验证了这种动物模型的可靠性。而且，多巴胺和血清素受体的配体也可用药理学测试来研究突变小鼠模型中这些受体的遗传突变。

精神分裂症（schizophenia）是一种最难在动物身上模拟的精神类疾病。前额皮层，被认为是与精神分裂症病理生理学最为相关的结构，但啮齿动物脑部该结构最不发达，因此，精神分裂症可能是一种人类独有的疾病。精神病症状（如幻觉和错觉），小鼠似乎不可能感觉得到；消极的症状（如感情平淡和缺乏社交）伴随潜在的生化和遗传异常，可能在小鼠身上容易模拟。用于评价一种精神分裂症样动物模型对于抗精神分裂药物的应答的指导原则见表 11-1。

表 11-1 评价精神分裂症动物模型的可靠性的相关指导原则

1. 多种抗精神病药物（神经阻滞剂）对模型有效果
2. 没有假阴性出现
3. 没有假阳性出现
4. 抗胆碱能药物不能降低抗精神病药物的作用
5. 慢性治疗（长期治疗）不能降低抗精神病药物的作用
6. 抗精神病药物的临床作用应与在模型上的作用有关联

引至 Ellenbrock and Cools（1990），p470。

精神分裂症相关行为大多数的早期实验是基于多巴胺 D_2 受体拮抗剂抗精神病药物的活性。作用于中皮质层多巴胺途径的多巴胺能 D_2 受体激动剂诱导的啮齿动物行为包括：运动过度和行为刻板的嗅（理）毛行为。系统的或通过事先植入伏隔核双边内置管给予多巴胺，阿朴吗啡、安非他明、D_2 受体激动剂喹吡罗以及相关药物。记录 10 ~ 60min 过程中自动化开放领域中的自发活动。不同实验中定量给予更高剂量的这些药物。每 15s 观察者用一个标准化的评分系统记录重复的、刻板的理毛行为，嗅，头部运动的发生频率。阻断多巴胺激动剂诱发的多动症和刻板症的药物是 D_2 受体的拮抗剂，可作为良好的基于多巴胺能机制的抗精神病药物之一。这种做法有利于产生具有有生理学和行为学活性的新的 D_2 受体拮抗剂。然而，D_2 受体拮抗剂往往加剧了精神分裂症的消极症状，长期用 D_2 受体拮抗剂治疗导致某些患者迟发性运动障碍的发生。当前任务是脱离精神分裂症的多巴胺假说而寻找治疗方法。

致敏作用是反复给予大鼠和小鼠精神兴奋药（如安非他明和可卡因）的结果。第二次或第三次给予精神兴奋药后出现运动增强和多巴胺神经元释放增加，包括潜在的致敏过程。反复使用安非他明和可卡因，一些人出现精神病的症状，建立这种动物模型很有吸引力。安非他明或可卡因是日常重复给药或不断加大剂量。另一种办法是加大静脉自我注射精神兴奋药物的剂量。行为性致敏反应通过在自动化开放领域反复测试高的运动性测定。通常未经处理和媒介物处理的大鼠和小鼠的运动评分较之反复暴露在开放领域的降低，因为动物习惯于新环境并停止探索。相反，用可卡因或安非他明反复处理大鼠和小鼠，其运动评分较之在开放领域多次测试的分数增加。

通过体内微量渗析和多巴胺能新陈代谢的组织水平测量发现行为性刺激增加多巴胺的释放，激活中皮质层多巴胺通路。反复间断的给予电击诱导大鼠强有力的释放多巴胺。在中皮质途径，从腹侧神经元投射到前额叶皮层，比从腹侧神经元投射到核的多巴胺释放的百分比高很多。刺激可能引发精神分裂症患者精神病发作，这些刺激模式是一种建立精神分裂症病因学模型的方法。

马里兰州贝塞斯达国立精神卫生研究所的研究人员发现新生大鼠海马损伤，在成鼠中产生的行为综合征可模拟一些精神分裂症症状。出生后第7d腹侧海马结构形成的鹅膏蕈氨酸损伤，在出生后35～65d的幼鼠中观察到，在安非他明的诱导下多动症增加，抑制听觉的惊恐反应缺乏，径向迷宫实验中选择的精确性受损，社会相互作用的水平减少。这一损伤引起的大鼠行为的改变已有报道，与损伤引起的行为改变易损性类似。然而，新生小鼠的海马损伤尚未得到广泛的分析。

注意异常是代表精神分裂症的症状，在啮齿动物可能有直接的类似物。缺乏过度刺激的感觉处理和分散传入的信息可能导致认知障碍和幻听，是许多精神分裂症患者所具有的特点。已经建立了两个注意性实验，可用于人类和啮齿动物。潜在抑制是当没有任何应急表现的暴露前刺激时，学习表现为条件反射行为障碍。①在操作室给大鼠提供铃声，铃声与任何其他刺激没有结合；②铃声随后与电击结合；③然后在笼子里给大鼠一瓶水，并允许饮用；④接着引进铃声。铃声进行持续5min后记录到大鼠不再饮水。另一组大鼠不提前接触铃声，即仅取消第1步。铃声与电击结合，然后给予大鼠水瓶。第二组实验中铃声对饮水的抑制明显，而第一组铃声对饮水的抑制不明显，这大概是因为动物最初正确训练时忽视了铃声。

此外还有一些模型涉及与精神障碍发生密切相关的脑区的毁损手术，如伏核毁损。在大鼠脑立体定位仪的辅助下，将毁损电极插入到伏核中，进行直流毁损。术后的大鼠出现明显的刻板行为，运动失调，忽视与周围大鼠的接触，水迷宫实验中也与对照的假手术组显现出明显的差别，潜伏期明显高于对照组。伏核是边缘系统的一部分，与精神障碍发生有密切的关系，毁损伏核降低了中脑腹侧背盖区多巴胺神经元活性，使腹侧纹状体、杏仁延伸部和大脑额叶多巴胺受体得到重新调整；同时中断了伏核来自内嗅皮质和海马的不规则传入；影响了多巴胺能神经元的释放或异常的多巴胺系统的反馈通路被切断。

（刘　颖　梁　虹）

参考文献

1. Fanselow MS, Poulos AM. The neuroscience of mammalian associative learning. Annu Rev Psychol, 2005; 56: 207－234.

2. Lucki I, Dalvi A, Mayorga AJ. Sensitivity to the effects of Pharmacologically selective antidepressants in differ-

ent strains of mice. Psychopharmacology, 2001; 155 : 315 – 322.

3. van Kampen M, Kramer M, Hiemke C, et al. The chronic psychosocial stress paradigm in male tree shrews: evaluation of a novel animal model for depressive disorders. Stress, 2002; 5 : 37 – 46.
4. Primeaux SD, Holmes PV. Olfactory bulbectomy increases met-enkephalin-and neuropeptide-Y-like immunoreactivity in rat limbic structures. Pharmacol Biochem Behav, 2000; 67 (2): 331 – 337.
5. Finn DA, Rutledge-Gorman MT, Crabbe JC. Genetic animal medols of anxiety. Neurogenetics, 2003; 4 : 109 – 135.
6. Rudolph U, Möhler H. Analysis of GABAA receptor function and dissection of the pharmacology of benzodiazepines and general anesthetics through mouse genetics. Annu Rev Pharmacol Toxicol, 2004; 44 : 475 – 498.
7. Noble F, Roques BP. Phenotypes of mice with invalidation of cholecystokinin (CCK (1) or CCK (2)) receptors. Neuropeptides, 2002; 36 (2 – 3): 157 – 170.
8. Murphy DL, Wichems C, Li Q, et al. Molecular manipulations as tools for enhancing our understanding of 5-HT neurotransmission. Trends in Parmacolgiacal Sciences, 1999; 20 : 246 – 252.

第十二章　帕金森病动物模型和行为研究方法

从 1817 年 James Parkinson 医生将“震颤麻痹”（shaking palsy）作为一组独立疾病提出后的近 200 年历史中，人们对该病的认识有过四次飞跃，即帕金森病（PD）研究的四个重要里程碑：

第一次：19 世纪初，James Parkinson 医生对该病的细致观察和描述。

第二次：20 世纪 50、60 年代，通过病理和生化认识到中脑、黑质细胞变性和纹状体多巴胺减少是产生 PD 症状的主要原因，并开创了应用左旋多巴治疗该病的新纪元。

第三次：20 世纪 70 年代和 80 年代初，Lang-Ston 等医生发现人工合成的神经毒物 1-甲基-4-苯基-1. 2. 3. 6-四氢吡啶（MPTP）能诱导人和某些动物产生帕金森病症，为寻找环境因素致病因子打开了局面。

第四次：20 世纪 90 年代中期，相继发现了一些与帕金森病相关的基因突变，为了解 PD 致病的分子因子机制提供了线索，并成为 PD 研究的热点。

该病临床上以锥体外系运动障碍为特征，表现为运动迟缓、静止震颤和强直，患者还可出现吞咽困难，自主神经功能障碍和痴呆。其典型病理改变是中脑黑质部多巴胺（dopamine，DA）神经元损毁和缺失以及残留 DA 神经元中 Lewy 小体的出现。据统计，本病在整体人群中的发病率为 0. 1%，65 岁以上人群达 1%，90 岁以上人群高达 6. 1%。随着人类寿命的延长，患者数正逐年增加，该病已成为影响中老年人群生活质量和寿命的常见神经变性性疾病之一。

近 200 年来，国内外在探索该病病因学、发病机制、诊断和治疗方法、治疗药物以及预防策略方面进行了大量研究。多数学者认为，本病的发生与年龄老化、环境毒素存在和增加以及遗传易感性等因素有关。诊断的方法仍然停留在传统诊断与实验诊断结合的水平，尚未发现快速、高效、准确的诊断方法。近年来，对该病的治疗的研究发展也比较快，各种新方法不断出台，但尚未发现完全奏效的防治方法，且治疗的副作用很难克服。到目前为止，对本病的处理还是不能达到根治的目的。无论是药物还是手术治疗仍然停留在减轻症状、提高生活质量的状况。随着基因和干细胞移植等技术的研究和发展，为彻底攻克这一“顽症”带来新的曙光。

第一节 帕金森病动物模型

一、帕金森病发病机制

帕金森病的病因与发病机制至今尚未完全明了。目前认为与遗传、环境毒素、氧化应激、兴奋性毒素、神经系统老化、自身免疫和细胞凋亡等因素密切相关。这里我们就遗传、环境毒素和神经系统老化的问题综合起来加以综述。

国内外的流行病学调查显示，PD 的发生与年龄明显相关，70～79 岁年龄组达到高峰。正常人从 30 岁开始脑内的多巴胺神经元就开始减少，65 岁左右的正常老人脑内该细胞的数量甚至减少为新生儿的 50%。在 70 岁以上的正常老年人该细胞的数量甚至减少 60% 以上。可观察到黑质密质部多巴胺神经元减少，提示与年龄相关的神经系统老化和丢失可能是 PD 发病机制之一。

20 世纪 20～30 年代，认为帕金森病发病有较高的家族集聚性，虽然当时的材料来源不够严密（许多仅仅是患者家属的口述），但当时人们的观点已逐渐倾向于遗传学说。遗传因素、流行病学、病例对照、双胞胎研究均提示 PD 的发生可能存在某些遗传倾向。此外不同个体对 PD 的易感性不同（遗传易感性）；不同个体接触相同的一种或多种环境毒素后，其结果亦非一致，提示可能存在着一种“个体选择性”。目前从遗传学角度研究 PD 的观点被普遍重视，这对从遗传本质上认识该病的发生的确意义深远。但是，解决问题的关键不一定会从遗传学理论中产生。现在已知的与 PD 发病有关的基因有：α-synuclein（α-共核蛋白）基因、Parkin 基因、泛醌 C-末端水解酶（ubiquitin C-terminal hydrolase）基因、酒精脱氢酶基因、未命名基因、tau 基因和线粒体 DNA 等。

环境毒素学说的提出源自于神经毒物动物模型的研究、完善与 MPTP-PD 动物模型的产生。20 世纪 80 年代，寻找在毒理作用和结构上与 MPTP 类似的物质成为一个新的研究热点，人们把该类物质统称为 MPTP 类似物。目前认识到的 MPTP 类似物有：鱼藤酮、氰化剂、CO、HS、联二苯杀虫剂、有机氯杀虫剂、二硝基苯酚、异喹啉、某些除草剂（百草枯）和杀真菌剂等。这些物质都有可能是 PD 发病的危险因素。虽然目前只有少数直接证据支持 MPTP 类似物是 PD 病因的学说。但大量流行病学的资料提供了 MPTP 类似物是 PD 病因的间接证据。生态学研究发现经常接触工农业毒物的人群 PD 患病率高；病例对照研究发现，暴露于杀虫剂的乡村人群、工作于铜、锰、铅矿的工人 PD 患病率明显增高。另外，感染也可能是造成 PD 的病因。流感病毒感染、脑膜炎病毒感染、冠状病毒感染、诺卡放线菌感染、白喉杆菌感染都表现出了和 PD 发病的正相关性。在人们进行调查的同时，也发现了一些生活习惯与 PD 发病的相关性。吸烟人群的 PD 患病率明显低于不吸烟人群；大量饮用咖啡的人群的 PD 患病率低于不用的人群；大量食用富含维生素、鱼肝油、烟酸食物的人群 PD 患病率相对较低；摄入大量动物脂肪、坚果、豆类的人群 PD 发病率较高。

氧化应激学说主要是从自由基对黑质 DA 神经元的过氧化作用，导致神经元变性死亡的角度阐述 PD 发病机制的。而自由基的产生是由环境毒素和遗传因素共同作用的结果。兴奋性毒素理论认为：兴奋性氨基酸主要是谷氨酸和天门冬氨酸，如果释放过多或灭活机制受损，增高的兴奋性氨基酸将对神经元有毒性作用。我们可以认为这是环境毒素和遗传因素共同作用的一种方式。自身免疫理论认为 PD 的发生与患者免疫异常有关，但是引起免疫紊乱的原因很多，归结起来也是由于环境毒素和遗传因素共同作用的结果。细胞凋亡加速学说认为 PD 的发生原因是由于机体生物化学失调引起黑质 DA 神经元异常凋亡。至于机体生物化学失调的原因，似乎也能够归纳为环境毒素和遗传因素共同作用的结果。因此，氧化应激、兴奋性毒素、自身免疫和细胞凋亡等致病学说，我认为完全可以归结为上述三种（年龄、环境毒素和遗传因素）情况中的一种中去，没有必要形成独立的学说。若是为了研究方便而专门提出来也未尝不可，如果形成独立的学说只会扰乱学者和患者的视听。

随着研究的深入和资料的增加，环境致病因素和遗传致病因素的重要性在被不断地得到肯定。于是有人提出了环境因素和遗传易感性相互作用的假说，即“帕金森病的发生是由环境中神经毒素的暴露与机体对毒素的代谢障碍相结合所致”，此假说提出之后经过国内外学者近 20 年的研究，相继肯定了遗传易感性和环境因素共同作用的理论。

二、帕金森病动物模型的医学意义

帕金森病的研究之所以是神经科学研究的热点，且近年来不断升温，主要因为该病有如下几个特点。①发病范围广：虽然在世界范围内，帕金森病的发生在种族和地区分布上有很大差异，但是其平均患病率仍高达 103/10 万。欧美一些地区，患病率甚至高达 176/10 万。统计显示，白种人的发病率最高，黄种人和黑种人相对较低。目前我国已有100多万人因患帕金森病而失去工作和日常生活的能力，其中半数以上发展成为严重残疾。随着社会老龄化的加剧，帕金森病的发病率、患病率及致残率均呈现逐年增加趋势；②对社会负面影响大、尚不可治愈；帕金森病作为影响老年人群健康的重要而常见的神经系统退行性疾病之一，除了直接导致患者丧失日常工作、学习和生活能力外，也给患者家属带来沉重的负担；③治疗方法有限，治疗的负面效应难以克服。

除已知的多巴胺传递系统故障外，其原发病因迄今尚不完全明确；临床诊断除根据患者的主要体征和L-Dopa或阿朴吗啡实验外，没有确信可靠的早期检测手段来确诊；目前，临床使用的7大类抗PD治疗药物均存在不同程度的不良反应。特别是20世纪60年代发现的抗PD金牌药物L-Dopa（L-Dopa替代疗法），该药通过重新建立正常的DA传递系统而减轻PD症状，因此是最有效的替代疗法，并能最有效延长患者的存活时间和提高生活质量，然而在患者长期服用后会引起运动障碍，也是不争的事实。在过去一个多世纪的外科治疗尝试中筛选出的苍白球毁损术、丘脑毁损术、脑深部电刺激和胎脑黑质移植术已得到广泛推广，但手术的各种适应证、禁忌证和术后并发症均普遍存在且难以克服；中国传统医学也在PD的治疗中发挥了积极作用，但对其疗效的评价、药物毒副作用的排除一直是医学界关注的焦点话题，虽然人们目前普遍看好神经保护性治疗，甚至有人称之为继L-Dopa替代疗法之后PD治疗的第二次革命，从这个意义上讲，中医中药的整体治疗是治本之法，大有潜力可挖，但尚无有效结果的报道；关于PD的基因治疗近些年更是研究的热点，并已经显示出了良好的潜力和前景，但外源基因在靶位表达的长期性、表达的调控机制以及表达部位微循环对基因表达的影响等方面的问题尚需解决。

鉴于上述提及的有关PD的诸多问题，加之以患者为对象的研究的局限，使得本病的研究也相对其他许多疾病滞后了许多。建立PD疾病动物模型、筛选模型鉴定指标、建立模型长期维持方法，为帕金森病的深入研究提供良好的客观载体就显得非常重要。在所有的模型中，因用MPTP建立的双侧帕金森病猕猴模型与人类PD的模拟性最强而成为最理想的动物模型。帕金森病是运动神经系统疾病，要通过运动行为进行治疗方法鉴定。因此，在猕猴模型建立之后，随之而来的模型行为评价问题就成了比较行为学研究的热点之一。相应的借助于模型开展发病机制的研究、抗PD药物筛选、抗L-Dopa诱导的运动障碍药物的筛选、传统中药神经保护剂的筛选和外科手术、转基因治疗及其他治疗方法的开发研究也进入了一个崭新的阶段。

三、常见帕金森病动物模型

多年来研究人员尝试通过脑部外科手术处理、药物介入等多种方法，再现帕金森病的神经化学紊乱和体征、病理、生理生化改变。制造了多种帕金森病动物模型。其中有些模型已成为研究 PD 发生机制、研发新药和尝试新型治疗方案的有力工具。随着对帕金森病发病过程中各个阶段机制研究的不断深入，有些模型因有悖于研究结果，另有些模型因在出现 PD 主要体征的同时，引发大量不利生存的致死性症状出现，而在后续的研究中逐渐被淘汰。

（一）啮齿类动物 PD 模型

1．胆碱能受体激动剂诱发的啮齿类动物 PD 模型　胆碱能受体激动剂是最早用于诱导啮齿类帕金森综合征的震颤症状的造模制剂。该类模型与自发性 PD 的相同之处在于胆碱能受体激动剂增加了胆碱能受体的活性并可诱发震颤症状，由于造模的机制与后来研究证实的 PD 临床静止性震颤症状的出现机制有差异，因而现已很少使用。

2．利血平诱发的啮齿类动物 PD 模型　20 世纪 50 年代后期，利血平开始被大量用于复制大鼠 PD 模型。其机制为：利血平是一种生物复合物，可以通过封闭囊内不可逆的单胺的运输，消耗中枢和外周的单胺。导致肌肉僵硬，姿势弯曲，运动减慢或无能，从而出现了与帕金森病相似的临床症状。研究表明，将雄性 Wister 大鼠腹腔内注射一定剂量的利血平后可使其出现骨骼肌僵硬、震颤、身体屈曲、运动减少及其他的一些类似的 PD 临床主要运动症状。应用该模型迅速发现了左旋多巴（L-DOPA）可作为治疗 PD 的潜在药物。到目前为止，这种药物依然是临床治疗帕金森病的首选药物和主要药物。运用利血平诱发的大鼠 PD 模型对快速评价治疗帕金森病的药物具有重要的价值。利用利血平诱发产生的 PD 动物模型是迅速而易得的，但其症状又随时间而产生可逆性的变化，该模型的缺点是不能深入复制自发性 PD 的病理过程。因此，该模型不能用于慢性多巴胺消耗时产生的一些变化。该模型的另一缺陷在于，它与自发性 PD 相比，当 5-羟色胺、去甲肾上腺素降到一个很低的水平时，可能导致两者产生不同的药理学反应。另外，通过注射酪氨酸类似物（1-甲基酪氨酸），可抑制多巴胺和去甲肾上腺素的合成，对啮齿类动物具有与利血平诱导相似的功效，因此可选择此方法复制 PD 模型。

3．6-羟多巴胺诱导的啮齿类动物 PD 模型　6-羟多巴胺（6-OHDA）和多巴胺的结构相似。在动物机体内，6-OHDA 被转送至儿茶酚胺类神经通路吸收系统，6-OHDA 代谢导致众多氧化应激现象，由于自由基的形成最终使得多巴胺（DA）神经元抗过氧化系统破坏，随着自由基对线粒体功能的损伤，其膜稳定性和 DNA 完整性的破坏，最终致使细胞死亡。在注射 6-OHDA 的 30min 内即可观察到，6-OHDA 对多巴胺神经元的毒害作用，在注射后 14～26d 内 90% 以上的多巴胺细胞丢失。将不同剂量的 6-OHDA 定位注射于大鼠的黑质周围和黑质纹状体通路上均能够选择性损毁黑质内的 DA 神经元，可模拟出自发性 PD 的原始病理过程，最终产生类似自发性 PD。在 6-OHDA 损伤的大鼠 PD 模型中，6-OHDA 定向性注射通常定位于中间前脑束，而不是黑质致密区（SNc），因为前者包含了所有传出于黑质致密层和前侧盖区的多巴胺能神经束，因此与注射于黑质致密区相比，当 6-OHDA 注射在中间前脑束时多巴胺细胞丢失更多，而且 6-OHDA 在中间前脑束导致损伤的病理变化与观察到的自发性 PD 有极强的相关性。常用的 6-OHDA 损伤的大鼠 PD 模型是 6-OHDA 单侧损伤大鼠 PD 模型。它是用 6-OHDA 单侧注射大鼠中脑黑质诱发的单侧中脑黑质多巴胺神经元损毁模型。由于同侧纹状体多巴胺功能的丧失，动物表现出与 6-OHDA 引起的损伤部位相反侧自发旋转，暗示神经节向丘脑和中脑运动区发出的冲动减少，该模型对于了解黑质纹状体通路降解时的病理、电生理和药理学变化非常有用，有利于我们对 PD 症状产生机制的理解。假设在 PD 中这种冲动属于过量运动，那么这种行为所代表着的就是抗 PD 的作用。这种抗 PD 的作用从模型动物旋转的数量和方向上可加以评估（由于动物行为的特异性差异，判断大白鼠 PD 模型是否成功，通常以动物出现旋转行为的次数为标准，一般超过 7r/min 即为成功的 PD 模型，否则为不成功模型）。尽管 6-OHDA 单侧损伤复制的大鼠 PD 模型与 PD 患者在病理学药理学的变化相似，但是这种动物模型仍存在一些缺点。由于在这个模型中 6-OHDA 的损伤属单侧，通过大脑非损伤侧补偿介导的通路，可以影响大脑的单侧作用多巴胺消耗的改变。6-OHDA 损伤动物引起的旋转被认为是抗 PD 的行为，但诸如震颤、强直和运动减慢等 PD 的主要临床症状却没在这些动物中出现。通过双侧注射 6-OHDA 在啮齿类动物中间前脑束引起损伤的办法也可诱导 PD 症状，但是一些不利的症状包括吞咽困难、高致死率等使得这些 PD 模型无法广泛应用，因而不很常用。当直接向纹状体注射 6-OHDA 时，一些动物纹状体多巴胺中枢端通路发生部分耗竭，在这种 PD 模型中，纹状体神经元退化速率非常缓慢。与中间前脑束注射 6-OHDA 相比，向纹状体注射 6-OHDA 时黑质纹状体神经元退化的速度与自发性 PD 极其相似。但是，经纹状体注射 6-OHDA 引起部分损伤，纹状体中多巴胺耗竭不足可以引起异常运动。因此，当评估治疗 PD 能力时，不能使用向纹状体注射 6-OHDA 复制的 PD 动物模型。6-OHDA 制备的大鼠模型需要立体定向仪等特殊设备，制作技术要求高，但大鼠易控制，来源广，价格低，行为持续时间长且观察方便，因而是常用的模型之一。

4. 多巴胺受体抑制剂诱导的啮齿类动物 PD 模型　系统注射多巴胺受体 D1 或 D2 抑制剂诱导的运动障碍，其症状与 PD 患者相似，可能是因为它们封闭了纹状体多巴胺受体，当注射了多巴胺受体抑制剂后，用 L-DOPA 可以使运动障碍缓解。另外，在自发性 PD 患者中所见到的病理变化也不会出现，所以，与 6-OHDA 和利血平相比，使用多巴胺受体激动剂复制大鼠 PD 模型用处并不大。

5. 神经毒素诱导的啮齿类动物 PD 模型　PD 发病的环境毒素学说一度支配着许多研究者力图从众多的致病毒素中筛选出选择性杀伤特定区域神经元的神经毒，但绝大部分的努力都化为泡影。只有在 20 世纪 80 年代早期，由于黑质选择性毒物 1-甲基-4-苯基-1、2、3、6-四氢嘧啶（MPTP）的意外发现，才使人们对 PD 的神经毒素致病机制有了“革命性深入”的理解。但大鼠对 MPTP 不是很敏感，不易诱发与 PD 临床相似的动物模型，虽然，小鼠相对比较敏感，但在 30mg/（kg · d）下作用 5 ~ 10d，黑质 A10 区、蓝斑、背核及下丘脑的神经元仍不受任何影响。因此，动物模型所表现的症状和病理变化与人 PD 临床主要体征相去甚远。目前看来没有太大的推广价值。近年，McNaught，Tanner 和 Dawson 等人对外源性神经毒和遗传突变与该病发生的关系的研究，再一次让人们燃起了寻找新型外源性神经毒素的希望之火。放线菌素等一类细菌、真菌和植物可合成产生的蛋白质酵解抑制剂（proteasome inhibitors）（PSI）成为制作该病动物模型的热点研究制剂。McNaught 等也率先使用（PSI）在大鼠身上成功复制了 PD 的动物模型。并且总结了此种方法制造的大鼠 PD 模型的优越性。即毒性温和，造模过程缓慢更加近似于原发性 PD 的病理过程；没有广泛的毒副作用，不引起动物瘫痪和死亡；在脑内形成的病变更类似于人类，尤其是在 DA 神经元中，可见 Lewy 样包涵体。

（二）灵长类动物 PD 模型

非人灵长类动物是人类进化过程的近亲。在神经系统的发生发育学上表现出与人类密切的相关和相似性，且其行为与人类行为的可比性，都提示着研究者对它们的关注。从理论上讲，所有用于啮齿类的造模方法都可以用来制作 PD 非人灵长类动物模型。

最早的 PD 非人灵长类动物模型是由中脑腹侧正中或大脑脑桥上面单侧的电离损伤所诱导的，损伤这些动物中脑黑质传出纤维和源于它的下行通路导致多巴胺、5-羟色胺（5HT）和去甲肾上腺素水平下降，从而导致运动减少、发声减少和姿势性震颤的出现。但是脑干部电离损伤后的病理机制不同于自发性 PD。在这类模型中出现的 PD 症状仅限于单侧表现，因此是不充足的。这使得该类非人灵长类 PD 模型在早期的研究中的应用大大受到限制。尽管 6-OHDA 在灵长类的损伤与自发性 PD 有相似性，但与 MPTP 损伤复制的 PD 灵长类模型相比，这些模型因缺乏特征性，而很少被使用。

MPTP 的意外发现和在非人灵长类动物体的使用，使 PD 动物模型的各方面研究有了长足的进步。其作用机制是：MPTP 在神经元外被单胺氧化酶代谢为 1-甲基-4苯基吡啶离子（MPP^+），MPP^+对多巴胺细胞的选择性毒性源于它被选择性摄入神经元，一旦进入多巴胺神经元末梢，MPP^+被逆行转运至黑质。此过程涉及的 MPP^+代谢与多巴胺和 6-OHDA 代谢相似。因此，MPP^+最终通过干预线粒体，引起脂质过氧化，使得膜结构紊乱，影响细胞功能，最终导致细胞死亡。

制作该类模型常采用非人灵长类动物全身静脉、浅静脉、颈总静脉或腹腔注射 MPTP 的方法进行。其制备的方法是，成年非人灵长类动物，注射 MPTP 0.2 ~ 0.5mg/kg，每天一次，共 15 ~ 18d，也有报道仅用 4 ~ 6d（剂量大小不同、年龄选择差异、注射部位和途径不同造成的差别），所有动物均能出现 PD 样症状，与人体产生的症状相似。MPTP 损伤后，非人灵长类动物会显示姿势异常、运动减少、四肢紧张弯曲、肢体强直伴有震颤、吞咽困难、不能进食、发音减弱、定向反应性减弱等体征。动物反应的程度与 MPTP 剂量及动物年龄有关，给予 L-DOPA 后所有症状减轻。MPTP 制备的非人灵长类 PD 模型方法简单，行为体征、病理特征与人类更相似，加之非人灵长类进化上的类人性、观察和取材的易操作性，而广泛受到人们的欢迎。此模型明显优于 6-OHDA 模型，是目前应用最广泛的模型（图 12-1）。

前面提及的 McNaught 等人对放线菌素等一类细菌、真菌和植物可合成产生的蛋白质酵解抑制剂（proteasome inhibitors，PSI）在大鼠的研究结果，同样在非人灵长类 PD 模型的研制中引起关注。美国的 Machel Jackson Foundation、英国的 Motac Neuroscience、法国的 Basal Gang 等跨国研究机构和组织均已在这方面的研究中有所投入。使 PSI 导致非人灵长类 PD 的研究成为该病非人灵长类动物模型制作的新热点话题。英国的 Motac Neuroscience 的阶段性研究结果提示该方法制造的非人灵长类 PD 模型的确具有很高的优越性。即：①造模制剂毒性温和，没有广泛的急性毒副作用，不会引起动物瘫痪和死亡，大大降低造模风险；②造模过程相对缓和，在动物机体不出现剧烈体征波动的情况下，即可完成模型的制作，更加近似于人类原发性 PD 的病理过程；③在脑内形成的病变更类似于人类，尤其是黑质中 DA 神经元的缺失的 PET 检验更加能够表明其模型相似性；④动物模型的行为表现与 MPTP 损伤稳定后的模型无明显差异。对于在黑质 DA 神经元中是否可见 Lewy 样包涵体，我们还要在进一步的观察后，再对动物模型进行取材分析。

综上所述，由于帕金森病的发病机制并不是很明确，现有的模型和自发 PD 不具有完全相同的病因学，但一定有相似性的地方。已有的几种非人灵长类和啮齿类

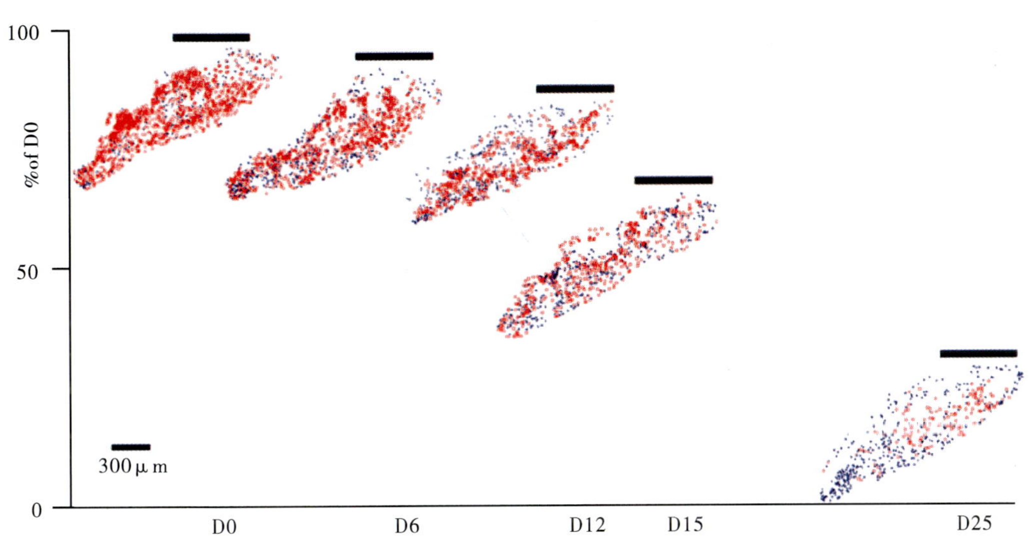

图 12-1　帕金森病食蟹猴 MPTP 模型-注射时间和神经元残存量的关系

随着 MPTP 毒性作用时间的延长，累积毒性也增强，动物中脑黑质多巴胺神经元的数量不断减少。红染的为 TH-IR 神经元、蓝色为 Nissl 染色阳性的神经元。横坐标为注射 MPTP 的天数，纵坐标为残存神经元的比例。（TH-Nissl 染色，10×10）（本图片来源：Erwan Bezard，李秦）

动物模型都是通过对脑部施加实验因素完成的，这些模型都不会出现与原发性 PD 完全相同的病理生理改变和神经分化模式，特别是在疾病进行性变化方面更不能很好体现。在目前还没有更好的造模方法的情况下，可以说，MPTP 诱导的非人灵长类帕金森病模型是目前可以获得的最成熟、最有价值的 PD 研究载体。虽然 MPTP 制备的非人灵长类 PD 模型，方法简便，行为和病理方面的变化与人相近。至于 PSI 诱导的非人灵长类 PD 模型不但涵盖了 MPTP 制备的非人灵长类 PD 模型的所有优点，而且在疾病发生上更加与人类原发性 PD 相似，是环境毒素致病学说的有力佐证，其开发和应用前景将更加广阔。

像人帕金森病临床继发症一样，猕猴在被利用 MPTP 诱导出现帕金森病主要体征之后，机体也会出现很多病理、生理和代谢功能上的变化，这些综合因素共同作用的结果就会使动物出现各种各样的临床症状。随着帕金森病三大主要体征：运动减慢、震颤和强直的出现和加剧，动物的食欲和采食能力也不断下降，若不及时采取相应的对策和有效的处理方法，动物的体质将迅速降低，出现消化不良、便秘、消瘦、肌肉萎缩等与营养有关的其他体征，进一步发展，动物的免疫功能也逐渐变的低下，条件致病病原体感染随之出现。这在已处于帕金森病主要体征状态下的动物就很有可能无法承受，致动物救治无效于成模中途死亡，致实验失败。因此，一套有效的继发症防治方案和一个良好的、全价的、易于帕金森病态下动物消化吸收的流食配方对保障大批量造模工作的顺利进行是非常重要的。Bennazzouz、Imbert、Bezard、Papa、Schneider 等均在其造模过程中遇见此类问题，并结合其具体情况进行了解决，并收到良好的结果，但没有一个研究者就此问题进行过专门、细致的研讨。笔者曾经就“长期维持帕金森病食蟹猴模型”的问题进行了深入研讨。在总结了之前 4 年维持帕金森病动物模型的基础上，对模型动物可能出现的各种并发症的预防和处置，以及模型动物的长期维持，总结出了一套行之有效的方案。

第二节 帕金森病动物模型行为研究方法

一、帕金森病动物模型行为研究方法概述

（一）帕金森病动物模型行为研究的特点和注意事项

与其他疾病动物模型的行为学研究方法一样，帕金森病动物模型行为研究也是通过观察、记录、分析、评价、总结、归纳、演绎而开展和完成的。也就是说，帕金森病动物模型行为学研究的整个过程是：以动物正常行为为基础，以帕金森病和帕金森患者的行为能力为重点指征，以行为量化为必要前提，以观察、记录、分析、评价、总结、归纳、演绎为手段，对帕金森病动物模型开展的比较行为学研究过程。

以动物正常行为为基础就是要对造模前的动物的正常行为有充分的把握，了解正常动物行为的每个细节，为出现异常进行比较打好基础。理解“以帕金森病和帕金森患者的行为能力为重点指征”，就必须搞清楚“帕金森病和帕金森患者的行为能力”的特点是什么。帕金森病的临床特征表现为：静止震颤、运动迟缓和强直，还可出现吞咽困难，自主神经功能障碍和痴呆。具体的观察项目就应该包括：震颤、运动减慢、姿势变化、发声变化、呆滞、强直和上肢运动等 7 个项目。根据动物的不同，还要作适当的加减。非人灵长类因行为复杂多样，几乎可以模拟人类的所有行为，因此观察项目就应该多一些；而啮齿类可以表现出来的行为种类少，观察项目自然要少一些。对于“以行为量化为必要前提”应该理解为：所有的行为改变都是可以量化的。研究人员根据对动物行为的理解，结合对动物观察的经验，将

主客观因素糅合在一起，将动物行为变化的程度以分值或量化数据的形式表现出来。行为量化的方法包括完全主观量化和主客观共同量化。但是，不管采用什么量化方法，一旦确定了量化指标，在行为分析的过程中都必须严格执行既定标准，确保行为分析的结果误差最小。这一点对没有从事过行为学研究的工作人员比较难以理解，但是经过一段时间的训练，就可以很好地掌握量化的标准和原则了。我们将对动物行为进行量化评价的方法集合称为行为研究的评价体系。“以观察、记录、分析、评价、总结、归纳、演绎为手段”比较容易理解，就是说行为研究的手段无外乎观察、记录、分析、评价、总结、归纳和演绎。“观察”和“记录”就是除了我们用肉眼去看，用书写记录以外，还可以通过摄像系统记录，并进行特殊的图像处理以便于我们更好的识别行为变化的细节；“分析”和“评价”就是将观察记录的行为资料，按照预先制定好的行为变化量化标准量化为行为数据的过程，人工进行的量化过程需要经验丰富的研究人员，在严格执行量化标准的前提下完成，最好两个人进行平行“分析”和“评价”，以降低量化的误差；人工智能进行的量化过程就方便快捷了许多，但是再先进的人工智能，对研究中出现的未约定量化指标的行为变化也无任何侦辨力；因此，建议采用人工加人工智能的方法完成行为学研究的“分析”和“评价”过程。“总结”“归纳”和“演绎”，这些都是逻辑学的名词和方法，完全可以在行为研究中适用，是导出研究结果和结论的必须方法和必由之路。

帕金森病动物模型行为学的研究方法也在日新月异地发生着改变，尤其是随着科学技术的不断进步，观察、记录、分析、评价、总结、归纳和演绎手段的不断增加，这方面的硬件和软件层出不穷，研究人员可以获得更多的人工智能的帮助，并可以在尽可能地减少主观评价误差的同时，最大限度的提高行为研究过程中每个研究环节的客观性，最大限度的提高行为研究结果的可信度，也最大限度的提高行为研究的效率。当然，所有的行为学研究所借助的行为学评价体系都包括主观因素的作用，我们只能尽最大的可能保证研究的客观性，并在实践中检验和发展行为评价体系。

从研究内容看，帕金森病患者行为学变化包括运动行为变化（震颤、强直、运动减慢、吞咽困难等）和认知行为变化（痴呆）两个方面。因此，帕金森病行为学研究的主要内容包括：运动行为障碍和认知行为障碍。其中运动行为障碍的研究比例明显高些，而认知行为障碍的研究只是在近些年才开始开展。这主要是因为人们对帕金森病的研究越来越深入，对认知行为障碍的认识越来越明确了。以前认为，帕金森病只引起运动行为障碍，而与认知行为无关；近年来大量的研究表明原发性帕金森病和痴呆关系密切。研究内容决定研究方法。既然帕金森病和帕金森患者的行为特点集中表现在运动行为障碍和认知行为障碍两方面，帕金森病动物模型行为学研究的方法就应该聚焦在如何开展帕金森病动物模型运动行为障碍和认知行为障碍的比较研究上。即将研究的重点放在如何更好地观察、辨别和捕捉行为变化的细节上。为此，研究人员经过多年不懈的努力，发明了各种各样的行为记录、评价、监控和测试系统。

（二）行为记录、评价和测试系统简介

前面已经提到，帕金森病动物模型行为学研究的整个过程是：以动物正常行为为基础，以帕金森病和帕金森患者的行为能力为重点指征，以行为量化为必要前提，以观察、记录、分析、评价、总结、归纳、演绎为手段，对帕金森病动物模型开展的比较行为学研究过程。也就是说，帕金森病动物模型行为学研究是：以帕金森病患者的行为能力为重点指征，对动物行为进行量化后，开展的观察、记录、分析、评价、总结、归纳、演绎等研究过程。动物的正常行为、帕金森病的特殊指征、我们这里就不再赘述了。重点将行为量化的问题加以阐述。

1. 行为量化的方法　行为量化的方法包括完全主观量化和主客观共同量化。①完全主观量化：研究人员根据自己对动物行为的理解，结合自己对动物观察的经验，将动物行为变化的程度以分值或量化数据的形式表现出来；②主客共同量化：研究人员根据自己对动物行为的理解，结合自己对动物观察的经验，对行为记录和测试系统进行设定，通过行为记录和测试系统将动物行为变化的程度以分值或量化数据的形式记录下来。完全主观量化经常是以行为评价量表的形式表现，主客共同量化经常是以行为评价量表和仪器设备共同作用的形式表现的。这些量表及其所包含的量化评价项目以及行为评价中需要借助的仪器设备共同构成了行为评价体系。下面各举一例说明一下，完全主观量化和主客观共同量化评价体系。

2. 运动行为评价系统举例

（1）大鼠变态非自主运动行为分析系统（abnormal involuntary movements, AIMS）：该系统是用于大鼠的帕金森模型异动症行为的分析系统，已经广泛地被研究者接纳和使用。使用的设备是在透明笼具上安装摄像系统，通过摄像系统，全面记录大鼠帕金森模型给药后的行为，然后按照制作好的量表进行行为分析。

分成 6 个测试段，即在 3h 的时间内每隔 30min 单独观察一次。

变态非自主运动行为分四种亚型：①轴 AIMs：颈部或上身朝向损害侧的舞蹈样扭转或运动障碍姿势；②肢体 AIMs：前肢和手指朝向损害侧的异常无目的运动；③口舌 AIMs：完全下巴运动或对侧舌头伸出；④运动 AIMs：朝向对侧运动增加。

这四种亚型的每一种都要严格按照 0 ~ 4 的等级进行评分：

0：无

1：出现的时间少于观察时间的一半

2：出现的时间多于观察时间的一半

3：整个观察时间都出现，但能够被外部的刺激所抑制

4：整个观察时间都出现并且不能够被外部的刺激所抑制

除此而外，forelimb dyskinesia 和 axial dystonia 按照下列描述进行评估：

四肢异动幅度（Amplitude of forelimb dyskinesia）

A1：爪子在固定位置有小的运动

A2：低幅度的运动并带有远端肢体的可见移动

A3：明显的整个肢体移动

A4：激烈的最大幅度和速度的前肢运动

轴向运动障碍幅度（Amplitude of axial dystonia）

X1：持续的头颈部偏离，角度小于30°

X2：持续的头颈部偏离，角度小于60°

X3：持续的头颈部偏离，角度大于60°，小于90°，呈双足维持身体姿势

X4：持续的头颈部偏离，角度大于90°，导致大鼠失去平衡，不能够双足维持身体姿势

这个评价体系就是一个完全主观量化评价体系。其间虽然借助于摄像系统客观记录了动物给药后的行为表现，但是行为量化是完全主观的，评价过程也是完全靠人工完成的。因此，为了减少人工评价过程中的误差，至少应该有两个或两个以上有经验的技术人员进行平行评价，出现分析评价分歧，协商解决或找有权威的第三方决断。评价的结果要进行统计处理［一般采用 one-way ANOVA 和 Tukey test（α = 0.05）］，并导出相应的研究结论。

（2）大小鼠转圈行为测试系统：该系统是用于大小鼠的帕金森模型药物驱使行为的分析系统，是最早、最广泛被研究者接纳和使用的行为测试系统。使用的设备是在透明笼具上安装摄像系统，通过摄像系统，全面记录大鼠帕金森模型给药后的行为，然后按照制作好的量表进行行为分析。目前与之配套的人工智能很多（如 ethovision），可以直接通过系统更新和升级，达到观察、分析、评价、数据统计一次完成。大大提高了行为测试的效率。其原理主要是通过红外感应摄像机，捕捉研究对象；在通过标记研究对象和设想区域的办法，记录动物运动的轨迹。最终完成运动轨迹、运动距离、运动半径、总体运动量等数据一次导出。并结合相应的分析软件同时进行数据处理，非常便捷（图 12-2）。

从表面上看，这套行为测试系统似乎完全是由机器组成的，各项工作也是由人工智能控制的系统组件完成的。但是，所有的系统参数的设定却是人工的，是研究

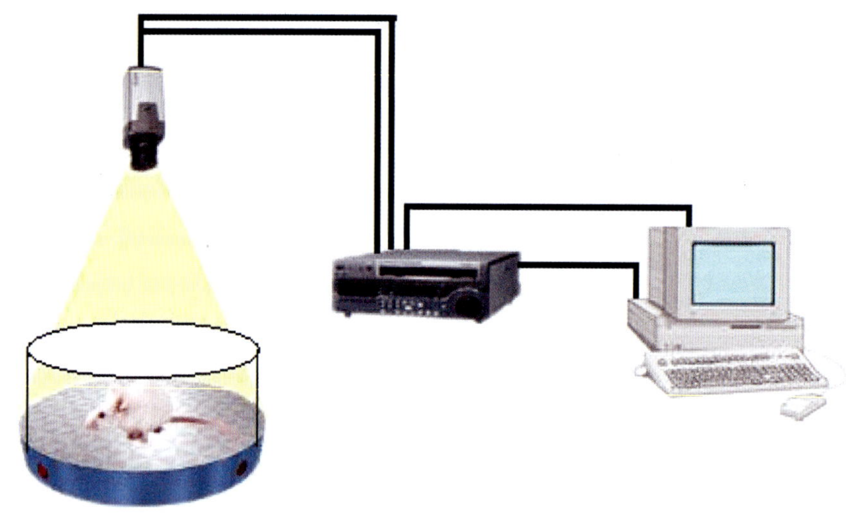

图 12-2　大小鼠转圈行为测试系统
（图片来源：李 立，李 秦）

人员基于自己对动物行为的理解，结合自己对动物观察的经验进行设定的。因此，它是一套主客观共同量化的行为评价体系。只是这种评价体系的评价结果更客观、误差更小、可信度更高。但是，机械的东西毕竟是机械的，还经常需要有经验的评价人员去复核评价的结果，以期达到最佳信度。

常用的帕金森病动物模型的运动行为评价系统还有很多。例如，用于大小鼠总体运动行为测试的运动量计量系统（activity counting system），用于大小鼠运动行为细节研究的圆柱测试系统（cylinder Test），用于大小鼠四肢接触测试的爪接触测试系统（paw reach test），用于大小鼠平衡和综合运动能力测试的转干测试系统（rotorod test）等。在帕金森病非人灵长类模型的运动行为学研究中，因为非人灵长类动物运动能力强，运动行为复杂多样，运动行为评价系统更是花样繁多。例如，用于非人灵长类动物总体运动行为测试的运动量计量系统，用于非人灵长类动物上肢精准运动能力的测试系统（amap system）以及不同侧重的、各种各样的非人灵长类动物帕金森病临床评价量表，如 LQ 量表、统一的帕金森病评价量表、Imbert 量表、Bennazzouz 临床量表、MOTAC 量表、Canadian 量表和 Kurlan 量表等，这里就以 LQ 量表为例加以说明，其他量表就不再一一介绍。

（3）LQ 量表：从评价过程来分，LQ 量表分为接触性评价和非接触性两部分。从评价内容来分，LQ 量表包括帕金森病状态评价和左旋多巴诱导的帕金森病异动状态两部分。

第一部分：PD 状态评价

第一步：安静地观察动物

①评价静止性震颤

0-没有（从使用 MPTP 以来从未见到静止性震颤）

1-偶见（静止性震颤曾经出现过，不仅仅在观察阶段，发生概率低于 10%）

2-常见（静止性震颤出现的概率为 10%~50%）

3-持续出现（静止性震颤出现的概率大于 50%）

②评价姿势

0-正常站立姿势　（正常，直立，抬头，平衡）

1-弯曲姿势　（0°<F>45°）（耸肩，抬头）

2 严重弯曲姿势　（90°<F）耸肩（<45°）颈，脸朝下

3-运动障碍姿势　（失平衡，躺在笼底，甚至瘫痪）

第二步：咂嘴与动物交流

③评价表情

0-正常（看起来聪明伶俐，与评价者咂嘴互动）

1-减少但是依然出现（与评价者咂嘴互动，但次数减少）

2-明显减少或者消失（与评价者咂嘴互动几乎没有，看起来很迟钝）

第三步：抓住动物，将其固定在笼门上，分别折拉双臂 15 次以上

④评价强直

LH（左上肢）	RH（右上肢）
0-没有	0-没有
1-轻微	1-轻微（折叠时有阻力感）
2-适度	2-适度（折叠时有较重阻力感）

第四步，驱赶动物，观察下列评价指标

⑤运动减缓

0-正常（以跑、跳的方式尽快逃避）

1-总体运动情况轻度减缓（有点慢，但可以走、爬的方式自由移动）

2-严重减缓（站在笼门上，非常慢的移动甚至不动）

3-不动（没有运动或位移，终日呆坐或睡倒）

⑥评价步态

0-正常（跑、跳、走均步态灵活、轻盈）

1-轻微快速步态（小步慢跑）

2-明显的前冲步态（步伐慌张，偶见难以止步，若五上肢协助会失平衡）

3-站立困难，前冲或跌倒（时常失平衡或跌倒）

⑦评价僵冻

0-没有（动作起始和进行的速度均正常）

1-个别情节（动作起始有轻微难度，行为保持）

2-时常出现（动作起始困难，行为长时间保持，明显僵冻样表现）

⑧评价上肢运动

LH（左上肢）	RH（右上肢）
0-正常	0-正常（运动灵巧）
1-减慢	1-减慢（减慢，但没有刺激的情况下可动）
2-几乎不动	2-几乎不动（严重减慢，没有刺激几乎不动）
3-不动	3-不动（有刺激也几乎不动）

第二部分：异动状态评价

舞蹈症（舞蹈、额外运动、翻腾）分数：

0 = 不出现

1 = 轻度的、短暂的、出现时间少于观察时间的 30%

2 = 适度的、不影响正常行为的、出现时间多于观察时间的 30%

3 = 明显的、时而影响正常行为的、出现时间少于观察时间的 70%

4 = 严重的、持续的、替代正常行为的、出现时间多于观察时间的 70%

肌张力障碍（四肢、尾巴、躯干部不正常的僵直姿势）：

0 = 不出现

1 = 轻度的、短暂的、出现时间少于观察时间的 30%

2 = 适度的、不影响正常行为的、出现时间多于观察时间的 30%

3 = 明显的、时而影响正常行为的、出现时间少于观察时间的 70%

4 = 严重的、持续的、替代正常行为的、出现时间多于观察时间的 70%

LQ 量表的组成结构　许多学者在进行动物模型的临床行为评价时，为了简化评价程序而丢掉了许多有意义的临床体征，也有些学者为了全面收集动物的临床体征不惜在量表中重复或交叉评价某个体征。本次实验前期使用的 5 个常用量表均是各国学者用不同方法验证的用于帕金森病猕猴模型评价的经验量表。在制作 LQ 量表时，我们对 5 个量表进行了剖析，结合实验评价的具体情况，演绎出 LQ 量表。该量表基本上涵盖了动物模型临床表现的方方面面，在震颤项目中增加了姿势性和运动性震颤，在强直项目中增加了僵冻，在其他项目中考虑了姿势、发声和步态三个最常出现的综合功能体征。相对而言 LQ 量表所评价的 8 项指标包括了帕金森病猕猴模型的三大主要体征，并为每个体征附加了一个补充指标。且在通常认为是其他体征的选择上，筛选了有综合代表性的姿势、发声和步态三个最常出现的综合功能体征。

LQ 量表的长处　实际对照评价中，LQ 量表和 Bennazzouz 量表对猕猴前期造模的评价结果对比显示出该量表对猕猴初期反应的一致性。LQ 量表和 MOTAC 量表对造模后期对猴对照评价的结果也显示了良好的一致性和适用性。尤其是利用 L-Dopa 对模型进行治疗的过程中的评价结果的一致性，又一次证实了 LQ 量表的科学和合理之处。特别值得一提的是，LQ 量表对整个动物行为变化的全方位精细量化超出了 Bennazzouz 量表和 MOTAC 量表所规范的范畴。对全面了解疾病和症状的出现有很好的临床应用性。

总之，LQ 量表不但适合于帕金森病猕猴模型造模过程的行为评价，而且适用于模型维持阶段的临床行为评价。对帕金森病猕猴系列模型行为变化的临床评价和主要临床体征的质变点界定具有重要的临床评价指导意义。

（三）认知行为的量化

以上介绍的帕金森病动物模型行为学研究工具主要是围绕着运动行为展开的，下面介绍几个认知行为评价系统。笔者认为，认知行为学研究在世界范围内开展的都比较晚，所以认知行为学研究的系统工具就更加先进和便于使用。当然，一些传统的认知行为学研究系统还在继续发挥着他们在实验研究中不可替代的作用。甚至，有的传统行为学系统在和高新技术结合的过程中产生了更高的功效。

系统 1，迷宫（Maze）。迷宫的种类有很多，但用各种迷宫开展实验的目的基本上都是围绕着认知行为测试设计的。大部分的慢性帕金森病动物模型也都存在认知障碍的问题。因此，在啮齿类帕金森动物模型的研究中经常会用到迷宫。随着研究的不断深入，人们也对迷宫提出了更高的要求。目前，商品化的迷宫就有十多种。诸如：Morris 水迷宫池（可以加热温控或加热制冷双向温控）、Y 迷宫实验箱、T 迷宫实验箱、八臂辐射迷宫实验箱、高架“O”迷宫、高架十字迷宫等等，更有一种称作“组合迷宫”的，可按照实验设计的需要，随意插拔改变迷宫形状。更便于研究者开展工作的地方是，大多数商家都在努力地把人工智能技术嫁接到迷宫实验装置上，使得观察、分析、评价、数据统计等各项工作可以一次完成。不但极大提高了行为测试效率，而且减少了实验中主观因素和人为因素的干扰和影响。其功能也主要是通过感应技术和计算机技术的结合实现的。原理和运动行为的设备一样，即摄像机捕捉研究对象；再通过标记研究对象和设想区域的办法，记录动物运动的轨迹。最终完成运动轨迹、运动距离、运动半径、总体运动量等数据一次导出。并结合相应的分析软件同时进行数据处理。

系统 2，认知学习设备（Cognition Learning Device，CLD）。这是一套能准确、

敏感地进行认知评价的智能化认知行为训练和检测系统。适用于帕金森病非人灵长类动物模型的认知行为训练和测试。它采用先进的红外感应技术，通过红外感应屏幕采集动物行为信息，通过特殊传输电缆传送到计算机上，再通过特殊的计算机软件系统将采集到的信息进行加工、处理，变成可以进行比较的实验数据。该系统是能够准确地进行认知猕猴模型的正常状态（少年态、青年态、壮年态和老年态）、病态、治疗状态等的认知能力和反应能力评价的智能化系统。通过重复测试受试动物各种状态下的认知能力，对其神经心理学状态、运动操持能力开展推理研究，以探索引起认知障碍的神经生物学机制，揭示大脑认知的奥秘。这套装备分三大部分：猴机对话部分、数据采集处理部分和奖励处罚制动部分。猴机对话部分主要是一个安装在训练笼上的红外触摸屏。屏幕可以按照实验指令显示各种认知训练的题目，供动物解答；数据采集处理部分主要是连接触摸屏到中控计算机的电缆中控计算机组成的。研究人员可以通过中控计算机将认知训练的题目指令编程后发送到触摸屏，动物解题以后的结果又通过电缆传回中控计算机的数据库中保存；奖励处罚制动部分主要包括连接中控计算机到奖励处罚器的电缆和奖励处罚器两部分。动物解题的结果通过电缆传回中控计算机以后，相应的软件会对结果的正误做出相应的评判。如果结果正确，奖励机制将启动，动物可以获得相应的奖励（一般是可口的食物）。如果结果错误，惩罚机制将启动，动物会得到相应的处罚（一般是不愉快的声音）（图 12-3）。

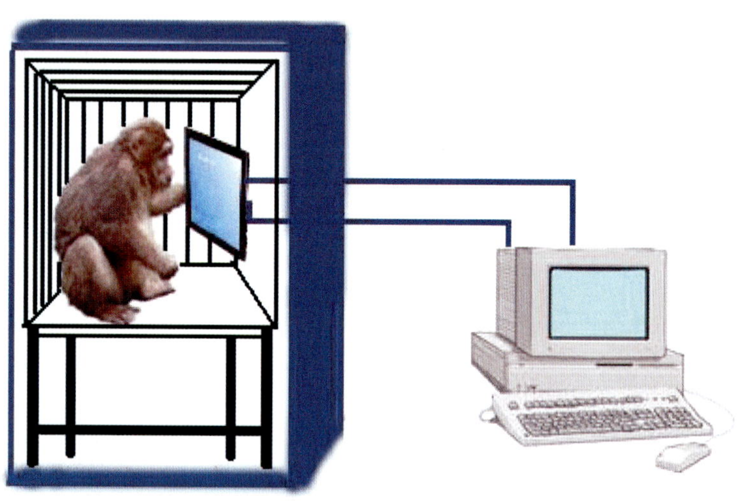

图 12-3 认知学习设备

（图片来源：李　立，李　秦）

要注意的是，认知行为学研究是一个长期艰苦的工作，动物认知能力的培养是需要大量的时间和耐心的。帕金森病动物模型的认知行为研究就更有难度了。通常是先将正常动物训练成认知模型，然后再将训练好的认知模型制造成帕金森病认知模型。这个过程大概需要 15 ~ 18 个月，所以做出来的模型更是弥足珍贵的。

以上所讲的认知行为测试系统似乎完全是由机器组成的，各项工作也都是由人工智能控制的系统组件完成的。但是，所有的系统参数（题目的难度、解题的时间等）的设定却是人工的。是研究人员基于自己对动物认知能力的理解，结合自己对动物学习行为的观察经验进行设定的。因此，它也是一套主客观共同量化的行为评价体系。当然，这种评价体系的评价结果更客观、误差更小、可信度更高。但是，和其他任何系统一样，机械的东西毕竟是机械的，还经常需要有经验的评价人员去复核测试的结果，以期达到最佳信度。

帕金森病研究中使用的行为学方法很多，并且还在不断出现和更新，总之，以动物正常行为为基础，以帕金森病和帕金森患者的行为能力为重点指征，以行为量化为必要前提，以观察、记录、分析、评价、总结、归纳、演绎为手段，对帕金森病动物模型开展的比较行为学研究，是研究克帕金森病的机制、药物发现等强有力的工具。

（李　秦）

参 考 文 献

1. 李秦，Imbert C. A，Hill M. A，等. 帕金森病食蟹猴模型行为变化和评价体系建立. 西部实验动物管理与研究进展. 新疆人民卫生出版社，2004.
2. 李秦，赵亚群，贾雪梅，等. 长期维持帕金森病食蟹猴模型的探索. 中国兽医杂志，2006；42（5）：17－18.
3. Meissner W，Hill MP，Tison F，et al. ANeuroprotective strategies for Parkinson's disease：Conceptual limits of clinical trials and animal models. Trends Pharmacol Sci，2004；25：249－253.
4. C. AGuigoni，L. AQin，I. AAubert，S. ADovero，et al. Involvement of sensorimotor，limbic，and associative basal ganglia domains in levodopa-induced dyskinesia. Journal of Neuroscience 2005，25：2102－2107.
5. W. AMeissner，M. AHill，F. ATison，et al. Neuroprotective strategies for Parkinson's disease：conceptual limits of clinical trials and animal models. Trends in Pharmacological Sciences，2004，25：249－253.
6. E. ADiguet，C. AE. AGross，E. ABezard，et al. Neuroprotective agents for clinical trials in Parkinson's disease：A systematic assessment Neurology 2004，62：158.
7. E. ABezard，S. ADovero，D. ABelin，et al. AEnriched environment confers resistance to MPTP and cocaine：involvement of dopamine transporter and neurotrophic factors. Journal of Neuroscience，2003，23：10999－11007.
8. C. APrunier，P. APayoux，D. AGuilloteau，et al. Quantification of the dopamine transporter by 123I-PE2I

SPECT and non invasive logan graphical method in Parkinson's disease. Journal of Nuclear Medicine 2003, 44: 663 – 670.

9. luquin MR. AExperimental models of Parkinson disease. Rev Neurol, 2000; 31; (1):60 – 6. Review.

10. 史玉泉. 实用神经病学. 2 版，上海：上海科学技术出版社，1994.

11. 邢治刚，陶恩祥. 帕金森病. 广东：广东高等教育出版社，1998.

12. 刘承勇，漆松涛. 帕金森病外科治疗学. 北京：人民卫生出版社，2004.

◎考研复习精要与历年考题◎

医学综合（外科学）

主编 袁国红 吴春虎

◎考研复习精要与历年考题◎

医学综合

（外科学）

主编　袁国红　吴春虎

YIXUE

ZONGHE (WAIKEXUE)

中国协和医科大学出版社

中国协和医科大学出版社